软件开发

人才培养系列丛书

数据库系统原理与应用

SQL Server 2019

慕•课•版

张保威 朱付保◎编著

人民邮电出版社

北　京

图书在版编目（CIP）数据

数据库系统原理与应用 ：SQL Server 2019 ：慕课
版 / 张保威，朱付保编著. -- 北京 ：人民邮电出版社,
2023.9
（软件开发人才培养系列丛书）
ISBN 978-7-115-62058-3

Ⅰ．①数… Ⅱ．①张… ②朱… Ⅲ．①关系数据库系
统 Ⅳ．①TP311.132.3

中国国家版本馆CIP数据核字（2023）第116305号

内 容 提 要

　　本书系统地讲解与数据库相关的基本理论和主要技术，内容包括数据库基础、数据模型与关系数据库、数据库标准语言 SQL、数据库的创建与管理、数据表的创建与管理、数据查询、视图、关系数据库规范化理论、数据库设计、事务及并发控制、数据库编程、数据库安全管理、数据库备份与还原以及数据库技术发展等。本书内容翔实、图文并茂、通俗易懂，通过理论和实例相结合的方式由浅入深地阐述数据库的相关知识，着力打通数据库从理论到应用的每个环节，帮助读者顺利掌握数据库的基本原理与应用。

　　本书可以作为高等院校计算机相关专业的教学用书，也可以供数据库领域的技术人员学习使用，还可以作为数据库技术爱好者的自学及参考用书。

◆ 编　　著　张保威　朱付保
　　责任编辑　刘　定
　　责任印制　王　郁　胡　南

◆ 人民邮电出版社出版发行　北京市丰台区成寿寺路 11 号
　　邮编　100164　电子邮件　315@ptpress.com.cn
　　网址　https://www.ptpress.com.cn
　　固安县铭成印刷有限公司印刷

◆ 开本：787×1092　1/16
　　印张：17　　　　　　　　　　2023 年 9 月第 1 版
　　字数：419 千字　　　　　　　2024 年 8 月河北第 2 次印刷

定价：69.80 元

读者服务热线：（010）81055256　印装质量热线：（010）81055316
反盗版热线：（010）81055315
广告经营许可证：京东市监广登字 20170147 号

随着计算机技术、网络技术和智能技术的不断发展，云计算、物联网、移动互联网等以数据为中心的应用日益丰富，来自政府、企业和公众的大量数据不断产生和汇集，人们对数据管理和应用的需求越来越大，数据库技术已成为发展最迅速、应用最广泛的技术之一。本书是编者 10 余年数据库教学经验的总结，凝结了编者多年的心血。本书以关系数据库的相关理论和技术为重点，系统介绍数据库的基础知识、基本原理和应用。通过对本书的学习，读者不仅能够全面掌握数据库基础理论知识，而且可以具备扎实的数据库实际操作能力，为今后的学习和应用开发打好坚实的基础。

党的二十大报告指出，全面提高人才自主培养质量，着力造就拔尖创新人才，聚天下英才而用之。为了培养具有数据库开发实战能力的技术人才，本书从实际应用角度出发，系统地讲解数据库的基本原理，并以 Microsoft SQL Server 2019 作为数据库管理系统软件，结合实例全面介绍数据库的应用。本书共 14 章，第 1 章介绍数据库相关的基本概念；第 2 章讲述数据模型和关系数据库；第 3 章介绍数据库标准语言 SQL，并对 Microsoft SQL Server 2019 的安装、卸载以及相关组件进行讲解；第 4 章和第 5 章详细介绍数据库和数据表的创建与管理；第 6 章和第 7 章讲述数据查询和视图；第 8 章和第 9 章讲述数据库设计的相关知识，包括关系数据库规范化理论和数据库设计等内容；第 10 章介绍事务及并发控制；第 11 章讲解数据库编程，包括存储过程、触发器和游标等内容；第 12 章和第 13 章讲述数据库安全管理，以及备份和还原技术；第 14 章介绍数据库新技术及发展趋势。

本书特点如下。

（1）体系结构合理。本书从读者的实际需求出发，科学安排知识结构，内容由浅入深、循序渐进逐步展开。

（2）讲解通俗易懂。本书使用通俗的语言阐述相关原理，并通过大量简单、易懂的实例帮助读者快速掌握知识点。

（3）理论与实践相结合。本书注重实用性和可操作性，知识点配有操作示例，让读者不仅能学懂理论，而且能学会实操。

（4）"学+练"两不误。每章最后都有针对性习题，读者在学习前面知识的基础上，可以自行练习，以达到检验学习效果的目的。

（5）配套资源丰富。本书配有丰富的资源，包括各章节对应的 PPT 课件、教学大纲、习题答案及实例代码，读者可以直接参照使用。另外，读者在"中国大学 MOOC"网站搜索"数据库系统原理"，选择郑州轻工业大学的课程，即可观看本书配套慕课视频。

本书编者均是数据库教学方面的优秀教师，他们将多年积累的经验与技术融入本书，以帮助读者掌握技术精髓并提升专业能力。本书由郑州轻工业大学的张保威、朱付保老师统筹，刘炎培、闫红岩、张卫正、王华和吴庆岗老师参与了本书的编写工作，其中张保威编写了第 3 章、第 12 章、第 13 章，朱付保编写了第 1 章和第 2 章，刘炎培编写了第 4 章、第 5 章、第 8 章，闫红岩编写了第 9 章和第 11 章，张卫正编写了第 10 章和第 14 章，王华编写了第 7 章，吴庆岗编写了第 6 章。最后特别感谢郑州轻工业大学教务处对本书的大力支持。

由于编者水平有限，书中难免会有疏漏及表达欠妥之处，恳请广大读者朋友和专家学者批评指正。

编者

2023 年 7 月于郑州

目录
Contents

目　录

第1章 数据库基础

内容导读

人类社会正在从信息化、数字化时代迈向智能化时代，科技是第一生产力、人才是第一资源、创新是第一动力。我国在"十四五"规划中明确提出建设"数字中国"，数据已经成为各行各业的重要资源。数据库技术作为计算机科学的一个重要分支，能够帮助人们有效地进行数据管理，是人们存储数据、管理信息、共享资源时常用的技术。目前，数据库（DataBase，DB）的应用已遍及生活中的各个领域，并展现出强大的生命力，如学校的教务管理系统、医院的就诊系统、银行的业务系统，以及火车、飞机的售票系统等。数据库技术已成为计算机信息系统和计算机应用系统的基础和核心。因此，掌握数据库技术是全面认识计算机系统的重要环节，也是信息化时代计算机相关专业人才的必备技能。

本章将介绍数据库系统（DataBase System）的基本概念以及数据库的体系结构。通过本章的学习，读者可以全面了解数据库的基础知识，为后续章节的学习打下坚实的基础。

本章学习目标

（1）了解数据管理技术的发展历史。

（2）熟练掌握数据库的相关概念和术语。

（3）掌握数据库系统的组成和数据库管理系统（DataBase Management System，DBMS）的功能。

（4）了解数据库系统的结构，掌握数据库的两层映像和数据独立性。

1.1 数据管理技术的发展历史

自计算机产生后，人类社会进入了信息化时代，人类对数据处理的速度及规模的需求远远超出了过去人工或机械方式的能力范围，计算机以其快速、准确的计算能力和海量的数据存储能力在数据处理领域得到了广泛应用。但是数据库技术并不是最早的数据管理技术。总的来说，数据管理技术的发展经历了人工管理、文件系统管理和数据库系统管理3个阶段。

1. 人工管理阶段

在20世纪50年代中期以前，计算机主要用于科学计算。当时外存的状况是只有纸带、卡片、磁带等设备，并没有磁盘等能够直接存取的存储设备；而计算机是没有操作系统、没有管理数据的软件的。在这样的情况下，数据管理方式为人工管理数据。

人工管理数据具有以下特点。

（1）数据不被长期保存。由于当时计算机主要用于科学计算，因此一般不需要将数据长期保存，只是在计算某一课题时将数据输入，用完就删除。

（2）由应用程序管理数据。数据需要由应用程序自己管理，没有相应的软件系统负责数据的管理工作。在应用程序中不仅要规定数据的逻辑结构，而且要设计物理结构，包括存储结构、存取方法、输入方式等，因此程序员负担很重。

（3）数据不能共享。数据是面向应用程序的，一组数据只能对应一个应用程序。当多个应用程序涉及某些相同的数据时，由于数据必须各自定义，无法互相利用、互相参照，因此应用程序与应用程序之间有大量的冗余数据。

（4）数据不具有独立性。数据的逻辑结构或物理结构改变后，必须对应用程序做相应的修改，这就进一步加重了程序员的负担。

在人工管理阶段，应用程序与数据的对应关系如图 1-1 所示。

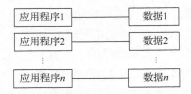

图 1-1　人工管理阶段应用程序与数据的对应关系

2．文件系统管理阶段

20 世纪 50 年代后期到 60 年代中期，这时已有磁盘、磁鼓等直接存储设备；而在计算机系统方面，不同类型的操作系统的出现极大地增强了计算机系统的功能。操作系统中用来进行数据管理的部分是文件系统，这时用户可以把相关的数据组织成文件存放在计算机中，在需要的时候只要提供文件名，计算机就能从文件系统中找出用户所要的文件，把文件中存储的数据提供给用户进行处理。但是，由于这时数据的组织仍然是面向应用程序的，所以存在大量的数据冗余（Data Redundancy），无法有效地进行数据共享。

使用文件系统管理数据具有以下优点。

（1）数据可以长期保存。数据可以组织成文件长期保存在计算机中反复使用。

（2）由文件系统管理数据。文件系统把数据组织成内部有结构的记录，实现"按文件名访问，按记录进行存取"的管理。

文件系统使应用程序与数据之间有了初步的独立性，程序员不必过多地考虑数据存储的物理细节。例如，文件系统中可以有顺序结构文件、索引（Index）结构文件等，数据在存储上的不同不会影响程序的处理逻辑。如果数据的存储结构发生改变，应用程序的改变很小，从而减少了程序的维护工作量。但是，文件系统仍存在以下缺点。

（1）数据共享性差，冗余度高。在文件系统中，一个（或一组）文件基本上对应一个应用（程序），即文件是面向应用的。当不同的应用（程序）使用部分相同的数据时，必须建立各自的文件，而不能共享相同的数据，因此数据的冗余度高，浪费存储空间。同时相同数据的重复存储、各自管理容易造成数据的不一致，给数据的修改和维护带来困难。

（2）数据独立性差。文件系统中的文件是为某一特定的应用服务的，文件的逻辑结构对该应用来说是优化的，因此要对现有的数据再增加一些新的应用会很困难，系统不容易扩充。一旦数据的逻辑结构发生改变，就必须修改应用程序，修改文件结构的定义。因此，数据与应用程序之间仍缺乏独立性。在文件系统管理阶段，应用程序与数据的关系如图 1-2 所示。

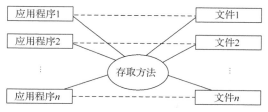

图 1-2　文件系统管理阶段应用程序与数据的关系

3．数据库系统管理阶段

20 世纪 60 年代后期，计算机用于管理的规模越来越大，应用越来越广泛，数据量急剧增大，同时人们对多种应用、多种语言互相覆盖的共享数据集合的需求越来越高。这时已有大容量磁盘，硬件的价格下降，软件的价格则上升，编制和维护系统软件及应用程序所需的成本相对增加。在这种背景下，以文件系统作为数据管理的手段已经不能满足应用的需求，于是为满足多用户、多应用共享数据的需求，使数据为尽可能多的应用服务，数据库技术应运而生，出现了统一管理数据的专用软件系统——数据库管理系统。

用数据库系统来管理数据相比用文件系统来管理数据有明显的优点，从文件系统到数据库系统这一改变，标志着数据管理技术的飞跃。

数据库系统具有以下特点。

（1）数据结构化。数据库系统实现了整体数据的结构化，这是数据库的主要特征之一。这里所说的"整体"结构化，是指数据库中的数据不再仅针对某个应用，而是面向全组织；不仅数据内部结构化，而且整体结构化，数据之间有联系。

（2）数据的共享性高，冗余度低，易扩充。因为数据是面向整体的，所以数据可以被多个用户、多个应用程序共享使用，可以大大减少数据冗余，节约存储空间，避免数据之间的不相容性与不一致性。

（3）数据独立性高。数据独立性包括数据的物理独立性和逻辑独立性。物理独立性是指数据在磁盘上的数据库中如何存储是由数据库管理系统管理的，应用程序不需要了解，应用程序要处理的只是数据的逻辑结构，这样一来当数据的物理结构改变时，用户的应用程序不用改变。逻辑独立性是指用户的应用程序与数据库的逻辑结构是相互独立的，也就是说，数据的逻辑结构改变了，用户的应用程序可以不改变。

数据与应用程序的独立，把数据的定义从应用程序中分离出去，加上存取数据由数据库管理系统负责，从而简化了应用程序的编制，大大减少了应用程序的维护和修改工作。

（4）数据由数据库管理系统统一管理和控制。数据库系统中的数据由数据库管理系统进行统一的管理和控制，所有应用程序对数据的访问都要交给数据库管理系统来完成。

数据库管理系统主要提供以下控制功能。

- 数据的安全性保护（Security）。
- 数据的完整性检查（Integrity）。
- 数据库的并发控制（Concurrency）。
- 数据库的故障恢复（Recovery）。

在数据库系统管理阶段，应用程序与数据的关系如图 1-3 所示。

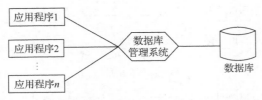

图 1-3 数据库系统管理阶段应用程序与数据的关系

人工管理阶段、文件系统管理阶段、数据库系统管理阶段这 3 个阶段的比较如表 1-1 所示。

表 1-1 3 个阶段的比较

比较项目		人工管理阶段	文件系统管理阶段	数据库系统管理阶段
背景	应用背景	科学计算	科学计算、管理	大规模管理
	硬件背景	无直接存储设备	磁盘、磁鼓	大容量磁盘
	软件背景	没有操作系统	有文件系统	有数据库管理系统
	处理方式	批处理	联机实时处理、批处理	联机实时处理、分布处理、批处理
特点	数据库的管理者	用户（程序员）	文件系统	数据库管理系统
	数据的共享程度	某一应用程序	某一应用	现实世界
	数据面向的对象	无共享，冗余度极高	共享性差，冗余度高	共享性高，冗余度低
	数据的独立性	不独立，完全依赖于程序	独立性差	具有高度的物理独立性和一定的逻辑独立性
	数据的结构化	无结构	记录内有结构，整体无结构	整体结构化，用数据模型描述
	数据控制能力	应用程序自己控制	应用程序自己控制	由数据库管理系统提供数据库安全性、完整性、并发控制和故障恢复能力

💡提示

数据管理技术的发展过程实际上也是应用程序和数据逐步分离的过程，人工管理阶段应用程序和数据不分家，而在数据库系统管理阶段应用程序和数据具有高度的独立性。

1.2 数据库系统相关的基本概念

数据库系统已经深入人类社会活动的各个领域，接下来我们来介绍数据库系统相关的基本概念。

1.2.1 数据

数据是现实世界中实体（或客体）在计算机中的符号表示。数据不仅可以是数字，还可以是文字、图形、图像、音频和视频等。现实生活中我们需要管理大量的数据，比如，学校有关学生、教工、课程和成绩等方面的数据；医院有关病历、药品、医生、处方等方面的数据；银行有关存款、贷款、信用卡和投资理财业务等方面的数据。因此，对各种数据实现有效的管理具有重要意义。

1.2.2　数据库

过去人们把数据存放在纸质文件里，当数据越来越多时，从大量的文件中查找数据就变得十分困难。现在人们借助计算机和数据库科学地保存和管理大量复杂的数据，能方便且充分地利用这些宝贵的信息资源。

数据库，顾名思义，就是存放数据的仓库。只不过这个仓库是在计算机的存储设备上的，而且数据是按照一定的数据模型（Data Model）组织并存放在外存上的，通常这些数据是面向一个组织、部门或企业的。如学生成绩管理系统中，学生的基本信息、课程信息、成绩信息等都是来自学生成绩管理数据库的。

严格地讲，数据库是长期存储在计算机内有组织的、大量的、可共享的数据集合。数据库中的数据按一定的数据模型组织、描述和存储，具有较低的冗余度、较高的数据独立性和易扩展性，并可为各种用户共享。简单来说，数据库中的数据具有永久存储、有组织和可共享3个基本特点。

1.2.3　数据库管理系统

数据库和数据库管理系统是密切相关的两个基本概念，我们可以先简单地这样理解：数据库是指存放数据的文件，而数据库管理系统是用来管理和控制数据库文件的专门系统软件。

在建立数据库之后，下一个问题就是如何科学地组织和存储数据，如何高效地获取和维护数据，完成这个任务的是一种系统软件——数据库管理系统。数据库管理系统是指数据库系统中对数据进行管理的软件系统，它是数据库系统的核心组成部分。数据库系统的一切操作，包括查询、更新及各种控制，都是通过数据库管理系统进行的。

如果用户要对数据库进行操作，数据库管理系统会把操作从应用程序带到外部级、概念级，再导向内部级，进而让用户能够操纵存储器中的数据。数据库管理系统的主要目标是将数据作为一种可管理的资源来处理，使数据易于为各种不同的用户所共享，并增强数据的安全性、完整性及可用性，提供高度的数据独立性。

数据库管理系统的主要功能：
- 数据的定义功能；
- 数据的操纵功能；
- 数据的控制功能；
- 其他功能。

1.2.4　数据库系统

数据库系统是指在计算机系统中引入数据库后的系统，一般由数据库、用户、操作系统、数据库管理系统、应用开发工具、应用系统和数据库管理员组成。应当指出的是，数据库的建立、使用和维护等工作只靠数据库管理系统是远远不够的，还要由专门的人员来完成，这些人员被称为数据库管理员（DataBase Administrator，DBA）。

1.3　数据库系统的组成

一般在不引起混淆的情况下，人们常常把数据库系统简称为数据库。数据库系统组成如

图 1-4 所示。数据库管理系统在计算机系统中的地位如图 1-5 所示。

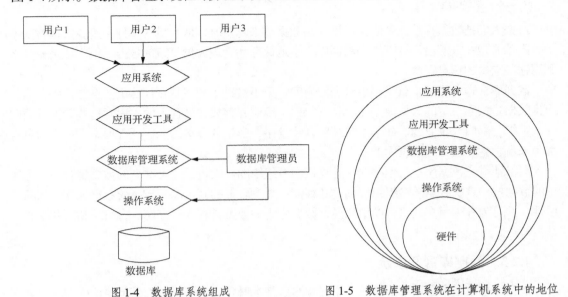

图 1-4　数据库系统组成　　　　图 1-5　数据库管理系统在计算机系统中的地位

数据库系统主要组成部分如下。

1．硬件系统及计算机网络

硬件系统主要指计算机各个组成部分。鉴于数据库应用系统的需求，特别要求数据库主机或数据库服务器外存足够大，输入/输出（Input/Output，I/O）效率高，主机的吞吐量大、作业处理能力强。对分布式数据库而言，计算机网络也是基础环境。具体要求如下。

（1）要有足够大的内存，以存放操作系统和数据库管理系统的核心模块、数据库缓冲区和应用程序。

（2）要有足够大的磁盘等直接存储设备存放数据库，有足够的光盘、磁盘、磁带等作为数据备份介质。

（3）要求连接系统的网络有较快的数据传输速率。

（4）要有具备较强处理能力的中央处理器（Central Processing Unit，CPU）来保证数据处理的速度。

2．软件

数据库系统主要包括以下软件。

（1）数据库管理系统。

（2）支持数据库管理系统运行的操作系统。

（3）与数据库通信的高级程序语言及编译系统等应用开发工具。

（4）为特定应用环境开发的数据库应用系统。

3．数据库相关人员

数据库相关人员包括数据库管理员、系统分析员、程序员和用户。

（1）数据库管理员。数据库管理员负责管理和监控数据库系统，负责为用户解决应用中出现的系统问题。为了保证数据库能够高效、正常地运行，大型数据库系统都设有数据库管理员来负责数据库系统的管理和维护，其主要职责如下。

① 决定数据库中的信息内容和结构。对于数据库中要存放哪些信息，数据库管理员要参与决策，因此其必须参加数据库设计的全过程，并与用户、程序员、系统分析员密切合作、共同协商，做好数据库设计工作。

② 决定数据库的存储结构和存取策略。

③ 监控数据库的运行（系统运行是否正常、系统效率如何等），及时处理数据库系统运行过程中出现的问题。比如在系统发生故障时，数据库会遭到破坏，数据库管理员必须在最短的时间内把数据库恢复到正常状态。

④ 安全性管理，通过对系统的权限设置、完整性控制设置来保证系统的安全性。数据库管理员要负责确定各个用户对数据库的存取权限、数据的保密级别和完整性约束条件。

⑤ 日常维护，如定期对数据库中的数据进行备份、维护日志文件等。

⑥ 对数据库有关文档进行管理。

数据库管理员在数据库系统的正常运行中起着非常重要的作用。

（2）系统分析员。系统分析员负责应用系统的需求分析和规范说明，与用户及数据库管理员配合，确定系统的硬件、软件配置，并参与数据库系统概要设计。

（3）程序员。程序员是负责设计、开发应用系统功能模块的软件编程人员，他们根据数据库结构编写特定的应用程序，并进行安装和调试。

（4）用户。这里的用户是指最终用户，其通过应用程序的用户接口使用数据库。

1.4 数据库系统的结构

考察数据库系统的结构可以有多种不同的角度，数据库系统的结构主要分为内部结构和外部结构。内部结构是从数据库管理系统的角度看，数据库系统通常采用三级模式结构；外部结构是从数据库最终用户的角度看，数据库系统分为单用户结构、主从式结构、客户-服务器结构（Client/Server，C/S）、浏览器-服务器（Brower/Server，B/S）结构和分布式结构。

本节分别从以上两个方面介绍数据库系统的结构。

1.4.1 数据库系统的内部结构

虽然实际的数据库系统软件的产品种类很多，它们支持不同的数据模型，使用不同的数据库语言，建立在不同的操作系统之上，但从数据库管理系统的角度看，它们的体系结构都具有相同的特征，即采用三级模式结构。

1. 数据库系统的三级模式结构

数据库系统的三级模式结构是指数据库系统由外模式（External Schema）、模式（Schema）和内模式（Internal Schema）3级构成，如图1-6所示。

（1）模式

模式也称逻辑模式，是数据库中全体数据的逻辑结构和特征的描述，是所有用户的公共视图，它仅涉及型（Type）的描述，不涉及具体的值（Value）。模式的定义中主要包含数据的逻辑结构（数据项的名字、类型、取值范围等）、数据之间的联系以及与数据有关的安全性要求等方面的描述。一个数据库只有一个模式。

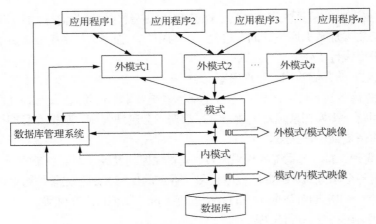

图 1-6 数据库系统的三级模式结构

（2）外模式

外模式也称子模式（Subschema）或用户模式，它是数据库用户（包括程序员和用户）能够看见和使用的局部数据的逻辑结构和特征的描述，是数据库用户的数据视图，是与某一应用程序有关的数据的逻辑表示。

外模式通常是模式的子集。一个模式可以有多个外模式。由于它是各个用户的数据视图，如果不同的用户在应用需求、看待数据的方式、对数据保密的要求等方面存在差异，其外模式描述就可能不同。即使是模式中的同一数据，其在外模式中的结构、类型、长度、保密级别等都可以不同。另外，同一个外模式也可以为某一用户的多个应用程序所使用，但一个应用程序只能使用一个外模式。

外模式是保证数据库安全的一个有力措施。每个用户只能看到和访问所对应的外模式中的数据，数据库中的其他数据是看不到的。

设立外模式的好处如下。

① 方便了用户的使用，简化了用户的接口。用户只需要依照模式编写应用程序或在终端输入命令，无须了解数据的存储结构。

② 保证数据的独立性。由于在三级模式之间存在两层映象，内模式和模式的变化都反映不到外模式一层，从而不用修改应用程序，提高了数据的独立性。

③ 有利于数据共享。从同一模式产生不同的外模式，降低了数据的冗余度，有利于为多种应用程序服务。

④ 有利于数据的安全和保密。用户的应用程序只能操作其外模式范围内的数据，从而可以把其操作的数据与数据库中的其余数据隔离开来，缩小应用程序错误传播的范围，保证其他数据的安全。

（3）内模式

内模式也称存储模式（Storage Schema）或物理模式（Physical Schema），一个数据库只有一个内模式。它是数据物理结构和存储方式的描述，它定义所有的内部记录类型、索引和文件的组织形式，以及数据控制方面的细节。

内部记录并不涉及物理记录，也不涉及设备的约束。比内模式更接近于物理存储和访问的那些软件机制是操作系统的一部分（即文件系统），如从磁盘读数据或写数据到磁盘上的操作等。

2．数据库系统的两层映像和数据独立性

为了让用户不必考虑存取路径等细节，并减少应用程序的维护和修改工作，数据库系统需要保证应用程序和数据之间的独立性，即当数据改变时应用程序不需要改变，反之，应用程序改变时数据也不需要改变。为了使应用程序和数据之间具有一定的独立性，数据库管理系统提供了两层映像：外模式/模式映像和模式/内模式映像。

映像实质上是一种对应关系，是指映像双方如何进行数据转换，并定义转换规则。有了这两层映像，用户在处理数据时不必关心数据在计算机中的具体表示方式与存储方式。正是这两层映像保证了数据库系统中的数据能够具有较高的逻辑独立性和物理独立性。

（1）外模式/模式映像

外模式/模式映像定义了外模式与模式之间的对应关系。如果模式需要进行修改，如重新定义数据、增加新的关系、新的属性，改变属性的数据类型等，那么数据库管理员只需对各个外模式/模式的映像做相应的修改，使外模式尽量保持不变。而应用程序一般是依据外模式编写的，因此应用程序也不必修改，从而保证了数据与应用程序的逻辑独立性，简称数据的逻辑独立性。

（2）模式/内模式映像

模式/内模式映像定义了模式和内模式之间的对应关系，即数据全局逻辑结构与存储结构之间的对应关系。模式/内模式映像一般是在模式中描述的。当数据库的存储结构改变时（如采用了另外一种存储结构），数据库管理员对模式/内模式映像做相应的修改，可以使模式保持不变，因此应用程序也不必修改。这就保证了数据与应用程序的物理独立性，简称数据的物理独立性。

1.4.2 数据库系统的外部结构

从数据库管理系统的角度看，数据库系统通常采用三级模式结构，但数据库的这种模式结构对最终用户和程序员是不透明的，他们见到的仅是数据库的外模式和应用程序。从最终用户角度来看，数据库系统的结构分为单用户结构、主从式结构、分布式结构、客户-服务器结构、浏览器-服务器结构和分布式结构。

1．单用户结构的数据库系统

单用户结构的数据库系统（见图 1-7）是早期较为简单的数据库系统。在单用户结构的数据库系统中，整个数据库系统，包括应用程序、数据库管理系统、数据等都装在一台计算机上，由一个用户独占，不同的计算机间不能共享数据。

图 1-7　单用户结构的数据库系统

例如：一个企业的各个部门都使用本部门的计算机来管理本部门的数据，各个部门的计算机是独立的。由于不同部门之间不能共享数据，因此企业内部存在大量的冗余数据。

2．主从式结构的数据库系统

主从式结构是指一个主机带多个终端的多用户结构。在这种结构中，数据库系统，包括

应用程序、数据库管理系统、数据等，集中存放在主机上，所有任务都由主机完成，各个用户通过主机的终端并发地存取数据，共享数据资源，如图1-8所示。

图1-8　主从式结构的数据库系统

主从式结构的优点是结构简单，数据易于维护和管理。其缺点是当终端用户增加到一定程度后，主机的任务过于繁重，成为瓶颈，从而使系统性能大幅度下降。另外，当主机出现故障后，整个系统不能使用，因而系统的可靠性不高。

3．分布式结构的数据库系统

分布式结构的数据库系统是指数据库中的数据在逻辑上是一个整体，但物理分布在计算机网络的不同节点上，如图1-9所示。网络的每一个节点都可以独立处理本地数据库中的数据，执行局部应用；也可以同时存取和处理多个异地数据库中的数据，执行全局应用。

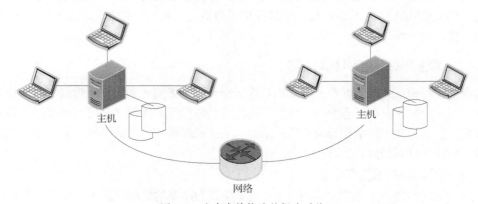

图1-9　分布式结构的数据库系统

分布式结构的数据库系统是计算机网络发展的必然产物，它满足在地理上分散的公司、团体和组织对于数据库应用的需求，但数据的分布存放给数据的管理、维护带来困难。此外，当用户需要经常访问远程数据时，系统效率明显地受网络的制约。

4．客户-服务器结构的数据库系统

主从式结构的数据库系统中的主机和分布式结构的数据库系统中的每个节点都是一台通用计算机，既执行数据库管理系统功能，又执行应用程序。随着工作站功能的增强和广泛使用，人们开始把数据库管理系统功能和应用分开。网络中某些节点上的计算机专门执行数据库管理系统功能，称为数据库服务器，简称服务器；其他节点上的计算机安装数据库管理系统外围应用开发工具，支持用户的应用，称为客户机。这就是客户-服务器结构，如图1-10所示。

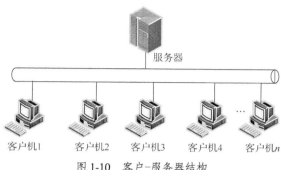

图 1-10　客户-服务器结构

在客户-服务器结构中，客户机的用户请求被传送到数据库服务器，数据库服务器进行处理后，只将结果返回给用户（而不是整个数据），从而显著减少网络数据的传输量，提高系统的性能、吞吐量和负载能力。

5. 浏览器-服务器结构的数据库系统

随着互联网的飞速发展，移动办公和分布式办公越来越普及，客户-服务器结构的缺点逐渐暴露出来，特别是客户机需要安装专用的客户端软件，一旦客户端软件升级，那么所有的客户机上的客户端软件均需要更新。因此，需要对客户-服务器结构进行改进，浏览器-服务器结构应运而生，如图 1-11 所示。

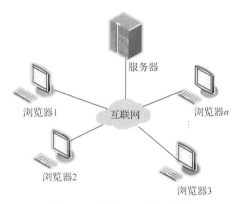

图 1-11　浏览器-服务器结构

在浏览器-服务器结构下，用户工作界面通过浏览器来实现，极少部分事务逻辑在浏览器实现，但是主要事务逻辑在服务器实现。这种模式统一了客户端，将系统功能实现的核心部分集中到服务器上，简化了系统的开发、维护和使用。客户机上只要安装一个浏览器，浏览器就能通过服务器与数据库进行数据交互。这样就大大减轻了客户机的载荷，并降低了系统维护与升级的成本和工作量，降低了用户的总体成本。

💡提示

数据库系统的结构有很多，但是目前主流的数据库系统结构是客户-服务器结构和浏览器-服务器结构，而且很多系统结构都是二者相结合的。

数据库基础　第1章

本章小结

本章初步讲解了数据库的基本概念，并通过对数据管理技术进展情况的介绍，阐述了数据库技术产生和发展的背景，讲解了数据库系统的结构，使读者能够对与数据库相关的基础知识有系统的了解，为读者学习后续内容打下良好的理论基础。

习　　题

一、选择题

1. 数据库技术的发展经历了 3 个阶段，按照发展的先后顺序依次是（　　　）。
   A. 人工管理阶段、数据文件管理阶段、数据库系统管理阶段
   B. 人工管理阶段、文件系统管理阶段、数据库系统管理阶段
   C. 层次模型阶段、树状模型阶段、关系模型阶段
   D. 关系模型阶段、层次模型阶段、网状模型阶段
2. 数据库系统的核心是（　　　）。
   A. 数据库   B. 数据模型
   C. 数据库管理系统   D. 应用开发工具
3. 数据库中存储的是（　　　）。
   A. 记录   B. 数据模型
   C. 数据之间的联系   D. 数据以及数据之间的联系
4. 以下关于数据和信息的描述，不正确的是（　　　）。
   A. 信息是有用的数据   B. 数据是经过加工处理之后的信息
   C. 信息是可存储、加工、传递和再生的 D. 数据是用来记录信息的可识别的符号

二、简答题

1. 数据库管理技术的发展经历了哪 3 个阶段？各个阶段的特点是什么？
2. 简述数据、数据库、数据库管理系统、数据库系统的概念。
3. 简述数据库系统的外部结构和内部结构。

第2章 数据模型与关系数据库

内容导读

数据库的类型是根据数据模型来划分的，而任何一个数据库管理系统也是根据数据模型有针对性地被设计出来的，这就意味着必须把数据库组织成符合数据库管理系统规定的数据模型。目前成熟地应用在数据库系统中的数据模型有层次模型（Hierarchical Model）、网状模型（Network Model）和关系模型（Relational Model）。本章将介绍数据模型的概念和关系数据库，通过本章的学习，读者可以全面了解数据模型的基础知识，掌握关系数据库的相关概念。

本章学习目标

（1）了解数据模型的基本概念，掌握数据模型的分类。

（2）了解概念模型的相关知识，熟练掌握实体-联系模型的设计方法。

（3）熟练掌握关系数据库的基本概念和相关术语。

（4）熟练掌握关系数据库的完整性约束。

2.1 数据模型

2.1.1 数据模型的概念

模型是对现实世界特征的模拟与抽象。比如建筑规划沙盘、精致逼真的航模，都是对现实生活中的事物的描述和抽象，见到它们就会让人们联想到现实世界中的实物。

数据模型也是一种模型，它是对现实世界数据特征的抽象。由于计算机不可能直接处理现实世界中的具体事物，因此人们必须事先把具体事物转换成计算机能够处理的数据，即首先要数字化，要把现实世界中的人、事、物、概念用数据模型这个工具来抽象、表示和加工处理。数据模型是数据库中用来对现实世界进行抽象的工具，是数据库中用于提供信息表示和操作手段的形式构架，是现实世界的一种抽象模型。

数据模型按不同的应用层次分为 3 种类型，分别是概念数据模型（Conceptual Data Model）、逻辑数据模型（Logical Data Model）和物理数据模型（Physical Data Model）。

概念数据模型又称概念模型，是一种面向客观世界、面向用户的模型，与具体的数据库管理系统无关，与具体的计算机平台无关。人们通常先将现实世界中的事物抽象到信息世界，建立所谓的"概念模型"，然后将信息世界的模型映射到计算机世界，将概念模型转换为计算机世界中的模型。因此，概念模型是从现实世界到计算机世界的一个中间层次。

逻辑数据模型又称逻辑模型，是一种面向数据库系统的模型，它是概念模型转换到计算机世界之间的中间层次。概念模型只有在转换成逻辑模型之后才能在数据库中得以表示。目前，逻辑模型的种类很多，其中比较成熟的有层次模型、网状模型、关系模型、面向对象模型等。

物理数据模型又称物理模型，它是一种面向计算机物理表示的模型，此模型是数据模型在计算机上的物理结构表示。

2.1.2 常见的数据模型

1．概念模型

概念模型是独立于计算机系统的数据模型，它完全不涉及信息在计算机系统中的表示，只是用来描述某个特定组织所关心的信息结构的。概念模型用于建立信息世界的数据模型，强调其语义表达能力，概念应该简单、清晰、易于用户理解。它是现实世界的第一层抽象，是用户和数据库设计人员之间进行交流的工具。概念模型可以看成现实世界到计算机世界过渡的中间层次。

概念模型有以下特点。

（1）真实性

概念模型是对现实世界的抽象和概括，它必须真实地反映现实世界中的事物及事物之间的联系。

（2）易理解性

概念模型是独立于计算机的信息结构，应该容易被用户理解。设计人员可以用概念模型和不熟悉计算机的用户交换意见，使用户能积极参与数据库的设计工作，保证设计工作顺利进行。

（3）易修改性

应用环境和应用需求是经常改变的，概念模型应该容易被修改和扩充。

（4）易转换性

概念模型应该容易向关系、网状、层次等各种数据模型进行转换。

概念模型中著名的模型之一是实体-联系模型（Entity-Relationship Model，E-R 模型）。E-R 模型是陈品山（P. P. Chen）于 1976 年提出的。这个模型直接从现实世界中抽象出实体类型及实体间联系，然后用实体-联系图（E-R 图）表示数据模型。设计 E-R 图的方法称为 E-R 方法，E-R 图是设计概念模型的有力工具。下面先介绍有关的术语及 E-R 图。

（1）实体

现实世界中客观存在并可相互区分的事物叫作实体。实体可以是具体的人或物，如王伟、汽车等；也可以是抽象的事件或概念，如购买一本图书等。

（2）属性

实体的某一特性称为属性。如学生实体有学号、姓名、年龄、性别、系等方面的属性。属性有"型"和"值"之分，"型"即为属性名，如姓名、年龄、性别是属性的型；"值"即为属性的具体内容，如｛990001,张立,20,男,计算机｝这些属性值的集合表示一个学生实体。

（3）实体型

若干个属性型组成的集合可以表示一个实体的类型，简称实体型。如学生(学号,姓名,年龄,性别,系)就是一个实体型。

（4）实体集

同类型实体的集合称为实体集。如所有的学生、所有的课程等。

（5）键

能唯一标识一个实体的属性或属性集称为实体的键，如学生的学号。学生的姓名可能重名，不能作为学生实体的键。

（6）域

属性值的取值范围称为该属性的域。如学生学号的域为 6 位整数，姓名的域为字符串集合，年龄的域为小于 40 的整数，性别的域为(男,女)。

（7）联系

在现实世界中，事物内部以及事物之间是有联系的，这些联系同样也要抽象和反映到信息世界中来，在信息世界中将被抽象为实体型内部的联系和实体型之间的联系。

实体型内部的联系通常是指组成实体的各属性之间的联系；实体型之间的联系通常是指不同实体集之间的联系。

两个实体型之间的联系有以下 3 种类型，可以用图 2-1 来表示。

① 一对一联系（1∶1）

实体集 A 中的一个实体至多与实体集 B 中的一个实体相对应，反之亦然，则称实体集 A 与实体集 B 为一对一联系，记作 1∶1，如图 2-1（a）所示。如班级与班长、观众与座位、病人与床位。

② 一对多联系（1∶n）

实体集 A 中的一个实体与实体集 B 中的多个实体相对应，反之，实体集 B 中的一个实体至多与实体集 A 中的一个实体相对应，记作 1∶n，如图 2-1（b）所示。如班级与学生、公司与职员、省与市。

③ 多对多联系（m∶n）

实体集 A 中的一个实体与实体集 B 中的多个实体相对应，反之，实体集 B 中的一个实体与实体集 A 中的多个实体相对应，记作 m∶n，如图 2-1（c）所示。如教师与学生、学生与课程、工厂与产品。

实际上，一对一联系是一对多联系的特例，而一对多联系又是多对多联系的特例。

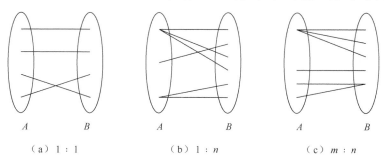

| （a）1∶1 | （b）1∶n | （c）m∶n |

图 2-1　两个实体型之间的联系

在 E-R 图中有下面 4 种基本成分。

① 矩形框，表示实体型（研究问题的对象）。

② 菱形框，表示联系（实体间的联系）。

③ 椭圆形框，表示实体型和联系的属性。

④ 线段，联系与其涉及的实体型之间以线段连接，用来表示它们之间的联系，并在直线端

部标注联系的类型（1:1、1:n 或 m:n）。

相应的命名均记入各种框中。对于实体标识符的属性，在属性名下面画一条横线。

下面通过例 2.1 说明设计 E-R 图的过程。

【例 2.1】为贷款管理设计一个 E-R 模型。借款人从银行贷款，银行为借款人放贷，借款人有借款人编号、姓名、性别、年龄、电话、职业、工作单位等信息，银行有银行编号、银行名称、银行地址、所属城市、银行性质等信息。借款人向银行贷款（银行向借款人放贷）时，要记录贷款金额、贷款期数、贷款时间、还款时间。E-R 图的具体建立过程如下。

① 确定实体型。本问题有 2 个实体型：借款人、银行。

② 确定联系。借款人可以从多个银行贷款，银行可以向多个借款人放款。银行和借款人之间的联系类型是 m:n，给这个联系起名为"贷款"。

③ 把实体型和联系组合成 E-R 图。

④ 确定实体型和联系的属性。

实体型借款人的属性有借款人编号、姓名、性别、年龄、电话、职业、工作单位；

实体型银行的属性有银行编号、银行名称、银行地址、所属城市、银行性质；

联系贷款的属性有借款人编号、银行编号、贷款金额、贷款期数、贷款时间、还款时间。

⑤ 确定实体型的键，在 E-R 图属于键的属性名下画一条横线。

具体的 E-R 图如图 2-2 所示。

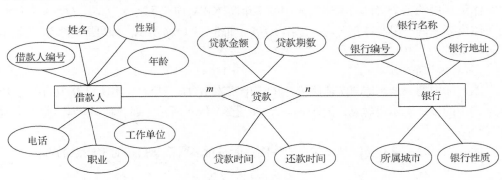

图 2-2　贷款管理 E-R 图

E-R 模型有两个明显的优点：一是接近于人的思维，容易理解；二是与计算机无关，用户容易接受。E-R 模型已成为软件工程中的一个重要设计方法。但是 E-R 模型只能说明实体间语义的联系，还不能进一步说明详细的数据结构。一般遇到一个实际问题，人们总是先设计一个 E-R 模型，然后把 E-R 模型转换成计算机已实现的数据模型。

2．逻辑模型

目前比较成熟的逻辑模型有层次模型、网状模型、关系模型、面向对象模型等。这 4 种逻辑模型的根本区别在于数据结构不同，即数据之间联系的表示方式不同：层次模型，用"树结构"来表示数据之间的联系；网状模型，用"图结构"来表示数据之间的联系；关系模型，用"二维表"来表示数据之间的联系；面向对象模型，用"对象"来表示数据之间的联系。下面重点介绍层次模型、网状模型和关系模型。

（1）层次模型

层次模型是数据库系统最早使用的一种逻辑模型，它的数据结构是一棵"有向树"。根节点在最上端，层次最高；子节点在下，逐层排列。层次模型的特征如下。

① 有且仅有一个节点没有父节点，它就是根节点。

② 其他节点有且仅有一个父节点。

图 2-3 所示为一个层次模型。

较有影响的层次模型数据库系统之一是 20 世纪 60 年代末 IBM 公司推出的 IMS 层次模型数据库系统。

（2）网状模型

网状模型以网状结构表示实体与实体之间的联系。网中的每一个节点代表一个记录类型，联系用链接指针来实现。网状模型可以表示多个从属关系的联系，也可以表示数据间的交叉关系，即数据间的横向关系与纵向关系，它是层次模型的扩展。图 2-4 所示为一个网状模型。

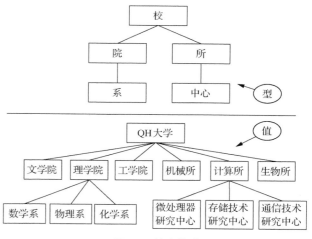

图 2-3　层次模型

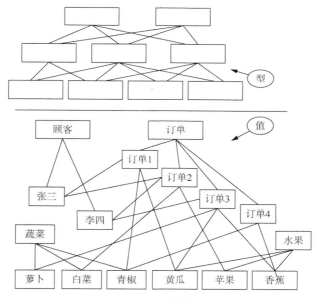

图 2-4　网状模型

网状模型可以方便地表示各种类型的联系，但结构复杂，实现的算法难以规范化。其特征如下。

① 允许节点有多于一个父节点。

② 可以有一个以上的节点没有父节点。

（3）关系模型

关系模型以二维表结构来表示实体与实体之间的联系，它是以关系数学理论为基础的。关系模型的数据结构是一个"二维表框架"组成的集合，每个二维表可称为关系。

在关系模型中，操作的对象和结果都是二维表。关系模型是目前非常流行的数据库模型。支持关系模型的数据库管理系统称为关系数据库管理系统，MySQL 就是一种关系数据库管理系统。关系模型的特征是：

① 描述的一致性，不仅用关系描述实体本身，而且用关系描述实体之间的联系；

② 可直接表示多对多的联系；

③ 关系必须是规范化的关系，即每个属性是不可分的数据项，不许表中有表；

④ 关系模型是建立在数学概念基础上的，有较强的理论依据。

图 2-5 所示为一个关系模型，其中上半部分为关系模式的型，下半部分为这个关系模型的值，关系名称为银行信息关系，这个关系含 3 个元组，其中"银行编号"为主键。

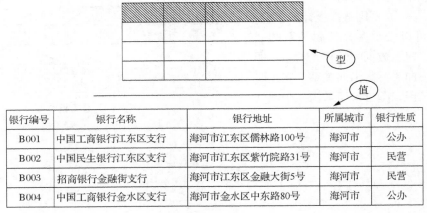

银行编号	银行名称	银行地址	所属城市	银行性质
B001	中国工商银行江东区支行	海河市江东区儒林路100号	海河市	公办
B002	中国民生银行江东区支行	海河市江东区紫竹院路31号	海河市	民营
B003	招商银行金融街支行	海河市江东区金融大街5号	海河市	民营
B004	中国工商银行金水区支行	海河市金水区中东路80号	海河市	公办

图 2-5　关系模型

2.2 关系数据模型

数据模型通常由 3 部分组成，分别是数据结构、数据操纵和完整性约束，也称为数据模型的三大要素。关系数据模型作为目前主流的数据模型也不例外，接下来从数据模型的 3 个组成部分来详细介绍。

2.2.1 数据结构

在关系模型中，数据结构用单一的二维表结构来表示实体及实体间的关系，如图 2-6 所示。

1. 关系

一个关系对应一个二维表，二维表名就是关系名。图 2-6 中包含两个二维表，即两个关系：借款人信息关系和贷款信息关系。

2. 属性及值域

二维表中的列（字段）称为关系的属性。属性的个数称为关系的元数，又称为度。度为 n 的关系称为 n 元关系，度为 1 的关系称为一元关系，度为 2 的关系称为二元关系。关系的属性包括属性名和属性值两部分，列名即为属性名，列值即为属性值。属性值的取值范围称为值域，每一个属性对应一个值域，不同属性的值域可以相同。

关系名→借款人信息表					↙ 属性（字段、数据项）		

借款人编号	姓名	性别	年龄	电话	职业	工作单位	←关系模式（记录类型）
P001	赵鹏	男	52	62599388	公务员	江东区教育局	
P002	李晓蕊	女	35	86052415	教师	江东区第一中学	←元组（记录）
P003	张远志	男	26	6259938	企业职工	中石化江东分公司	
P004	陈志忠	男	38	86608858	私营业主	江东区一鸣商贸公司	

↑ 主键　　↑ 属性值（字段值）

外键

参照表↓　　　　　贷款信息表

借款人编号	银行编号	贷款金额	借期	贷款时间	还款时间
P001	B001	1300000	12	2021-09-21	2021-09-21
P002	B001	2200000	12	2021-08-20	2021-08-20
P003	B002	1500000	36	2021-05-18	2021-05-18
P004	B003	3000000	24	2021-09-12	2021-09-12

图 2-6　关系模型

图 2-6 中，借款人信息关系中有借款人编号、姓名、性别、年龄（注：若无特别说明，本书中的年龄数据均是基于 2022 年计算的）、电话、职业、工作单位 7 个属性，是七元关系。其中性别属性的值域是"男"和"女"，年龄属性的值域是 18～70。贷款信息关系中有借款人编号、银行编号、贷款金额、借期、贷款时间、还款时间 6 个属性，是六元关系。借款人编号"P001"就是借款人编号属性的一个值。

3．关系模式

关系模式是二维表中的行定义（表头）、记录的类型，即对关系的描述称为关系模式。关系模式的一般形式如下。

关系名（属性 1，属性 2，…，属性 n）

图 2-6 中的两个关系模式表示如下。

借款人信息关系（借款人编号，姓名，性别，年龄，电话，职业，工作单位）

贷款信息关系（借款人编码，银行编码，贷款金额，借期，贷款时间，还款时间）

4．元组

二维表中的一行，即每一行记录的值称为关系的一个元组。其中，每一个属性的值称为元组的分量。关系由关系模式和元组的集合组成。

图 2-6 中借款人信息关系有以下元组。

（P001，赵鹏，男，52，62599388，公务员，江东区教育局）

（P002，李晓蕊，女，35，86052415，教师，江东区第一中学）

贷款信息关系有以下元组。

(P001，B001，1300000，12，2021-09-21，2021-09-21)

(P002，B001，2200000，12，2021-08-20，2021-08-20)

5．键（码）

键由一个或多个属性组成。在实际使用中，有下面几种键。

（1）候选键（Candidate Key）：若关系中的某一属性组的值能唯一地标识一个元组，则称该属性组为候选键。

（2）主键（Primary Key）：若一个关系有多个候选键，则选定其中一个为主键。主键中包含的属性称为主属性（Prime Attribute），不包含在任何候选键中的属性称为非键属性（Non-Key Attribute）。关系模型的所有属性组是这个关系模式的候选键，称为全键（All-Key）。

（3）外键（Foreign Key）：设 F 是关系 R 的一个或一组属性，但不是关系 R 的键。如果 F 与关系 S 的主键 K_s 相对应，则称 F 是关系 R 的外键，关系 R 称为参照关系，关系 S 称为被参照关系或目标关系。

如图 2-6 所示，在借款人信息关系中，借款人编号就是主键；在贷款信息关系中，（借款人编号，银行编号）为主键，而借款人编号和银行编号称为外键。

6．主属性与非主属性

关系中包含在任何一个候选键里的属性称为主属性，不包含在任何一个候选键里的属性称为非主属性。图 2-5 的银行信息关系中因为银行编号、银行名称是候选键，所以银行编号和银行名称是主属性，其他属性是非主属性。

2.2.2　数据操作

数据操作是用于描述系统的动态特征的，是对数据库中各种对象的实例所允许执行的操作的集合。数据库主要有修改（插入、删除、更新）和查询两类操作，也就是我们所说的增、删、改、查，数据模型要定义这些操作的确切含义及实现操作的语言。

数据操作是集合操作，操作对象和操作结果都是关系，即若干元组的集合。存取路径对用户隐蔽，用户只需指出"干什么"，不必详细说明"怎么干"。

2.2.3　完整性约束

关系模型可以有 3 类完整性约束：实体完整性（Entity Integrity）、参照完整性（Referential Integrity）和用户定义的完整性（User-Defined Integrity）。

1．实体完整性

一个基本关系通常对应现实世界的一个实体集。如学生关系对应学生的集合。现实世界中的实体是可区分的，即它们具有某种唯一性标识。相应地，关系模型中以主键作为唯一性标识。主键中的属性即主属性不能取空值（NULL）。所谓空值就是"不知道"或"无意义"的值。如果主属性取空值，就说明存在某个不可标识的实体，即存在不可区分的实体，这与现实世界的应用环境相矛盾，因此这个实体一定不是一个完整的实体。

实体完整性规则：若属性 A 是基本关系 R 的主属性，则属性 A 不能取空值。

2．参照完整性

现实世界中的实体之间往往存在某种联系，在关系模型中实体及实体间的联系都是用关系来描述的。这样就自然存在关系与关系间的引用。

设 F 是基本关系 R 的一个或一组属性，但不是基本关系 R 的键，如果 F 与基本关系 S 的主键 K_s 相对应，则称 F 是基本关系 R 的外键，并称基本关系 R 为参照关系（Referencing Relation），称基本关系 S 为被参照关系（Referenced Relation）或目标关系（Target Relation）。基本关系 R 和 S 不一定是不同的关系。

参照完整性规则就是定义外键与主键之间的引用规则。

参照完整性规则：若属性（或属性组）F是基本关系R的外键，它与基本关系S的主键K_s相对应（基本关系R和S不一定是不同的关系），则对于R中每个元组在F上的值有如下限制。

① 取空值（F的每个属性值均为空值）。

② 等于S中某个元组的主键值。

【例2.2】下面各种情况可说明参照完整性规则在关系中是如何实现的。

在关系数据库中有下列两个关系模式。

借款人关系模式：借款人信息表(借款人编号,姓名,性别,年龄,电话,职业,工作单位)，主键(借款人编号)。

贷款关系模式：贷款信息表(借款人编号,银行编号,贷款金额,借期,贷款时间,还款时间)，主键(借款人编号,银行编号)，外键1(借款人编号)，外键2（银行编号）。

据规则要求关系贷款信息表中的"借款人编号"值应该在关系借款人信息表中出现。如果关系贷款信息表中有一个元组(P018,B007,60000,2021-05-18)，而借款人编号P018却在关系借款人表中找不到，那么就认为在关系贷款信息表中引用了一个不存在的借款人实体，这就违反了参照完整性规则。

另外，在关系贷款信息表中"借款人编号"不仅是外键，也是主键的一部分，因此这里"借款人编号"值不允许为空。

3．用户定义的完整性

实体完整性和参照完整性适用于任何关系数据库系统。除此之外，不同的关系数据库系统根据其应用环境的不同，往往还需要一些特殊的约束条件。

用户定义的完整性就是针对某一具体关系数据库的约束条件，它反映某一具体应用所涉及的数据必须满足的语义要求。关系模型应提供定义和检验这类完整性的机制，以便用统一的系统方法处理数据，而不由应用程序承担这一功能。

【例2.3】例2.2中的借款人关系模式借款人信息表，借款人的年龄定义为两位整数，但范围还是太大，为此用户可以写出如下规则把年龄限制在18～70岁之间。

```
CHECK ( AGE BETWEEN 18 AND 70 )
```

2.3 关系数据库

关系数据库因为采用关系模型而得名，它是目前数据库应用中的主流技术。

关系数据库之所以得到广泛应用，是因为它建立在严格的数学理论基础上，概念清晰、简单，能够用统一的结构来表示实体集合和实体之间的联系。从数据库的发展历程中可以看到，关系数据库的出现标志着数据库技术走向成熟。

关系数据库与非关系数据库的区别在于，关系数据库只有"表"这一种数据结构；而非关系数据库还有其他数据结构，并且对这些数据结构还有其他的操作。

1．关系模式

关系模式是对关系的描述。关系模式是型，而关系是值。定义关系模式必须指明以下内容。

（1）元组集合的结构包括属性构成、属性来自的域、属性与域之间的映像关系。

（2）元组语义以及完整性约束条件。

（3）属性间的数据依赖（Data Dependency）关系集合。

关系模式可以形式化地表示为 $R(U,D,Dom,F)$。

① R：关系名。

② U：组成该关系的属性集合。

③ D：属性组 U 中属性所属的域。

④ Dom：属性向域的映像集合。

⑤ F：属性间的数据依赖集合。

关系模式通常可以简记为 $R(U)$ 或 $R(A_1,A_2,\cdots,A_n)$，其中 R 为关系名，U 或 $A_1,A_2,\cdots,A_n$ 为属性集合。

关系实际上是关系模式在某一时刻的状态或内容。也就是说，关系模式是静态的、稳定的，而关系是动态的、随时间不断变化的，因为关系操作在不断地更新着数据库中的数据。但在实际当中，常常把关系模式和关系统称为关系，读者可以从上下文中加以区别。

2．关系数据库的特点

关系数据库是基于关系模型的数据库，20 世纪 70 年代末以后所问世的数据库产品大多为关系数据库，并逐渐替代网状模型、层次模型数据库而成为主流的数据库。关系数据库迅速崛起并在市场中站稳脚跟与它的优越性有关。关系数据库具有以下优点。

（1）数据结构简单

关系数据库采用统一的二维表作为数据结构，不存在复杂的内部联系，具有高度简洁与方便性。

（2）功能强

关系数据库能直接构造复杂的数据模型，特别是多联系间的联系表达。它可以一次得到一条完整记录，可以修改数据间的联系，同时具备一定程度的修改数据模式的能力。此外，路径选择的灵活性、存储结构的简单性都是它的优点。

（3）使用方便

关系数据库的数据结构简单，它的使用不涉及系统内部物理结构，用户不必了解，更无须干预内部组织。所用数据语言均为非过程性语言，因此操作、使用均很方便。

（4）数据独立性高

关系数据库的组织、使用由于不涉及物理存储因素，不涉及过程性因素，因此数据的物理独立性很高，数据的逻辑独立性相对于其他类型数据库也有一定的改善。

当然，关系数据库也存在一些不足之处，如它在事务处理领域中的应用效果较好，但在非事务性应用及分析领域中的应用还有不足等。

目前关系数据库已经成熟，其产品正全方位向纵深方向发展，主要表现在以下几个方面。

（1）可移植性

目前，大量产品能同时适应多个操作系统，如 SQL Server 2000 能适应 70 多种操作系统。

（2）标准化

数据库语言的标准化工作经过人们多年的努力之后，目前结构化查询语言（Structured Query Language，SQL）已被美国标准化组织 ANSI、国际标准化组织 ISO 以及我国标准化协会确定为关系数据库使用的标准化语言，从而完成了其使用的统一性，这被认为是一次关系数据库领域的革命。而其中 SQL-92 被认为是典型的关系数据库语言。

（3）开发工具

由于数据库在应用中大量使用，用户对它直接操作的需要，要求它不仅有数据定义、操纵与控制等作用，还要有大量用户界面生成及开发的工具软件以便于用户开发应用。因此，自20世纪 80 年代以来，关系数据库所提供的软件还包括大量用户界面生成软件以及开发工具。如 Oracle Developer/2000、Microsoft Visual Basic、PowerBuilder、Delphi 等。

（4）分布式功能

由于数据库在计算机网络上的大量应用以及用户对数据共享的要求，数据库的分布式功能已在应用中成为迫切需要，因此目前多数关系数据库都提供此类功能，实现方式有数据库远程访问、客户-服务器结构、浏览器-服务器结构。

（5）开放性

现在的关系数据库大都具有较好的开放性，能与不同的数据库、不同的应用接口结合，并能不断地扩充与发展，一般关系数据库都具有通用的开放式数据库互连（Open Data DataBase Connectivity，ODBC）与 Java 数据库互连（Java DataBase Connectivity，JDBC）接口以及快速的专用接口。

3．关系的性质

前面我们用集合的观点定义关系。关系是笛卡儿积的子集。也就是说，把关系看成一个集合，集合中的元素是元组，每个元组的属性个数均相同。如果一个关系的元组个数是无限的，则称其为无限关系；反之，则称其为有限关系。

关系模型对关系做了一些规范性的限制，我们可通过二维表形象地理解关系的性质。

（1）关系中的每个属性值都是不可分解的，即关系的每个元组分量必须是原子的。

（2）关系中不允许出现相同的元组。从语义角度看，二维表中的一行即一个元组，代表一个实体。现实生活中不可能出现完全一样、无法区分的两个实体，因此，二维表不允许出现相同的两行。同一关系中不能有两个相同的元组存在，否则将使关系中的元组失去唯一性，这一性质在关系模型中很重要。

（3）在定义一个关系模式时，可随意指定属性的排列次序，因为交换属性排序的先后并不改变关系的实际意义。

（4）在一个关系中，元组的排列次序可任意交换，并不改变关系的实际意义。由于关系是集合，因此不考虑元组间的顺序问题。在实际应用中，我们常常对关系中的元组进行排序，这样做仅是为了加快检索数据的速度，提高数据处理的效率。

对于性质（3）和性质（4），需要再补充一点。判断两个关系是否相等，是从集合的角度来考虑的，与属性的次序无关，与元组的次序无关，与关系的命名也无关。如果两个关系仅存在上述差别，在其余各方面完全相同，就认为这两个关系相等。

关系模式相对稳定，关系却随着时间的推移不断变化，这是数据库的更新操作（包括插入、删除、修改）引起的。

2.4 常见的关系数据库管理系统

平时我们见到比较多的关系数据库管理系统有 Oracle、IBM Db2、MySQL、Microsoft SQL Server、Microsoft Access、SQLite 等，这些不同的数据库管理系统的语法、功能和特性也各具特色。我们在使用的时候要合理地进行选择。

1．Oracle

Oracle 是世界上使用范围较为广泛的数据库管理系统。作为通用的数据库系统，它具有完整的数据管理功能；作为关系数据库，它是完备关系的产品；作为分布式数据库，它实现了分布式处理功能。

2．IBM Db2

IBM Db2 数据库核心又称作 IBM Db2 公共服务器，其采用多进程多线索体系结构，可以运行于多种操作系统之上，并根据相应平台环境分别做了调整和优化，以便能够拥有较好的性能。

3．MySQL

MySQL 被广泛地应用在互联网上的中小型网站中。由于其体积小、速度快、总体使用成本低，尤其是开放源码这一特点，很多公司都采用 MySQL 以降低成本。

4．Microsoft SQL Server

Microsoft SQL Server 是一个关系数据库管理系统，也是一个全面的数据库平台，其使用集成的商务智能（Business Intelligence，BI）工具提供企业级的数据管理功能。

5．Microsoft Access

Microsoft Access 是由 Microsoft 公司发布的，把数据库引擎的图形用户界面和软件开发工具结合在一起的关系数据库管理系统。

6．SQLite

SQLite 是一个实现了自给自足、无服务器、零配置、事务性的关系数据库管理系统。SQLite 是嵌入式 SQL 数据库引擎，与其他大多数的 SQL 数据库不同，SQLite 没有单独的服务器进程，而是直接读取和写入普通磁盘文件。

本章小结

本章讲解了数据模型的基本概念，并详细介绍了各类数据模型，阐述了关系数据模型及关系数据库的基本知识和相关术语，使读者能够对关系数据模型和关系数据库相关的基础知识有系统的了解，为读者学习后续内容打下良好的理论基础。

习　题

一、选择题

1．一个关系只有一个（　　　）。

  A．候选键　 B．外键　 C．主属性　 D．主键

2．若关系中的某一属性组的值能唯一地标识一个元组，则称该属性组为（　　　）。

  A．属性　 B．候选键　 C．主属性　 D．外键

3．设在某个学校环境中，一个系有多名学生，一名学生只能属于一个系，则系与学生之间的联系类型为（　　　）。

  A．一对一　 B．一对多　 C．多对多　 D．不确定

4．关系模式的 3 类完整性约束是（　　　）。

  A．实体完整性　 B．参照完整性

  C. 用户定义的完整性   D. 索引完整性

 5. E-R 方法的三要素是（   ）。

  A. 实体   B. 属性   C. 联系   D. 主键

二、实践题

 1. 指出下列关系模式的主键。

 （1）考试情况(课程号,考试性质,考试日期,考试地点)。假设一门课程在不同的日期可以有多次考试，但在同一天内只能考一次。多门不同的课程可以同时进行考试。

 （2）教师授课(教师号,课程号,授课时数,学年,学期)。假设一名教师在同一个学年和学期中可以讲授多门课程，也可以在不同学年和学期中多次讲授同一门课程，讲授的每门课程都有一个授课时数。

 （3）图书借阅(读者号,书号,借书日期,还书日期)。假设一个读者可以在不同的日期多次借阅同一本书，一个读者可以同时借阅多本不同的图书，一本书可以在不同的时间借给不同的读者。但一个读者不能在同一天里多次借阅同一本书。

 2. 学生与教师的教学活动情况如下。

 （1）有若干班级，每个班级信息包括班级号、班级名、专业、人数、教室。

 （2）每个班级有若干学生，学生只属于一个班级，学生信息包括学号、姓名、性别、年龄。

 （3）有若干教师，教师信息包括编号、姓名、性别、年龄、职称。

 （4）开设若干课程，课程信息包括课程号、课程名、课时、学分。

 （5）一门课程可由多名教师任教，一名教师可任教多门课程。

 （6）一门课程有多名学生选修，每名学生可选修多门课。

 要求如下。

 （1）画出每个实体型及其属性、实体型之间联系的 E-R 图。

 （2）完成数据库逻辑模型，包括各个表的名称和属性。

第 3 章

数据库标准语言 SQL

内容导读

SQL 是指结构化查询语言（Structured Query Language），它是关系数据库操作的国际标准语言，也是所有关系数据库产品均支持的语言。SQL 让我们可以访问和处理数据库，包括数据插入、删除、修改和查询。作为一种访问和处理关系数据库的标准语言，SQL 自问世以来得到了广泛的应用，不仅著名的大型商用数据库产品如 Oracle、SQL Server、IBM Db2、Sybase 等支持它，很多开源的数据库产品如 PostgreSQL、MySQL 也支持它，甚至一些小型的产品如 Microsoft Access 也支持它。近些年蓬勃发展的 NoSQL 系统最初宣称不再需要 SQL，后来也不得不修正策略来拥抱 SQL。SQL Server 是 Microsoft 公司推出的关系数据库管理系统，是目前流行的数据库管理系统软件之一，本书将使用 SQL Server 2019 作为数据库的操作软件。

本章主要介绍 SQL 的基础知识以及 SQL Server 软件的特性、安装和卸载，通过本章的学习，读者可以了解 SQL 的发展历史、功能和特点，同时掌握 SQL Server 2019 的安装及基本操作，熟悉 SQL Server 2019 相关组件的功能。

本章学习目标

（1）了解 SQL 的发展历史。

（2）掌握 SQL 的特点和功能。

（3）了解 SQL Server 2019 安装的软硬件要求。

（4）掌握 SQL Server 2019 的安装和卸载过程。

（5）熟练操作 SQL Server 2019 的相关组件。

3.1 SQL 概述

3.1.1 SQL 的发展历史

SQL 前身是著名的关系数据库原型系统 System R 所采用的 Sequel。SQL 是在 1974 年由美国 IBM 公司的圣荷西（San Jose）研究所中的科研人员博伊斯（Boyce）和钱伯林（Chamberlin）提出的。1975~1979 年，人们在关系数据库原型系统 System R 上实现了这种语言。1986 年 10 月，ANSI 的数据库委员会批准了 SQL 作为关系数据库语言的美国标准，同年公布了 SQL 标准文本 SQL-86。1987 年 ISO 将其采纳为国际标准。1989 年 ANSI 公布了 SQL-89，1992 年 ANSI 又公布了 SQL-92（也称为 SQL2）。1999 年 ISO/IEC 公布了反映最新数据库理论和技术的标准 SQL:1999（也称为 SQL3），后陆续公布了 SQL:2003、SQL:2008 和 SQL:2011 标准。

SQL 发展的简要历史如下。

- 1986 年，ANSI X3.135-1986，ISO/IEC 9075:1986，SQL-86。
- 1989 年，ANSI X3.135-1989，ISO/IEC 9075:1989，SQL-89。
- 1992 年，ANSI X3.135-1992，ISO/IEC 9075:1992，SQL-92（SQL2）。
- 1999 年，ISO/IEC 9075:1999，SQL:1999（SQL3）。
- 2003 年，ISO/IEC 9075:2003，SQL:2003。
- 2008 年，ISO/IEC 9075:2008，SQL:2008。
- 2011 年，ISO/IEC 9075:2011，SQL:2011。

3.1.2　SQL 的特点

由于 SQL 具有功能丰富、简洁易学、使用方式灵活等突出优点，因此倍受计算机工业界和计算机用户的欢迎，其主要特点如下。

1．一体化

SQL 集数据定义语言（Data Definition Language，DDL）、数据操纵语言（Data Manipulation Language，DML）和数据控制语言（Data Control Language，DCL）功能于一体，且具有统一的语言风格，使用 SQL 语句可以独立完成数据管理的核心操作。

2．面向集合的操作方式

SQL 采用集合操作方式，对数据的处理是以集合为单位进行的，不仅查询结果是元组的集合，而且插入、删除和更新操作的也是元组的集合。

3．非过程化

SQL 具有高度的非过程化特点，执行 SQL 语句时，用户只需要知道其逻辑含义，而不需要知道 SQL 语句的具体执行步骤，即只需要告诉计算机干什么，而不需要告诉它怎么干。由于用户在对数据库进行存取操作时无须了解存取路径，因此大大减轻了用户的负担，并且有利于提高数据的独立性。

4．语言简洁

虽然 SQL 的语言功能极强，但其语言十分简洁，仅用 9 个动词就可完成其核心功能。SQL 的功能及其命令动词如表 3-1 所示。

表 3-1　SQL 的功能及其命令动词

SQL 的功能	命令动词
数据定义	CREATE，ALTER，DROP
数据操纵	INSERT，DELETE，UPDATE，SELECT
数据控制	GRANT，REVOKE

5．提供多种使用方式

SQL 既是交互式语言，也是嵌入式语言。交互式 SQL 能够独立地用于联机交互，直接输入 SQL 命令就可以对数据库进行操作；而嵌入式 SQL 能够嵌入高级语言（如 C、Java）程序中，以实现对数据库的存取操作。

无论是哪种使用方式，SQL 的语法结构基本一致。这种统一的语法结构的特点，为用户使用 SQL 提供了极大的灵活性和方便性。

6．支持三级模式结构

SQL 支持关系数据库的三级模式结构，如图 3-1 所示。

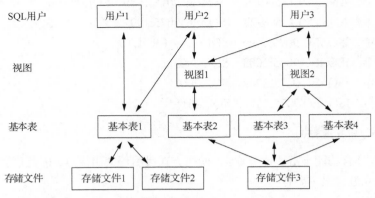

图 3-1　SQL 支持关系数据库的三级模式结构

（1）全体基本表构成了关系数据库的模式

基本表（Base Table）是本身独立存在的表（Table），在 SQL 中一个关系对应一个基本表。

（2）视图和部分基本表构成了关系数据库的外模式

视图（View）是从基本表或其他视图中导出的表，它本身不独立存储在数据库中，即数据库中只存放视图的定义而不存放视图对应的数据，这些数据仍存放在导出视图的基本表中，因此视图是一种虚拟表。

用户可以用 SQL 语句对视图和基本表进行查询等操作。在用户看来，视图和基本表是一样的，都是关系。视图是根据用户的需求设计的，这些视图再加上某些被用户直接使用的基本表就构成了关系数据库的外模式。SQL 支持关系数据库的外模式结构。

（3）数据库的存储文件及其索引文件构成了关系数据库的内模式

在 SQL 中，一个关系对应一个表，一个或多个基本表对应一个存储文件，一个基本表也可以对应多个存储文件，一个表可以带若干索引，索引也存放在存储文件中。每个存储文件与外部存储器上的一个物理文件对应。存储文件的逻辑结构组成了关系数据库的内模式。

3.1.3　SQL 的功能

SQL 的主要功能可以分为以下 3 类。

1．数据定义功能

SQL 的数据定义功能通过 DDL 实现，它用于改变数据库结构，包括创建、更改和删除数据库对象，如定义基本表、视图和索引。基本的 DDL 包括 3 类，即创建、更改和删除，分别对应 CREATE、ALTER 和 DROP 语句。

① CREATE——创建（在数据库中创建新表、视图或其他对象）。

② ALTER——更改（修改现有数据库中的表、视图或其他对象）。

③ DROP——删除（删除现有数据库中的表、视图或其他对象）。

2．数据操纵功能

SQL 的数据操纵功能通过 DML 实现，它用于改变数据库中的数据，是最常用的 SQL 命令。数据操纵包括插入、删除、修改和查询操作，分别对应 INSERT、DELETE、UPDATE 和 SELECT

语句。

① INSERT——插入（添加记录）。

② DELETE——删除（删除现有表中的记录）。

③ UPDATE——修改（修改现有表中的记录）。

④ SELECT——查询（检索一个或多个表中的记录）。

3. 数据控制功能

SQL 的数据控制功能通过 DCL 实现，数据库的控制主要指的是数据库的安全性和完整性控制。DCL 包括对基本表和视图的授权、完整性规则的描述，以及事务开始和结束等控制语句。

SQL 通过对数据库用户的授权和取消授权命令来实现相关数据的存取控制，以保证数据库的安全性。另外还提供了数据完整性约束条件的定义和检查机制，来保证数据库的完整性。数据库安全性控制功能对应的语句有 GRANT 和 REVOKE 等。

① GRANT——授予权限。

② REVOKE——撤销已授予的权限。

自 SQL 成为国际标准后，各数据库厂商纷纷推出支持 SQL 的软件或与 SQL 接口的软件。这就使大多数数据库采用 SQL 作为共同的数据库语言和标准接口。但是，不同的数据库厂商开发的 SQL 并不完全相同，这些不同类型的 SQL 一方面遵循了标准 SQL 规定的基本操作，另一方面又在标准 SQL 的基础上进行了扩展，增强了一些功能。

> 💡提示
>
> 　不同的数据库厂商都对标准 SQL 做了一定程度的扩展，并使用了不同的名称。例如，Oracle 产品中的 SQL 称为 PL/SQL，Microsoft SQL Server 产品中的 SQL 称为 Transact-SQL，本书统一简称为 T-SQL。

3.2 SQL Server 概述

目前市面上主流的关系数据库管理系统很多，如 Oracle、SQL Server、MySQL、PostgreSQL 和 IBM Db2 等，这些关系数据库管理系统在语法和主要功能方面有很多的相似之处，当我们熟悉一种数据库之后，再去学习其他的关系数据库，会更容易上手。SQL Server 是主流数据库之一，很多大、中型项目都使用 SQL Server 作为后台数据库。由于 SQL Server 支持更友好的图形化操作界面，它相比其他大多数关系数据库更形象、更容易入门，也更容易理解，因此本书采用 SQL Server 作为数据库的操作软件。

3.2.1 SQL Server 简介

SQL Server 是 Microsoft 公司开发的关系数据库管理系统产品，它最初是由 Microsoft、Sybase、Ashton-Tate 这 3 家公司共同开发的，并于 1988 年推出了第一个 OS/2 版本，之后不断完善和更新功能。以前的 SQL Server 版本主要在 Windows 系统上运行，从 SQL Server 2017 开始，Microsoft 公司推出了支持 Linux 系统的 SQL Server 版本。现在的 SQL Server 不仅是一个数据库引擎，还引入了大数据库群集、数据分析服务及机器学习服务等新功能。

SQL Server 作为流行的关系数据库管理系统之一，应用场景也是比较广泛的，它特别适用于高访问量、高并发、大量写操作及大数据量的场景，在大、中型项目中，更能体现出 SQL

Server 的优势。比如一些银行交易系统、股市交易系统、电信统计系统、物流平台和图书管理系统等大型项目均采用了 SQL Server 作为后台数据库。尽管不同的关系数据库之间支持的 SQL 语句有一些差异，但它们大部分语法都遵循 ANSI SQL 标准，SQL Server 也不例外，它使用的是 T-SQL。

3.2.2 SQL Server 的版本

SQL Server 近年来不断更新版本，1996 年，Microsoft 公司推出了 6.5 版本；1998 年推出了 7.0 版本；2000 年推出了 SQL Server 2000；2005 年 12 月又推出 SQL Server 2005；2008 年第三季度正式发布 SQL Server 2008；2012 年推出了 SQL Server 2012；后又陆续推出了 2014、2016、2017、2019、2022 等版本，如表 3-2 所示。新版本的 SQL Server 在性能和安全性方面拥有更多创新成果，可帮助用户应对当下的数据挑战。

表 3-2   SQL Server 版本概况

年份	版本	开发代号
1993 年	SQL Server for Windows NT 4.21	
1994 年	SQL Server for Windows NT 4.21a	
1995 年	SQL Server 6.0	
1996 年	SQL Server 6.5	
1998 年	SQL Server 7.0	7.00
2000 年	SQL Server 2000	8.00
2003 年	SQL Server 2000 Enterprise 64 位版	8.00
2005 年	SQL Server 2005	9.00
2008 年	SQL Server 2008	10.00
2008 年	SQL Server 2008 R2	10.50
2012 年	SQL Server 2012	11.00
2014 年	SQL Server 2014	12.00
2016 年	SQL Server 2016	13.00
2017 年	SQL Server 2017	14.00
2019 年	SQL Server 2019	15.00
2022 年	SQL Server 2022	16.00

根据数据库应用环境的不同，SQL Server 发行了不同的版本以满足不同的需求。以 SQL Server 2019 为例，其主要包括 3 大版本：企业版（SQL Server 2019 Enterprise Edition）、标准版（SQL Server 2019 Standard Edition）和商业智能版（SQL Server 2019 Business Intelligence Edition）。除此之外，SQL Server 还有精简版（Express Edition）、Web 版（Web Edition）和开发者版（Developer Edition）等。

1．企业版

企业版是全功能版本，支持任意数量的处理器、任意数据库尺寸以及数据库分区。企业版包含所有 BI 平台组件功能，如整合服务组件（Integration Services）的数据转换功能、分析服务组件（Analysis Services）改进的性能及可伸缩功能、主动缓存、跨多个服务器对大型多维数据库进行分区的功能。

2．标准版

标准版对企业版功能进行了缩减，保持四核处理器的限制，但消除了 2GB 内存的上限。标准版是一个完整的数据管理和业务智能平台，为部门级应用提供了极佳的易用性和可管理特性。标准版包含 Integration Services，带有企业版中可用的数据转换功能的子集。标准版包含诸如基本字符串操作功能的数据转换，但不包含数据挖掘（Data Mining，DM）功能。标准版还包括 Analysis Services 和报表服务组件（Reporting Services），但不具有在企业版中可用的高级可伸缩性和性能特性。

3．商业智能版

SQL Server 的商业智能版主要用于满足数据挖掘和多维数据分析的需求，它可以为用户提供全面的商业智能解决方案，并增强其在数据浏览、数据分析和数据部署安全等方面的功能。

4．精简版

精简版是 SQL Server 的免费版本，它拥有核心的数据库功能，其中包括 SQL Server 中最新的数据类型，但没有管理工具、高级服务（如 Analysis Services）及可用性功能（如故障转移）。它是 SQL Server 的一个微型版本，这一版本是为了学习、创建桌面应用和小型服务器应用而发布的，若用户需要使用精简版 SQL Server，可以到 Microsoft 官方网站下载。

5．Web 版

Web 版针对运行于 Windows 服务器中，要求高可用、面向 Internet Web 服务的环境而设计。这一版本为实现低成本、大规模、高可用性的 Web 应用或客户托管解决方案提供了必要的支持工具。

6．开发者版

开发者版允许开发人员构建和测试基于 SQL Server 的任意类型应用。这一版本拥有所有企业版的特性，但只限于在开发、测试和演示中使用，基于这一版本开发的应用和数据库可以很容易地升级到企业版。

> 💡提示
> 本书所有的实例均以 SQL Server 2019 作为操作环境，具体版本为 SQL Server 2019 开发者版。

3.2.3　SQL Server 的特性

1．SQL Server 各版本的特性

SQL Server 在发展历史中，每一个版本都会引入新的特性，其中部分版本的主要特性如下。

- SQL Server 7.0 使用了全新的关系引擎和查询引擎设计，并率先在数据库管理系统中引入联机分析处理（Online Analytical Processing，OLAP）和抽取、转换、装载方法（Extract Transformation Load method，ETL method）。这标志着 SQL Server 进入商业智能（Business Intelligence，BI）领域。
- SQL Server 2000 增加了扩展性和对可扩展标记语言（eXtensible Markup Language，XML）的支持。另外 SQL Server 2000 还率先引入通知服务、数据挖掘、报表服务等。
- SQL Server 2005 在性能上较 SQL Server 2000 有了更进一步的提高。其在企业级数据管理平台方面的高可用性设计和全新的安全设计也特别引人注目。在 BI 数据分析平台上，SQL Server 2005 增强了 OLAP 分析引擎、企业级的 ETL 和数据挖掘能力。同时其还实

现了与 Office 集成的报表工具。另外在数据应用开发平台上，SQL Server 2005 实现了与.NET、Web Service 以及 Service Broker 等的集成，支持 Native XML。

- SQL Server 2008 除了在 SQL Server 2005 的基础上优化查询性能，还提供了新的数据类型、支持地理空间数据库、增加了 T-SQL 语法、改进了 ETL 和数据挖掘方面的能力，并支持数据库备份压缩。
- SQL Server 2012 在 SQL Server 2008 的基础上，新添加了 Always On 功能，提供了像 Oracle 数据库中的序列功能，以及新增了 T-SQL 中的语法等内容。此外，其还在商业智能方面提供了新的 Power View 工具，在管理、安全以及多维数据分析、报表分析等方面有了进一步的提升。
- SQL Server 2014 新增了对 In Memory OLTP 的支持以及对可更新的聚集列存储索引的支持。
- SQL Server 2016 新增了以下功能。

  ① 支持 Query Store。

  ② 支持 TRUNCATE TABLE Partition。

  ③ 支持 Always On 多个备库读负载均衡，支持数据库级别的 Always On Failover（数据库级别运行状况检测）。

  ④ 引入 Polybase 数据虚拟化，支持连接到 Hadoop 和 Azure Blob 存储。

  ⑤ Windows 平台引入对持久化内存的全面支持，In Memory OLTP 功能得到了增强。
- SQL Server 2017 新增了对 Linux 平台的支持，同时新增了对数据库自动优化、自动执行计划更正以及自动索引管理（Azure SQL 数据库支持自动创建、删除索引）的支持。
- SQL Server 2019 新增了以下功能。

  ① Polybase 数据虚拟化支持通过外部表连接到 SQL Server、Oracle、Teredata、MongoDB，减少了对数据移动 ETL 的需求。

  ② 支持 In Memory TempDB Metadata，通过将 TempDB 元数据置于内存中，基本消除了 Tempdb PAGELATCH_EX 争用，提升了性能。

  ③ 加速了数据库恢复速度，数据库在故障转移、非干净关闭、大事务回滚后完成恢复的速度显著加快，长时间运行的事务，事务日志可主动截断以防止日志增长失控，Azure SQL 默认启用。

  ④ Linux 平台引入对持久化内存的全面支持。

  ⑤ Always On 可用性组的次要副本到主要副本读/写连接重定向。

2．SQL Server 2019 的亮点

SQL Server 2019 为所有数据工作负载带来了创新的安全性和合规性功能、业界领先的性能、任务关键型可用性和高级分析，同时还支持内置的大数据。

（1）分析所有类型的数据

SQL Server 是数据集成的中心，通过 SQL Server 和 Spark 的力量为结构化和非结构化数据提供转型洞察力。

（2）支持多种语言和平台

通过开源支持，用户可以灵活选择语言和平台，在支持 Kubernetes 的 Linux 容器上或在 Windows 上运行 SQL Server。

（3）行业领先的性能

SQL Server 利用突破性的可扩展性和性能，改善数据库的稳定性并缩短响应时间，而无须更改应用程序，让任务关键型应用程序、数据仓库和数据湖实现高可用性。

（4）优越的安全性

SQL Server 数据库在过去 9 年来被评为漏洞最少的数据库，可实现用户的安全性和合规性目标。用户可使用内置功能进行数据分类、数据保护以及监控和警报，快人一步。

（5）更快速地做出更好的决策

Power BI 报表服务器使用户可以访问丰富的交互式 Power BI 报表以及 SQL Server Reporting Services 的企业报告功能。SQL Server 大数据集群允许用户部署运行在 Kubernetes 上的 SQL Server、Spark 和 HDFS 容器的可伸缩集群。这些组件并行运行，使用户能够从 T-SQL 或 Spark 中读取、写入和处理大数据，从而使用户能够轻松地将高价值的关系数据与高容量的大数据组合起来进行分析和使用。

3．SQL Server 2019 的应用场景

（1）通过数据虚拟化打破数据孤岛。利用 SQL Server PolyBase，SQL Server 大数据集群可以在不移动或复制数据的情况下查询外部数据源。SQL Server 2019 引入了可连接到数据源的新连接器。

（2）在 SQL Server 中构建数据湖。SQL Server 大数据集群包括一个可伸缩的 HDFS 存储池。它可以用来存储大数据，这些数据可能来自多个外部来源。一旦大数据存储在大数据集群中的 HDFS 存储池中，用户就可以对数据进行分析和查询，并将其与关系数据结合起来使用。

（3）扩展数据市场。SQL Server 大数据集群提供向外扩展的计算和存储，以提高分析任何数据的性能。来自各种数据源的数据可以被摄取并分布在数据池节点上，作为进一步分析的缓存。

（4）人工智能与机器学习相结合。SQL Server 大数据集群能够对存储在 HDFS 存储池和数据池中的数据执行人工智能和机器学习任务。用户可以使用 Spark 以及 SQL Server 中的内置 AI 工具，如 R、Python、Scala 或 Java。

（5）应用程序部署。SQL Server 2019 允许用户将应用程序作为容器部署到 SQL Server 大数据集群中，这些应用程序可被发布为 Web 服务，供应用程序使用。用户部署的应用程序可以访问存储在大数据集群中的数据，并且可以很容易地进行监控。

3.3　SQL Server 的安装与卸载

3.3.1　安装 SQL Server 2019 的软硬件要求

运行 Microsoft SQL Server 2019 需要硬件和软件的支持，我们需要了解它的最低硬件和软件要求，具体如表 3-3 和表 3-4 所示。

> 💡提示
>
> 企业版和商业智能版一样，只能运行在服务器版的操作系统上（如 Windows Server 2016 或者更高版本），但不能运行在个人版操作系统上（如 Windows 10 和 Windows 11）。

表 3-3　安装 SQL Server 2019 开发者版的硬件要求

组件	要求
硬盘	SQL Server 要求最少 6GB 的可用硬盘空间。硬盘空间要求因所安装的 SQL Server 组件而异
监视器	SQL Server 要求超级 VGA（800 像素×600 像素）或更高分辨率的监视器
互联网	使用互联网功能需要连接互联网
内存	最低要求 Express Edition：512MB。其他版本：1GB。 推荐 Express Edition：1GB。 所有其他版本：至少 4GB，并且应随数据库大小的增加而增加来确保最佳性能
处理器速度	最低要求：x64 处理器，1.4GHz。推荐：2.0GHz 或更高
处理器类型	x64 处理器：AMD Opteron、AMD Athlon 64、Intel EM64T 的 Intel Xeon 及 Intel Pentium IV 等

表 3-4　安装 SQL Server 2019 开发者版的软件要求

组件	要求
操作系统	Windows 10 TH1 1507 或更高版本； Windows Server 2016 或更高版本
.NET Framework	.NET Framework 3.5
网络软件	SQL Server 支持的操作系统具有内置网络软件。独立安装项的命名实例和默认实例支持以下网络协议：共享内存、命名管道和 TCP/IP
框架	SQL Server 安装程序安装该产品所需的以下软件组件： SQL Server Native Client； SQL Server 安装程序支持文件

3.3.2　SQL Server 2019 的安装

SQL Server 2019 的一般安装过程如下。

（1）在开始安装 SQL Server 2019 之前，用户需要确定计算机的软硬件配置符合相关的安装要求，并卸载之前的任何旧版本。

（2）访问官网下载 SQL Server 2019 的相关版本，具体版本根据自身需要选择。

（3）安装 SQL Server Management Studio（SSMS）用于与 SQL Server 交互。SSMS 是一种用于在本地计算机或云中查询、设计和管理 SQL Server 的软件。它为用户提供了配置、监视和管理 SQL Server 实例的工具。

下面介绍在 Windows 10 操作系统上安装 SQL Server 2019 开发者版的主要步骤。

Step1　双击安装文件目录中的 setup.exe 程序，这时系统首先检测是否有.NET Framework 环境，如果没有则会提示进行.NET Framework 环境安装，按照提示进行安装即可，之后弹出"SQL Server 安装中心"界面，如图 3-2 所示。

Step2　单击"SQL Server 安装中心"界面中的"安装"，进入"安装"选项卡，如图 3-3 所示。

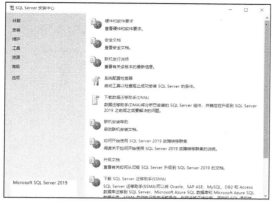

图 3-2 "SQL Server 安装中心"界面

图 3-3 "安装"选项卡

Step3 在"安装"选项卡中单击"全新 SQL Server 独立安装或向现有安装添加功能"超链接启动安装程序，进入"全局规则"界面对必要的支持规则进行检查，如图 3-4 所示。

Step4 当全局规则检查完毕后，单击"下一步"按钮，进入"Microsoft 更新"界面，如图 3-5 所示；单击"下一步"按钮进入"产品更新"界面进行检查更新，如图 3-6 所示。

Step5 产品更新执行成功后，单击"下一步"按钮进入"安装安装程序文件"界面，如图 3-7 所示，系统自动进行安装程序下载及安装。

图 3-4 "全局规则"界面

图 3-5 "Microsoft 更新"界面

图 3-6 "产品更新"界面

图 3-7 "安装安装程序文件"界面

Step6 安装安装程序文件完成后，单击"下一步"按钮进入"安装规则"界面，如图 3-8 所示；各项规则检查通过后单击"下一步"按钮，进入"产品密钥"界面，如图 3-9 所示。

图 3-8 "安装规则"界面 　　　　　　图 3-9 "产品密钥"界面

Step7 进入"产品密钥"界面后，在"指定可用版本"选项中选择相应版本（如果选择的是需要授权的版本，则需要在"输入产品密钥"选项中输入 25 位产品密钥），完成后单击"下一步"按钮进入"许可条款"界面，如图 3-10 所示；阅读并接受许可条款，单击"下一步"按钮，进入"功能选择"界面，如图 3-11 所示。

图 3-10 "许可条款"界面 　　　　　　图 3-11 "功能选择"界面

Step8 在"功能选择"界面中选择要安装的组件。选择功能名称后，右侧会显示功能说明。可以根据实际需要，选中一些功能，然后单击"下一步"按钮，进入"实例配置"界面，如图 3-12 所示。在"实例配置"界面上指定是安装默认实例还是命名实例，对于默认实例，实例的名称和实例 ID 都是计算机名，也可以自己命名安装实例，选择"命名实例"单选按钮进行自定义命名即可。本书使用命名实例，实例名为"SQLSERVER"。

Step9 实例配置完成后单击"下一步"按钮，进入"服务器配置"界面，如图 3-13 所示。在"服务器配置"界面中可以指定 SQL Server 服务的登录账户，可以为所有 SQL Server 服务分配相同的登录账户，也可以分别配置每个服务账户，还可以指定服务是自动启动、手动启动还是禁用。Microsoft 建议对各服务账户进行单独配置，以便为每项服务提供最低特权，即向 SQL Server 服务授予它们完成各自任务所需的最低权限。

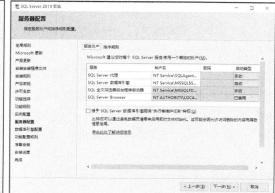

图 3-12　"实例配置"界面　　　　　　　　图 3-13　"服务器配置"界面

　　Step10　在"服务器配置"界面中完成配置之后，单击"下一步"按钮，进入"数据库引擎配置"界面，如图 3-14 所示。

　　在"服务器配置"选项卡设置账户信息，主要指定身份验证模式。

- 安全模式：为 SQL Server 实例选择"Windows 身份验证模式"或"混合模式"。如果选择"混合模式"，则必须为内置 SQL Server 系统管理员账户（sa）提供一个强密码，本书选择"混合模式"进行身份验证。

图 3-14　"数据库引擎配置"界面

- SQL Server 管理员：必须至少为 SQL Server 实例指定一个系统管理员。若要添加用以运行 SQL Server 安装程序的账户，则要单击"添加当前用户"按钮。若要向系统管理员列表中添加账户或从中删除账户，则单击"添加"或"删除"按钮，然后编辑将拥有 SQL Server 实例的管理员特权的用户、组或计算机列表，本书选择当前 Windows 用户作为 SQL Server 实例的管理员。用户也可以在"数据目录"选项卡中修改各种数据库的安装目录和备份目录。

Step11 数据库引擎配置完成之后，单击"下一步"按钮，进入"功能配置规则"界面，如图 3-15 所示，系统进行功能配置规则检查，检查通过后单击"下一步"按钮，进入"准备安装"界面，如图 3-16 所示。

Step12 在"准备安装"界面检查安装位置及所选择的安装功能，确认无误后单击"安装"按钮弹出图 3-17 所示"安装进度"界面并开始安装，然后等待软件安装完成，此过程可能需要耗费数分钟。安装完成后，弹出"完成"界面，如图 3-18 所示，在该界面中单击下方超链接可以打开安装日志文件摘要以及其他重要说明的文档。

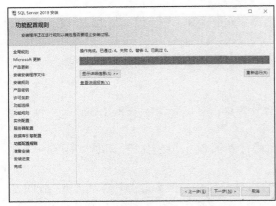

图 3-15 "功能配置规则"界面 　　　　图 3-16 "准备安装"界面

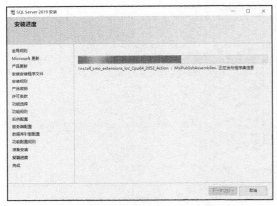
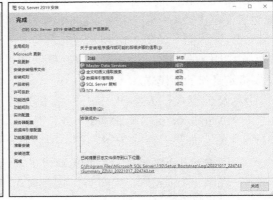

图 3-17 "安装进度"界面 　　　　图 3-18 "完成"界面

> **⚑ 注意**
> 上面介绍的安装步骤 Step1～Step12 是 SQL Server 2019 的核心设置步骤，如果在图 3-11 所示界面中选择安装的功能不同，中间的步骤也会有所不同，用户按照提示进行选择安装完成即可。

完成 SQL Server 2019 安装之后用户还需要安装 SSMS，用于管理数据库。其安装过程非常简单，只需按照顺序进行操作即可。SSMS 安装的主要步骤如下。

双击安装文件 SSMS-Setup.exe，弹出图 3-19 所示界面。单击"安装"按钮后开始安装，弹出图 3-20 所示的界面。耐心等待安装完成，之后重启计算机即可完成 SSMS 的安装。

图 3-19　SSMS 开始安装界面

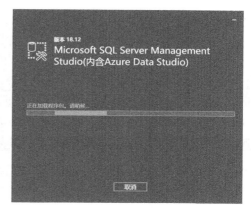
图 3-20　SSMS 安装过程界面

3.3.3　SQL Server 2019 的卸载

Step1　停止数据库服务。打开 SQL Server 2019 配置管理器，如图 3-21 所示；在弹出的配置管理器界面中将正在运行的 SQL Server 等服务停止，如图 3-22 所示。

图 3-21　SQL Server 2019 配置管理器

图 3-22　停止数据库服务界面

Step2　打开操作系统的控制面板，找到 SSMS 对应程序，按照提示完成程序卸载。

Step3　打开操作系统的控制面板，选择 SQL Server 2019 对应的程序，如图 3-23 所示，右击弹出快捷菜单，并在其中单击"卸载"，然后按照提示一步一步完成卸载，后续过程在此不赘述。

Step4　找到软件的安装目录（一般该目录以"Microsoft SQL Server"命名，也可以通过搜索完成定位），如图 3-24 所示，将遗留的文件夹及对应内容全部删除。

图 3-23　控制面板中 SQL Server 2019 对应的程序

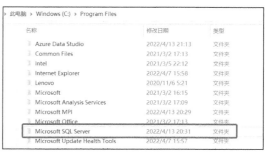

图 3-24　清理遗留文件夹界面

Step5 右击"开始"按钮并打开"运行"对话框,然后输入"regedit"并按 Enter 键,进入"注册表编辑器"界面,如图 3-25 所示,删除对应 Microsoft SQL Server 的注册信息。

首先进入"HKEY_LOCAL_MACHINE\SYSTEM\CurrentControlSet\Control\Session Manager",删除"PendingFileRenameOperations"键值;然后进入"HKEY_CURRENT_USER\SOFTWARE\Microsoft\Microsoft SQL Server",删除这个注册表项;最后进入"HKEY_LOCAL_MACHINE\SOFTWARE\Microsoft\Microsoft SQL Server",删除这个注册表项。

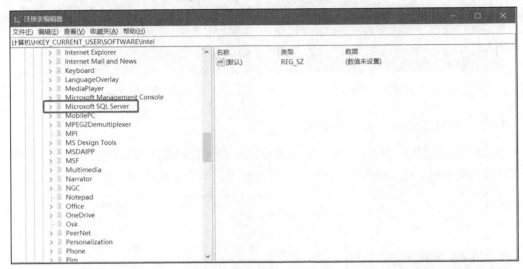

图 3-25 "注册表编辑器"界面

3.4 SQL Server 2019 的组件

SQL Server 2019 是一个非常优秀的数据库软件和数据分析平台,用户通过它可以很方便地使用各种数据应用和服务,而且可以很容易地创建、管理和使用自己的数据应用和服务。在 SQL Server 2019 中用户需要使用各种组件来管理数据库,主要组件包括数据库引擎(Database Engine)、Analysis Services、Reporting Services、Integration Services 等,如表 3-5 所示。

✏️ **注意**
SQL Server 2019 的版本不同,提供的组件也不同,企业版拥有最全的功能和组件。

表 3-5 SQL Server 2019 提供的主要组件

组件	说明
数据库引擎 (Database Engine)	数据库引擎提供用于存储、处理和保护数据的核心服务,以及复制、全文搜索(Full-Text Search)和用于管理关系数据、XML 数据的工具
Analysis Services	Analysis Services 包括用于创建和管理 OLAP 及数据挖掘应用程序的工具
Reporting Services	Reporting Services 包括用于创建、管理和部署表格报表、矩阵报表、图形报表及自由格式报表的服务器和客户端组件。Reporting Services 还是一个可用于开发报表应用程序的可扩展平台
Integration Services	Integration Services 是一组图形化工具和可编程对象,用于移动、复制和转换数据
Replication	Replication 是将一组数据从一个数据源复制到多个数据源的技术,是将一份数据发布到多个存储站点上的有效方式

组件	说明
Full-Text Search	SQL Server 的 Full-Text Search 是基于分词的文本检索功能，依赖于全文索引。全文索引不同于传统的平衡树（B-Tree）索引和列存储索引，它是由数据表构成的，称作倒转索引（Invert Index），存储分词和行的唯一键的映射关系
SQL Server Agent	SQL Server Agent 是 SQL Server 的一个标准服务，作用是代理执行所有 SQL Server 的自动化任务，以及数据库事务性复制等任务。这个服务在默认安装情况下是停止状态，需要手动启动，或改为自动启动，否则 SQL Server 的自动化任务是不会执行的，还要注意服务的启动账户

当我们连接服务器时，在"连接到服务器"对话框可以选择不同的服务器类型，如图 3-26 所示，也就是对应于不同的组件，分别提供表 3-5 所描述的功能。

图 3-26 选择服务器类型

> **注意**
>
> SQL Server 2019 提供的组件很多，但常用的是数据库引擎、Analysis Services、Reporting Services 和 Integration Services，其中核心的组件是数据库引擎。通常情况下，使用数据库进行增、删、改、查操作使用的就是数据库引擎。

下面介绍 4 个常用的服务器组件。

1．数据库引擎

数据库引擎是用于存储、处理和保护数据的核心服务，利用数据库引擎可控制访问权限并实现创建数据库、创建表、创建视图、查询数据和访问数据库等操作，并且它还可以用于管理关系数据和 XML 数据。通常情况下，使用数据库系统实际上就是使用数据库引擎。同时，数据库引擎也是一个复杂的系统，其本身包含许多功能组件，如 Replication、Full-Text Search 等。

2．Analysis Services

Analysis Services 是用于创建和管理 OLAP 及数据挖掘应用程序的工具，其主要作用是通过服务器和客户端技术的组合，提供 OLAP 和数据挖掘功能。通过 Analysis Services，用户可以设计、创建和管理包含来自其他数据源的多维数据，通过对多维数据进行多角度的分析，可以使管理人员对业务数据有更全面的理解；也可以完成数据挖掘模型的构造和应用，实现知识的表示、发现和管理。

3．Reporting Services

Reporting Services 是 Microsoft 公司提供的一种基于服务器的报表解决方案，可用于创建和管理包含来自关系数据源和多维数据源的数据的企业报表，包括表格报表、矩阵报表、图形报表和自由格式报表等。创建的报表可以通过基于 Web 的连接进行查看和管理，也可以作为

Windows 应用程序的一部分进行查看和管理。

通过 Reporting Services 可以完成以下任务。

- 使用图形化工具和向导创建和发布报表以及报表模型。
- 使用报表服务器管理工具对 Reporting Services 进行管理。
- 使用应用程序接口（Application Program Interface，API）实现对 Reporting Services 进行编程和扩展。

4. Integration Services

在 SQL Server 的前期版本中，数据转换服务（Data Transformation Services，DTS）是 Microsoft 公司重要的 ETL 工具，但 DTS 在可伸缩性方面以及部署包的灵活性方面存在一些局限性。Microsoft SQL Server 2019 的整合服务（SSIS）正是在此基础上设计的一个全新的系统。和 DTS 相似，SSIS 包含图形化工具和可编程对象，用于实现数据的抽取、转换和加载等功能。

通过 Integration Services 可以完成以下任务。

- 使用图形化工具和向导生成和调试包。
- 执行如文件传送协议（File Transfer Protocol，FTP）操作、SQL 语句执行和电子邮件消息传递等工作流功能的任务。
- 创建用于提取和加载数据的数据源和目标。
- 创建用于清理、聚合、合并和复制数据的转换。
- 使用 API 实现对 Integration Services 对象进行编程。

3.5 SQL Server 2019 的管理工具

对数据库管理员来说，管理工具是日常工作中不可缺少的部分。从 SQL Server 2005 开始，几款 SQL Server 2000 管理工具已经被集成到了 SQL Server Management Studio（简称 SSMS）中，另外几款被集成到了 SQL Server 配置管理器中。

SQL Server 2019 安装后，用户可以在"开始"菜单中查看安装了哪些工具，SQL Server 提供的主要管理工具如表 3-6 所示。除了管理工具，SQL Server 还提供联机丛书和示例，如表 3-7 所示。

表 3-6　主要管理工具

管理工具	说明
SSMS	SSMS 是 Microsoft SQL Server 2019 中的新组件，这是一个用于访问、配置、管理和开发 SQL Server 的所有组件的集成环境。SSMS 将 SQL Server 早期版本中包含的企业管理器、查询分析器和分析管理器的功能组合到单一环境中，为不同层次的开发人员和管理人员提供 SQL Server 访问能力
SQL Server 配置管理器	SQL Server 配置管理器为 SQL Server 服务、服务器协议、客户端协议和客户端别名提供基本配置管理
SQL Server Profiler	SQL Server Profiler 提供图形用户界面，用于监视数据库引擎实例或 Analysis Services 实例
数据库引擎优化顾问	数据库引擎优化顾问可以协助创建索引、索引视图和分区的最佳组合
Business Intelligence Development Studio	Business Intelligence Development Studio 是用于分析服务、报表服务和集成服务解决方案的集成开发环境
连接组件	连接组件用于客户端和服务器之间通信的组件，以及用于 DB-Library、ODBC 和 OLE DB 的网络库

表 3-7 联机丛书和示例

联机丛书和示例	说明
SQL Server 联机丛书	SQL Server 2019 的技术文档
SQL Server 示例	提供数据库引擎、分析服务、报表服务和集成服务的示例代码和示例应用程序

接下来重点介绍以下管理工具：SSMS 和 SQL Server 配置管理器。

3.5.1　SSMS

SSMS 是 Microsoft SQL Server 2019 提供的一种新集成环境，用于访问、配置、控制、管理和开发 SQL Server 的所有组件。SSMS 将一组多样化的图形化工具与多种功能齐全的脚本编辑器组合在一起，可为各种技术级别的开发人员和管理员提供对 SQL Server 的访问。

SSMS 将早期版本的 SQL Server 中所包含的企业管理器、查询分析器和 Analysis Manager 功能整合到单一的环境中。此外，SSMS 还可以和 SQL Server 的所有组件协同工作。使用过早期版本的开发人员可以获得熟悉的体验，而数据库管理员可获得功能齐全的单一实用工具，其中包括易于使用的图形化工具和丰富的脚本撰写功能。

1．启动 SSMS

在任务栏中单击"开始"按钮，依次选择"所有程序"→"Microsoft SQL Server Tools 18"，再单击"Microsoft SQL Server Management Studio"，如图 3-27 所示。然后弹出"连接到服务器"对话框，在"服务器类型"中选择默认设置"数据库引擎"，选择身份验证方式及对应信息后，单击"连接"按钮，出现 SSMS 初始界面，如图 3-28 所示，默认情况下刚登录进入 SSMS 时，初始界面中只会显示"对象资源管理器"窗格。

图 3-27　启动 SSMS

图 3-28　SSMS 初始界面

SSMS 实际上将 Microsoft SQL Server 2000 中的企业管理器和查询分析器的功能组合在了一个界面上，它主要包含两个工具：图形化管理工具（对象资源管理器）和 T-SQL 编辑器（查询分析器）。此外，它还拥有"模板资源管理器"窗格、"解决方案资源管理器"窗格和"已注册的服务器"窗格。

在图 3-29 所示界面中，用户可以通过单击工具栏中的"新建查询"按钮打开 T-SQL 编辑器，然后单击"执行"按钮执行 SQL 命令，并将结果显示在"结果"窗格；用户也可以通过选择"视图"菜单，把"模板资源管理器""解决方案资源管理器""已注册的服务器"等窗格打开或者关闭，如图 3-30 所示。

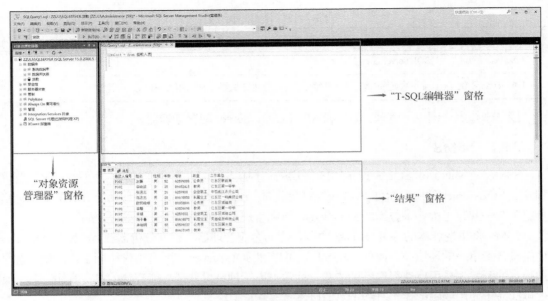

图 3-29 SSMS 主界面

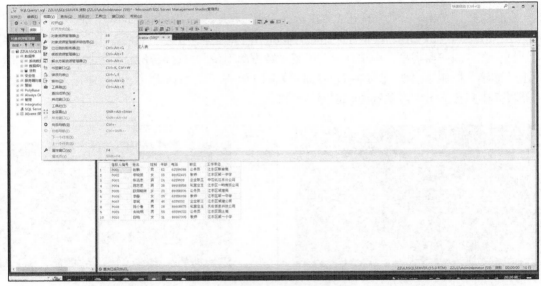

图 3-30 选择"视图"菜单

2.使用对象资源管理器

对象资源管理器是服务器中所有数据库对象的树形视图,如图 3-29 所示。对象资源管理器包括与其连接的所有服务器的信息,打开 SSMS 时,系统会提示将对象资源管理器连接到上次使用的设置。用户可以在"已注册的服务器"组件中双击任意服务器进行连接,但无须注册要连接的服务器。

默认情况下,对象资源管理器是可见的,如果看不到对象资源管理器,可以选择"视图"菜单中的"对象资源管理器"选项将其打开。除此之外,还可在对象资源管理器中右击服务器,从弹出的快捷菜单中选择"新建查询"打开 T-SQL 编辑器;也可以直接在快捷工具栏中单击"新建查询"按钮。效果如图 3-31 所示。

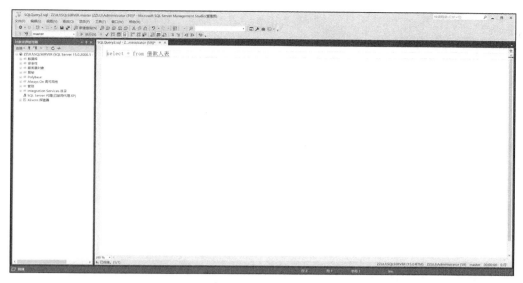

图 3-31　打开 T-SQL 编辑器

3. 在 T-SQL 编辑器中编写和执行查询语句

如果在 T-SQL 编辑器中编写查询语句，可以使用以下几种方式打开 T-SQL 编辑器。

- 在工具栏上，单击"新建查询"按钮。
- 在工具栏上，单击与所选连接类型关联的按钮（如"数据库引擎查询"）。
- 在"文件"菜单中，依次选择"打开"→"文件"，在打开的对话框中选择一个文档。
- 在"文件"菜单的"新建"中选择查询类型。

打开 T-SQL 编辑器后，就可以在 T-SQL 编辑器中编写查询语句，系统会将关键字以不同的颜色突出显示，并能检查语法和用法错误，如图 3-32 所示。

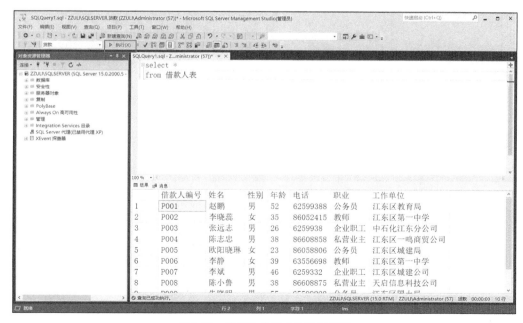

图 3-32　编写和执行查询语句界面

编写完成后，可使用以下方式执行查询语句，在"结果"窗格中会显示查询结果，在"消息"窗格中会给出相关提示。

- 使用快捷键"F5"。
- 单击工具栏中的"执行"按钮。
- 在"T-SQL 编辑器"窗格中右击并选择快捷菜单中的"执行"。
- 单击"查询"菜单中的"执行"。

4．使用模板资源管理器降低编码难度

在 SSMS 的菜单栏中单击"视图"按钮，在下拉菜单中选择"模板资源管理器"，界面右侧将会出现"模板浏览器"窗格，在其中选择所需要的模板，如图 3-33 所示，如选择创建数据库模板，在右击弹出的快捷菜单中选择"打开"或者直接双击所选模板，则会将所选模板在T-SQL 编辑器中打开，如图 3-34 所示。

图 3-33　选择模板

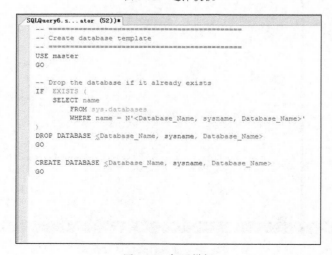

图 3-34　打开模板

3.5.2 SQL Server 配置管理器

SQL Server 配置管理器可以对服务和 SQL Server 2019 使用的网络协议提供细致的控制。

1. 管理和配置服务

使用 SQL Server 配置管理器可以启动、暂停、继续、停止和重新启动服务，还可以查看或更改服务属性。

在"开始"菜单中，依次选择"程序"→"Microsoft SQL Server 2019"→"配置工具"，单击"SQL Server 配置管理器"，此时将打开 SQL Server 配置管理器窗口。

在左侧的窗格中双击"SQL Server 服务"，右侧的窗格将显示当前系统中所有的 SQL Server 服务，选择其中的一项服务，右击并在弹出的快捷菜单中选择"启动""停止""暂停""继续"或"重启"就可以实现对服务的管理，如图 3-35 所示。如果选择"属性"，则可以查看或更改服务属性。

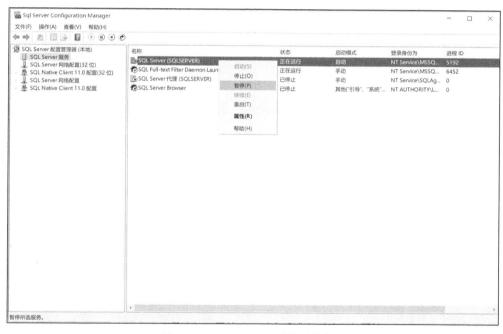

图 3-35　SQL Server 配置管理器窗口

其中不同的图标表示不同的服务状态，如图 3-36 所示。

名称	状态	启动模式
SQL Server (SQLSERVER)	已暂停	自动
SQL Full-text Filter Daemon Launcher (SQLSERVER)	正在运行	手动
SQL Server 代理 (SQLSERVER)	已停止	手动
SQL Server Browser	已停止	其他("引导"、"系统"...

图 3-36　服务状态图标

2. 管理网络协议

使用 SQL Server 配置管理器可以管理服务器和客户端网络协议，其中包括强制协议加密、启动协议、禁用协议和查看别名属性等功能。

双击 SQL Server 配置管理器窗口左侧窗格中的 "SQL Server 网络配置"，右侧窗格将显示当前系统中所有的 SQL Server 协议，选择并双击其中的一项协议，这时右侧窗格中将会显示具体的协议名称和状态，如图 3-37 所示。

右击某一项具体协议，如 TCP/IP，在弹出的快捷菜单中选择 "属性"，进入图 3-38 所示的 "TCP/IP 属性" 对话框，可以在 "协议" 和 "IP 地址" 选项卡中配置 IP 地址和端口等。

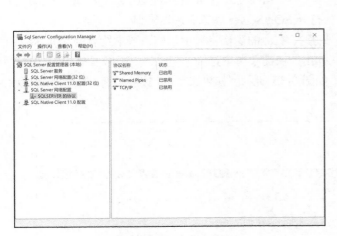

图 3-37 协议名称和状态

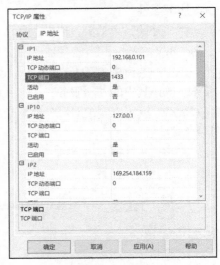

图 3-38 "TCP/IP 属性" 对话框

本章小结

本章首先介绍了 SQL 的基础知识，让读者了解了 SQL 的发展历史、功能和特点；接着详细介绍了 SQL Server 2019 的基本概况，讲述了 SQL Server 2019 的版本体系和新增功能特性，并详细介绍了 SQL Server 2019 开发者版的安装及卸载过程；最后讲解了 SQL Server 2019 的组件和管理工具。除此之外，本章还介绍了如何配置和管理 SQL Server 2019，以及如何管理一些对用户来说非常重要的设置，这些知识是使用 SQL Server 2019 的基础。

习　题

一、选择题

1. 下列 4 项中，不正确的说法是（　　）。

　　A. SQL 是关系数据库的国际标准语言

　　B. SQL 具有数据定义、操纵和控制功能

　　C. SQL 可以自动实现关系数据库的规范化

　　D. SQL 称为结构化查询语言

2. 在 SQL 中，以下哪个不是数据定义语言？（　　）

　　A. CREATE　　　　B. ALTER　　　　C. DROP　　　　D. INSERT

3. 对于大型企业，宜采用的 SQL Server 2019 版本是（　　）。

　　A. 开发者版　　　B. 精简版　　　C. 企业版　　　D. Web 版

4. SQL Server 2019 的主要组件不包括（　　）。

    A. 数据库引擎　　　B. 文件服务　　　C. 整合服务　　　D. 报表服务

二、填空题

1. SQL 是＿＿＿＿＿＿＿＿＿的缩写，它是关系数据库操作的国际标准语言。

2. 数据定义语言主要包括 3 类，即定义、修改和删除，分别对应＿＿＿＿、＿＿＿＿和＿＿＿＿ 3 种语句。

3. SQL Server 2019 中＿＿＿＿＿＿＿是用于存储、处理和保护数据的核心服务。

4. SQL Server 2019 提供了两种身份验证模式，分别是 Windows 身份验证模式和＿＿＿＿＿＿＿。

5. ＿＿＿＿＿＿＿是 SQL Server 2019 提供的一种新集成环境，用于访问、配置、控制、管理和开发 SQL Server 的所有组件。

三、简答题

1. SQL 有哪些主要功能？

2. SQL 的主要特点有哪些？

3. SQL Server 2019 有哪些版本？有哪些主要的组件？

4. 关闭和暂停 SQL Server 2019 服务器有何区别？

5. 请列举 SQL Server 2019 常用的管理工具。

第 4 章

数据库的创建与管理

内容导读

数据库是长期存储在计算机内，有组织的、大量的、可共享的数据集合，用于存储表、视图、存储过程（Stored Procedure）、触发器（Trigger）等数据对象。用户在使用数据库管理系统提供的功能时，首先必须将要使用的数据存储到数据库中。

本章主要介绍数据库的基本概念、命名规则，重点讲解使用 SQL 语句和图形化工具方式（SSMS）创建数据库、修改数据库和删除数据库。通过本章的学习，读者可以熟悉 SQL Server 2019 数据库的组成元素，并能够掌握创建和管理数据库的方法。

本章学习目标

（1）了解数据库的基本概念。

（2）掌握数据库命名规则。

（3）熟练掌握创建数据库的方法。

（4）熟练掌握修改数据库的方法。

（5）熟练掌握删除数据库的方法。

4.1 认识数据库

4.1.1 数据库中的基本概念

对于数据、数据库、数据库管理系统、数据库系统等概念，本书第 1 章已经进行了介绍，下面介绍数据模型和数据库语言。

1. 数据模型

数据库的数据模型可以看作一种形式化描述数据、数据之间的联系，以及有关的语义约束规则的抽象方法。它规定数据如何结构化和一体化，并规定对这种结构化数据可进行何种操作。

当前流行的数据库系统中有 4 种常用的数据模型：层次模型、网状模型、关系模型和面向对象模型。

2. 数据库语言

数据库语言主要由 DDL 和 DML 组成，它为用户提供了交互式使用数据库的方法。DDL 负责描述和定义数据的各种特性，用户通过使用 DDL 将数据库的结构以及数据的特性告诉相应的数据库管理系统，从而生成存储数据的框架，定义数据库的模式。DML 实现对数据库数据的基本操作（包含查询、插入、删除和更新）。DML 有两类：一类是嵌入主语言中的 DML，如嵌入 COBOL、C 等高级语言中的 DML，这类数据操纵语言不能独立使用，因此称为宿主型 DML；另一类是交互式命令语言，其语法简单，可以独立使用，因此称为自主型或自含型 DML。DBMS 一般既提供宿主型 DML 也提供自主型 DML，或者提供集宿主型和自主型于一体的 DML，其典型代表是 SQL。SQL 语句既可以嵌入其他的高级语言，也可以单独交互执行。

4.1.2　数据库的常用对象

SQL Server 2019 数据库中的数据在逻辑上被组织成一系列数据库对象，当用户连接到数据库操纵数据时，看到的是这些逻辑的数据库对象，而不是物理的数据库文件。

下面介绍 5 种常用的数据库对象。

1．表

表是包含数据库中所有数据的数据库对象，由行和列组成，用于组织和存储数据。

2．字段

表中每一列称为一个字段（Field）。字段具有自己的属性，如字段类型、字段大小等，其中字段类型是字段最重要的属性，它决定了字段能够存储哪种数据。

SQL 规范支持 5 种基本字段类型：字符型、文本型、数值型、逻辑型和日期时间型。

3．索引

索引是一个单独的、物理的数据库结构。它是依赖于表建立的。在数据库中索引使数据库程序无须对整个表进行扫描，就可以在其中找到所需的数据。

4．视图

视图是从一张或多张表中导出的表（也称虚拟表），是用户查看表中数据的方式。视图中包括几个被定义的数据列与数据行，其结构和数据建立在对表的查询基础之上。

5．存储过程

存储过程是一组用于完成特定功能的 SQL 语句集合（包含查询、插入、删除和更新）。存储过程经编译后存储在 SQL Server 服务器端数据库中，用户可通过指定存储过程的名称来调用。

4.1.3　数据库的组成

SQL Server 2019 数据库主要由文件和文件组组成。数据库中的所有数据和对象（如表、存储过程和触发器）都被存储在文件中。

1．文件

数据库文件主要分为以下 3 种类型。

（1）主要数据文件，默认扩展名是".mdf"，存放数据和数据库的初始化信息。每个数据库有且只有一个主要数据文件。

（2）次要数据文件，默认扩展名是".ndf"，存放除主要数据文件以外的所有数据。有些数据库可能没有次要数据文件，也可能有多个次要数据文件。

（3）事务日志文件，默认扩展名是".ldf"，存放用于恢复数据库的所有日志信息。每个数据库至少有一个事务日志文件，也可以有多个事务日志文件。事务日志文件常简称"日志文件"

或 "日志"。

2．文件组

文件组是数据库文件的一种逻辑管理单位。将数据库文件分成不同的文件组，可方便对文件进行分配和管理。

文件组主要分为以下两种类型。

（1）主文件组，包含主要数据文件和任何没有明确指派给其他文件组的文件。系统表的所有页都分配在主文件组中。

（2）用户定义文件组，主要是在 CREATE DATABASE 或 ALTER DATABASE 语句中，使用 FILEGROUP 关键字指定的文件组。

> **说明**
>
> 每个数据库中都有一个默认文件组，它包含在创建时没有指定文件组的所有表和索引的页。在没有指定的情况下，主文件组即为默认文件组。

4.1.4　系统数据库

SQL Server 是多数据库结构的 DBMS，它由两类数据库组成：一类是在系统安装时自动建立的系统数据库；另一类是由用户建立的用户数据库。

1．系统数据库

SQL Server 在安装时会自动建立 4 个系统数据库：主数据库（master）、原型数据库（model）、临时数据库（tempdb）和微软数据库（msdb）。

（1）master。master 记录了 SQL Server 系统级的信息，包括系统的所有用户账号、系统配置信息、所有数据库的信息、所有用户数据库的主文件地址等。这些信息用以管理和控制整个 DBMS 的运行。

（2）model。model 是系统所有数据库的模板。它相当于一个模子，所有新建的数据库在刚创建时都和 model 完全一样。

如果 SQL Server 被专门用作一类应用，而这类应用都需要某个表，甚至在这个表中要包括同样的数据，那么就可以在 model 中创建这个表，并向表中添加那些公共的数据，以后每一个新建的数据库中都会自动包含这个表和这些数据。当然，用户也可以向 model 中增加其他数据库对象，这些对象也都能被以后创建的数据库继承。

（3）tempdb。tempdb 用于存放所有连接到系统的用户的临时表和临时存储过程，以及 SQL Server 产生的其他临时性的对象。tempdb 是 SQL Server 中负担最重的数据库，因为几乎所有的查询都可能需要使用它。

在 SQL Server 关闭时，tempdb 中的所有对象都会被删除，每次启动 SQL Server 时都会重新创建 tempdb。

（4）msdb。msdb 主要被 SQL Server Agent 用来进行复制、作业调度及管理报警等活动。

2．用户数据库

从数据定义和数据操纵的角度来看，服务器的主要任务是管理用户数据库。用户数据库可以利用 CREATE DATABASE 语句来创建；也可以进入 SQL Server Management Studio，通过右击对象资源管理器中的 "数据库"，选择 "新建数据库" 命令来建立。一个数据库（或任何数据库对象）的建立者称为它的所有者（Owner），主要负责管理该数据库。所有的用户数据库都是基于 master 建立的。

4.2 数据库命名规则

SQL Server 2019 为了完善数据库的管理机制，设计了严格的命名规则。用户在创建数据库及数据库对象时必须严格遵守 SQL Server 2019 的命名规则。本节将对标识符、对象命名规则和实例命名规则进行详细介绍。

4.2.1 标识符

在 SQL Server 2019 中，服务器、数据库和数据库对象（如表、视图、列、索引、触发器、过程、约束和规则等）都有标识符，如数据库对象的名称一般被看作其标识符。大多数数据库对象都要求有标识符，但有些对象（如约束）的标识符是可选的。

对象标识符是在定义对象时创建的，随后用于引用对象。下面分别对标识符的格式及分类进行介绍。

1. 标识符的格式

在定义标识符时必须遵守以下规则。

（1）标识符的首字符必须是下列字符之一。

① 统一码（Unicode）2.0 标准中所定义的字母，包括拉丁字母 a～z 和 A～Z，以及来自其他语言的字母。

② 下画线 "_"、符号 "@" 或者符号 "#"。

在 SQL Server 2019 中，某些标识符首字符具有特殊意义。例如，以符号 "@" 开始的标识符表示局部变量或参数；以 "#" 开始的标识符表示临时表或过程，如表 "#gzb" 就是一张临时表；以 "##" 开始的标识符表示全局临时表或对象，如表 "##gzb" 就是一张全局临时表。

（2）标识符的后续字符可以是以下 3 种。

① 统一码 2.0 标准中所定义的字母。

② 来自拉丁字母或其他国家/地区脚本的十进制数字。

③ 符号 "@" "$" "#" 或下画线 "_"。

（3）标识符不允许是 SQL 的保留字。

（4）不允许嵌入空格或其他特殊字符。

> 🔹 说明
>
> 给数据库命名时，除了要遵守命名规则，其名称最好还能准确表达数据库的内容。例如，为明天科技公司创建一个工资管理系统，可以将其数据库命名为 "MT_GZGLXT"，它是由 "明天_工资管理系统" 每个字拼音的首字母大写组成的，还使用了下画线 "_"。

2. 标识符的分类

SQL Server 将标识符分为以下两种类型。

（1）常规标识符：符合标识符格式规则的标识符。

（2）分隔标识符：包含在双引号（""）或者方括号（[]）内的标识符。分隔标识符可以不符合标识符格式规则，如"[MT GZGLXT]"，虽然"MT"和"GZGLXT"之间含有空格，但因为使用了方括号，所以空格为分隔标识符。

4.2.2 对象命名规则

SQL Server 2019 数据库对象的名称由 1～128 个字符组成，不区分大小写。标识符也可以作为数据库对象的名称。对象命名规则如下。

（1）第一个字符必须是以下字符之一：字母 a～z 和 A～Z，以及来自其他语言的字母、下画线"_"、符号"@"或符号"#"。

（2）后续字符可以是所有字母、十进制数字、符号"@""$""#"或下画线"_"。

在一个数据库中创建一个数据库对象后，该数据库对象的完整名称由服务器名、数据库名、所有者名和对象名 4 部分组成，其格式如下。

```
[ [ [ server. ] [ database ] [ owner_name ] . ] object_name
```

服务器、数据库和所有者的名称即所谓的对象名称限定符。当引用一个对象时，不需要指定服务器、数据库和所有者，可以利用句点标出它们的位置，从而省略限定符。

对象名称的有效格式如下。

```
server.database.owner_name.object_name
server.database..object_name
server..owner_name.object_name
server...object_name
database.owner_name.object_name
database..object_name
owner_name.object_name
object_name
```

指定了 4 个部分的对象名称被称为完全合法名称。

> **说明**
>
> 不允许存在 4 个部分名称完全相同的数据库对象。在同一个数据库里可以存在两个名为 EXAMPLE 的表，但前提是这两个表的所有者必须不同。

4.2.3 实例命名规则

用户在使用 SQL Server 2019 时，可以选择在一台计算机上安装 SQL Server 的多个实例。SQL Server 2019 提供了两种类型的实例——默认实例和命名实例。

1. 默认实例

默认实例由运行它的计算机的网络名称标识。使用 2019 以前版本的 SQL Server 客户端软件的应用程序可以连接到默认实例。SQL Server 6.5 或 SQL Server 7.0 的服务器可作为默认实例操作。但是，一台计算机上每次只能有一个版本作为默认实例运行。

2. 命名实例

计算机可以同时运行任意个 SQL Server 命名实例。实例通过计算机的网络名称加上实例名称，以<计算机名称>\<实例名称>的格式进行标识，即 computer_name\Ninstance_name，但实例名称不能超过 16 个字符。

4.3 数据库的创建与管理

4.3.1 创建数据库

1．使用 SSMS 创建数据库

使用 SSMS 创建数据库的过程如下。

Step1 新建数据库。在对象资源管理器中的"数据库"上右击，在弹出的快捷菜单中选择"新建数据库"，如图 4-1 所示，打开"新建数据库"对话框，如图 4-2 所示。

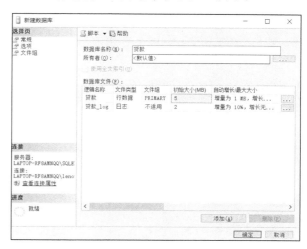

图 4-1 选择"新建数据库"　　　　　图 4-2 "新建数据库"对话框

Step2 在图 4-2 所示的"新建数据库"对话框中设置数据库名称、所有者、数据库文件。

其中，数据库文件包括数据文件（一个或多个）和事务日志文件（一个或多个），如果需要删除数据文件或事务日志文件，可单击"删除"按钮；如果需要设置多个数据文件或事务日志文件，可单击"添加"按钮，添加的数据库文件需要设置以下属性。

- 逻辑名称：逻辑文件名。
- 文件类型：扩展名为".mdf"的为数据文件，扩展名为".ldf"的为事务日志文件。
- 文件组：每个数据库至少有两个文件（一个主要数据文件和一个事务日志文件）和一个文件组。
- 初始大小：可根据数据库表中数据大小进行估算。
- 自动增长/最大大小：即增长方式，可根据数据库增长的需要来设置。
- 物理路径：数据库文件的磁盘位置。

Step3 设置"选项"选项卡。单击"选择页"中的"选项"，打开"选项"选项卡，设置创建数据库的各个选项，如图 4-3 所示。

Step4 设置"文件组"选项卡。单击"选择页"中的"文件组"，打开"文件组"选项卡，在其中添加或删除文件组，如图 4-4 所示。

Step5 创建完成。单击"确定"按钮，完成数据库的创建。创建成功后，用户可以在对象资源管理器中看到刚创建的数据库。

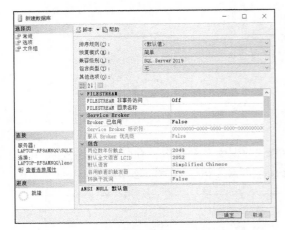

图 4-3 "选项"选项卡　　　　　　　　　　图 4-4 "文件组"选项卡

2. 使用 SQL 语句创建数据库

CREATE DATABASE 语句可以创建新数据库并设置存储数据库的文件，语法格式如下。

```
CREATE DATABASE database_name
[ ON
    [ PRIMARY ] <filespec> [ ,...n ]
        [ , <filegroup> [ ,...n ] ]
        [ LOG ON { <filespec> [ ,...n ] } ]
]
[ COLLATE collation_name ]
[ WITH <external_access_option> [ ,...n ] ]
```

参数说明如下。

- database_name：新数据库的名称。
- ON：指定数据库文件或文件组的明确定义。
- PRIMARY：指明主要数据文件或主文件组。一个数据库只能有一个主要数据文件，如果没有指定 PRIMARY，那么 CREATE DATABASE 语句中列出的第一个文件将成为主要数据文件。
- <filegroup>：控制文件组属性。其语法格式如下。

```
<filegroup> ::= FILEGROUP filegroup_name <filespec> [ ,...n ]
```

其中，参数<filespec>用于控制文件属性。其语法格式如下。

```
<filespec> ::=
{
(   NAME = logical_file_name,
    FILENAME = 'os_file_name'
        [ , SIZE = size [ KB | MB | GB | TB ] ]
        [ , MAXSIZE = { max_size [ KB | MB | GB | TB ] | UNLIMITED } ]
        [ , FILEGROWTH = growth_increment [ KB | MB | GB | TB | % ] ]
) [ ,...n ]
}
```

文件属性包括逻辑文件名（NAME）、物理文件名（FILENAME）、初始大小（SIZE）、可增大到的最大容量（MAXSIZE）、自动增长（FILEGROWTH）。文件属性间以逗号分隔。

- LOG ON：明确指定存储数据库日志的磁盘文件（事务日志文件）。LOG ON 后跟以逗号分隔的用以定义事务日志文件的<filespec>项列表。如果没有指定 LOG ON，将自动创建一个事务日志文件，其大小为该数据库的所有数据文件大小总和的 25%或 512 KB，取两者之中的较大者。

【例 4.1】创建未指定文件的数据库，所有参数均为默认值。

```
CREATE DATABASE 贷款 --创建数据库
```

【例 4.2】创建指定文件的数据库，包含单个数据文件和事务日志文件，数据文件和事务日志文件的初始大小、最大容量和自动增长（默认单位均为 MB）由用户指定。假设已在 D 盘建立名为 DataBase 的文件夹。

```
CREATE DATABASE 贷款
ON
(    NAME = 贷款_data,
     FILENAME = 'D:\DataBase\贷款 date.mdf',
     SIZE = 10,
     MAXSIZE = 50,
     FILEGROWTH = 5 )
LOG ON
(    NAME = 贷款_log,
     FILENAME = 'D:\DataBase\贷款 log.ldf',
     SIZE = 5MB,
     MAXSIZE = 25MB,
     FILEGROWTH = 5MB )
```

【例 4.3】创建指定多个数据文件和事务日志文件的数据库，要求该数据库具有 3 个 100MB 的数据文件和 2 个 100MB 的事务日志文件。

⚑ 注意

主要数据文件是列表中的第一个文件，并使用 PRIMARY 关键字显式指定。事务日志文件在 LOG ON 关键字后指定。

```
CREATE DATABASE 贷款
ON PRIMARY
(    NAME = 贷款 data1,
     FILENAME = 'D:\DataBase\贷款 data1.mdf',
     SIZE = 100MB,
     MAXSIZE = 200MB,
     FILEGROWTH = 20MB ),
(    NAME = 贷款 data2,
     FILENAME = 'D:\DataBase\贷款 data2.ndf',
     SIZE = 200MB,
     MAXSIZE = 500MB,
     FILEGROWTH = 20% ),
(    NAME = 贷款 data3,
     FILENAME = 'D:\DataBase\贷款 data3.ndf',
     SIZE = 200MB,
     MAXSIZE = unlimited,
     FILEGROWTH = 10 )
LOG ON
```

```
(   NAME = 贷款 log1,
    FILENAME = 'D:\DataBase\贷款 log1.ldf',
    SIZE = 50MB,
    MAXSIZE = 500MB,
    FILEGROWTH = 10% ),
(   NAME = 贷款 log2,
    FILENAME = 'D:\DataBase\贷款 log2.ldf',
    SIZE = 100MB,
    MAXSIZE = unlimited,
    FILEGROWTH = 30MB )
```

4.3.2　修改数据库

创建数据库后，可在 SSMS 中右击所创建的数据库，单击"属性"命令，然后选择"选项"，在弹出的"数据库属性"对话框中更改数据库的各项参数。也可使用 ALTER DATABASE 命令来修改数据库。ALTER DATABASE 语句可以更改数据库的属性或其文件和文件组，语法格式如下。

```
ALTER DATABASE database_name
{
    <add_or_modify_files>
 | <add_or_modify_filegroups>
 | <set_database_options>
 | MODIFY NAME = new_database_name
 | COLLATE collation_name
}
```

参数说明如下。

- database_name：要修改的数据库的名称。
- <add_or_modify_files>：指定要添加、修改或删除的数据文件。其语法格式如下。

```
<add_or_modify_files> ::=
{
  ADD FILE <filespec> [ ,...n ]
      [ TO FILEGROUP { filegroup_name | DEFAULT } ]
 | ADD LOG FILE <filespec> [ ,...n ]
 | REMOVE FILE logical_file_name
 | MODIFY FILE <filespec>
}
```

- <add_or_modify_filegroups>：指定添加、修改或删除的文件组。
- <set_database_options>：更改数据库参数。
- MODIFY NAME = new_database_name：使用指定的名称 new_database_name 重命名数据库。

【例 4.4】将数据库名"贷款"更改为"贷款 1"。

```
ALTER DATABASE 贷款 MODIFY NAME = 贷款 1
```

【例 4.5】将一个 5MB 的数据文件添加到贷款数据库。

```
ALTER DATABASE 贷款
ADD FILE
(   NAME = 贷款 dat2,
```

```
    FILENAME = 'D:\Database\贷款 dat2.ndf',
    SIZE = 5MB,
    MAXSIZE = 100MB,
    FILEGROWTH = 5MB )
```

【例 4.6】删除例 4.5 中添加的数据文件。

```
ALTER DATABASE 贷款
REMOVE FILE 贷款 dat2
```

【例 4.7】移动数据文件的位置。

```
ALTER DATABASE 贷款
MODIFY FILE
(   NAME = 贷款 dat2,
    FILENAME = N'C:\贷款 dat2.ndf' )
```

【例 4.8】更改数据文件大小。

```
ALTER DATABASE 贷款
MODIFY FILE
(   NAME = 贷款 dat2,
    SIZE = 20MB )
```

【例 4.9】向数据库添加两个事务日志文件。

```
ALTER DATABASE 贷款
ADD LOG FILE
(   NAME = 贷款 log2,
    FILENAME = 'D:\Database\贷款 log.ldf',
    SIZE = 5MB,
    MAXSIZE = 100MB,
    FILEGROWTH = 5MB ),
(   NAME = test1log3,
    FILENAME = 'D:\Database\贷款 log.ldf',
    SIZE = 5MB,
    MAXSIZE = 100MB,
    FILEGROWTH = 5MB )
```

【例 4.10】更改数据库的属性。

```
ALTER DATABASE 贷款 SET SINGLE_USER      --单用户
ALTER DATABASE 贷款 SET READ_ONLY        --只读
ALTER DATABASE 贷款 SET AUTO_SHRINK ON  --自动收缩
GO
```

4.3.3 删除数据库

删除数据库的过程就是删除数据文件和事务日志文件的过程，可以使用 SSMS 或 SQL 语句来删除数据库。

📎 注意

无法删除系统数据库。不能删除当前正在使用（表示正在打开供任意用户读写）的数据库。只有通过还原备份才能重新创建已删除的数据库。

1．使用 SSMS 删除数据库

使用 SSMS 删除数据库的过程如下。

Step1 在对象资源管理器中选择相应的数据库节点并右击，在弹出的快捷菜单中选择"删除"命令，如图 4-5 所示，打开"删除对象"对话框，如图 4-6 所示。

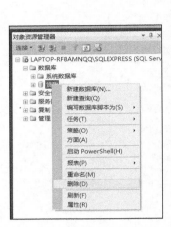

图 4-5 选择"删除"命令

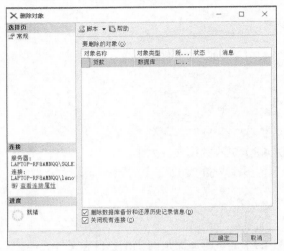

图 4-6 "删除对象"对话框

Step2 选中"删除对象"对话框下侧的"删除数据库备份和还原历史记录信息"和"关闭现有连接"复选框，单击"确定"按钮，完成数据库删除。

2．使用 SQL 语句删除数据库

使用 DROP DATABASE 语句也可删除数据库。其语法格式如下。

```
DROP DATABASE { database_name } [ ,...n ]
```

【例 4.11】删除数据库。

```
DROP DATABASE 贷款            --删除单个数据库
DROP DATABASE 贷款1，贷款 2   --删除多个数据库
```

本章小结

本章介绍了数据库的基本概念、数据库常用对象、数据库组成和系统数据库，阐述了数据库命名规则，重点讲解了 SQL Server 2019 数据库的创建、修改和删除的方法。通过本章的学习，读者不仅可以使用 SOL Server 2019 的图形化工具完成创建与管理数据库的工作，还可以使用 SQL 语句完成对应的操作。

习　题

一、选择题

1. 数据库系统的核心是（　　　）。

 A. 数据库   B. 数据模型

 C. 数据库管理系统   D. 软件工具

2. 数据库中存储的是（　　　）。
   A. 记录　　　　　　　　　　　　B. 数据模型
   C. 数据之间的联系　　　　　　　D. 数据以及数据之间的联系
3. 在数据库系统中，负责监控数据库系统的运行情况，及时处理运行过程中出现的问题，这是（　　　）的职责。
   A. 数据库管理员　　　B. 数据用户　　　C. 数据库设计员　　　D. 应用程序设计员
4. 下面关于 SQL Server 的描述错误的是（　　　）。
   A. 一个数据库至少由两个文件组成：主要数据文件和事务日志文件
   B. 每个数据库可以有多个主要数据文件
   C. 主要数据文件默认属于 primary 文件组
   D. 事务日志文件不包括在文件组内

二、简答题

1. 阐述数据、数据库、数据库管理系统、数据库系统的概念。
2. 数据库的常用对象有哪些？
3. SQL Server 安装时自动建立的系统数据库有哪些？
4. 在 SQL 中，使用什么语句创建数据库？使用什么语句修改数据库？使用什么语句删除数据库？
5. 数据库文件分成几类？其扩展名分别是什么？
6. master 是核心的系统数据库，其主要作用是什么？

第5章 数据表的创建与管理

内容导读

本章主要讲解使用 SQL 语句和 SSMS 创建数据表、修改数据表和删除数据表的过程以及索引的创建与维护。通过本章的学习，读者可以掌握创建和管理数据表的方法，并能学会建立和删除索引的方法。本章将详细阐述创建、修改、删除数据表，数据表约束，以及索引的创建与维护等知识。

本章学习目标

（1）了解数据表的基本概念。

（2）了解 SQL 的常用数据类型。

（3）熟练掌握数据表的创建与管理方法。

（4）熟练掌握约束的创建与管理方法。

（5）熟练掌握数据表数据的操作方法。

（6）熟练掌握索引的创建与维护方法。

5.1 认识数据表

数据表是关系模型中表示实体及实体间关系的方式，是数据库存储数据的主要对象。SQL Server 2019 数据库中的数据表由列和行组成。

1．列

用来保存对象的某一类属性，每一列又称为一个字段，每一列的标题称为字段名。

2．行

每一行用来保存一条记录，它是数据对象的一个实例，包括若干列信息项。

例如，图 5-1 所示是贷款管理系统中借款人表的部分截图。表中的每一行数据都表示唯一的、完整的借款人信息。表中的每一列都是对借款人某种属性的描述。

结果　消息

	借款人编号	姓名	性别	年龄	电话	职业	工作单位
1	P001	赵鹏	男	52	62599388	公务员	江东区教育局
2	P002	李晓蕊	女	35	86052415	教师	江东区第一中学
3	P003	张远志	男	26	6259938	企业职工	中石化江东分公司
4	P004	陈志忠	男	38	86608858	私营业主	江东区一鸣商贸公司
5	P005	欧阳晓琳	女	23	86058806	公务员	江东区城建局
6	P006	李静	女	39	63556698	教师	江东区第一中学
7	P007	李斌	男	46	6259332	企业职工	江东区城建公司
8	P008	陈小鲁	男	38	86608875	私营业主	天启信息科技公司
9	P009	朱晓明	男	55	65599222	公务员	江东区国土局
10	P010	白晓	女	31	86607005	教师	江东区第一小学

图 5-1　借款人信息表

在数据表中，行的顺序可以是任意的，一般按照数据插入的先后顺序存储。在使用过程中，可以使用排序语句或按照索引对数据表中的行进行排序。

在数据表中，列的顺序也可以是任意的。在同一个数据表中列名必须是唯一的，即不能有名称相同的多个列同时存在于一个数据表中。但在同一个数据库的不同数据表中，可以使用相同的列名。

在创建数据表的过程中，用户需要为数据表的每一列指定数据类型，用于限制各列所允许的数据值。SQL Server 2019 中的数据类型可以分为两类，分别是基本数据类型和用户定义数据类型，下面将介绍这两类数据类型。

5.1.1　基本数据类型

SQL Server 2019 提供的基本数据类型，根据数据的表现方式和存储方式的不同可以分为整数数据类型、浮点型数据类型、货币数据类型、字符数据类型、日期时间数据类型、二进制数据类型等。

1. 整数数据类型

整数数据类型用来保存各种整数，根据所占内存空间大小的不同，可分为 tinyint、smallint、int 和 bigint 类型，如表 5-1 所示。

表 5-1　整数数据类型

数据类型	所占内存空间大小	取值范围
tinyint	8bit	0～255
smallint	16bit	−32768～32767
int	32bit	−2147483648～2147483647
bigint	64bit	−9223372036854775808～9223372036854775807

最常用的是 int 类型。对于常见的整数应用，int 类型基本可以满足需求。

2. 浮点型数据类型

浮点型数据类型用于表示有小数部分的数字，根据所占内存空间大小的不同，可分为 float、real、numeric、decimal 类型，如表 5-2 所示。

表 5-2　浮点型数据类型

数据类型	所占内存空间大小	取值范围
float[(n)]	由 n 的值决定	−1.79E+308～2.23E+308、0、2.23E−308～1.79E+308
real	32bit	−3.40E+38～1.18E−38、0、1.18E−38～3.40E+38
numeric[($p[,s]$)]	随精度变化	$-10^{38}+1 \sim 10^{38}-1$
decimal[($p[,s]$)]	随精度变化	$-10^{38}+1 \sim 10^{38}-1$

float 类型在使用时，要以 float[(n)]的形式指定小数的精度。其中，n 是尾数的位数，范围是 1～53，1～24 表示单精度（4 字节），25～53 表示双精度（8 字节）。若没有指定 n 的值，则默认为 float(53)。real 等价于 float(24)。

decimal 和 numeric 是带固定精度和小数位数的数值数据类型，使用形式分别是 decimal[($p[,s]$)] 和 numeric[($p[,s]$)]。其中，p（精度）用来表示最多可以存储的十进制数字总位数，包括小数点左边和右边的位数，精度值的范围是 1～38，默认为 18；s（小数位数）用于指明小数点右边的最大位数。numeric 在功能上等价于 decimal。

3．货币数据类型

顾名思义，货币数据类型主要用于存储货币数量，根据所占内存空间大小的不同，可分为 money 和 smallmoney 两种类型，如表 5-3 所示。

表 5-3 货币数据类型

数据类型	所占内存空间大小	取值范围
money	64bit	−922337203685477.5808～922337203685477.5807
smallmoney	32bit	−214748.3648～214748.3647

在输入货币数据时，可以在前面加上货币符号，如人民币符号"￥"。

4．字符数据类型

字符数据类型主要用于存储字符串，可分为 char、varchar、nchar、nvarchar，如表 5-4 所示。

表 5-4 字符数据类型

数据类型	所占内存空间大小	取值范围
char(n)	n 字节	非 Unicode 字符数据，长度为 n，n 的取值范围为 1～8000
varchar(n|max)	n+2 字节	非 Unicode 字符数据，长度为 n，n 的取值范围为 1～8000，但可以根据实际存储的字符数改变存储空间大小，max 的最大值为 $2^{31}-1$
nchar(n)	2n 字节	Unicode 字符数据，长度为 n，n 的取值范围为 1～4000
nvarchar(n|max)	2n+2 字节	Unicode 字符数据，长度为 n，n 的取值范围为 1～4000，但可以根据实际存储的字符数改变存储空间大小，max 的最大值为 $2^{30}-1$

char(n)和 nchar(n)是固定长度的字符数据类型，如果输入的数据无法填满系统所分配的内存空间，则系统自动用空格填充剩余内存空间。varchar(n)和 nvarchar(n)是可变长度的字符数据类型，可根据实际需要分配内存空间，前提是分配的实际内存空间大小不能超过事先指定的长度 n。

5．日期时间数据类型

日期时间数据类型主要用于表示日期和时间数据，可细分为 date、time、smalldatetime、datetime、datetime2、datetimeoffset 等数据类型，如表 5-5 所示。

表 5-5 日期时间数据类型

数据类型	所占内存空间大小	取值范围
date	3 字节	0001-01-01～9999-12-31
time	3～5 字节	00:00:00～23:59:59
smalldatetime	4 字节	1900-01-01～2079-06-06
datetime	8 字节	1753-01-01～9999-12-31
datetime2	6～8 字节	0001-01-01～9999-12-31
datetimeoffset	8～10 字节	0001-01-01～9999-12-31

除了取值范围不同，这些日期时间数据类型的最主要区别在于精度。date、datetime2、datetimeoffset 的日期范围相同，但精度不同，date 只能精确到天，datetime2 能精确到 100ns。datetimeoffset 除了包含 datetime2 的所有特性，还增加了对时区的支持。time 类型专门用来存储时间，精度是 100ns。

6．二进制数据类型

二进制数据类型用来存储没有明确编码的二进制数据，如图片数据、音频数据或加密数据。根据所占内存空间大小的不同，可分为 binary、varbinary 类型，如表 5-6 所示。

表 5-6　二进制数据类型

数据类型	所占内存空间大小	取值范围
binary[(n)]	n 字节	n 字节的二进制数据，其中 n 的取值范围为 1～8000
varbinary[(n|max)]	n+2 字节	n 的取值范围为 1～8000，max 的最大值为 $2^{31}-1$

如果没有指定长度，则 binary 与 varbinary 类型默认长度为 1。如果存储的数据大小差异非常大，建议使用 varbinary 类型。如果存储的数据超过 8000 字节，则应使用 varbinary(max)。

7．其他数据类型

（1）cursor，游标数据类型，用于创建游标变量或者定义存储过程的 OUTPUT 参数。它是唯一一种不能赋值给数据表的列字段的数据类型。

（2）table，用于存储对数据表或视图处理后的结果集。这种数据类型可以用一个变量存储一个数据表，从而使函数或存储过程返回处理结果更加方便、快捷。

（3）rowversion，计数器。每个数据库都有一个计数器，此计数器是数据库行版本。当对数据库中包含 rowversion 列的数据表执行插入或更新操作时，该计数器的值就会自动更新。一个数据表只能有一个 rowversion 列。

（4）timestamp，一种特殊的用于表示先后顺序的时间戳数据类型。该数据类型可以为数据表中数据行加上版本戳。

（5）uniqueidentifier，一种具有 16 字节的全局唯一性标识符，用来确保对象的唯一性。可以在定义列或变量时使用该数据类型，主要目的是在合并复制和事务复制中确保数据表中数据行的唯一性。

（6）sql_variant，用于存储除文本数据、图形数据和 timestamp 数据外的其他合法的 SQL Server 数据，可以为程序开发提供方便。

（7）XML，存储 XML 数据的数据类型。可以在列中或者 XML 类型的变量中存储 XML 实例。存储 XML 数据类型的数据实例的最大占用存储空间是 2GB。

5.1.2　用户定义数据类型

SQL Server 允许用户根据需要创建用户定义数据类型。创建用户定义数据类型需要指定类型名称、所基于的系统数据类型和是否允许为空这 3 个要素。用户可以通过两种方式创建用户定义数据类型：（1）使用 SSMS；（2）使用系统存储过程或 SQL 语句。

1．使用 SSMS 创建用户定义数据类型

使用 SSMS 创建用户定义数据类型的具体操作步骤如下。

Step1　启动 SSMS，并连接到 SQL Server 2019。

Step2　在"对象资源管理器"窗格中，依次展开"数据库"→"贷款"→"可编程性"→"类型"。

Step3　右击"用户定义数据类型"，在弹出的快捷菜单中选择"新建用户定义数据类型"命令，如图 5-2 所示。

数据表的创建与管理 / 第 5 章

图 5-2　选择"新建用户定义数据类型"命令

Step4　在打开的"新建用户定义数据类型"窗口中输入自定义数据类型的名称、所依据的系统数据类型和长度，并设置是否允许为空，其他参数不用修改，如图 5-3 所示。

Step5　单击"确定"按钮，完成用户定义数据类型的创建，即可看到新建的用户定义数据类型，如图 5-4 所示。

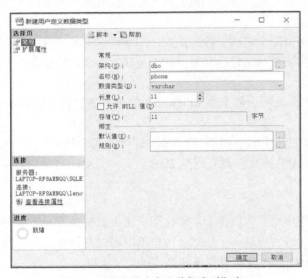

图 5-3　"新建用户定义数据类型"窗口

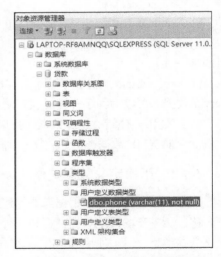

图 5-4　新建的用户定义数据类型

2. 使用系统存储过程创建用户定义数据类型

使用系统存储过程创建用户定义数据类型的语法格式如下。

```
sp_addtype [ @typename = ] type,
    [ @phystype = ] system_data_type
    [ , [ @nulltype = ] 'null_type' ]
```

参数说明如下。

- type：用于指定用户定义数据类型的名称。
- system_data_type：用于指定系统提供的数据类型。注意，不能使用 timestamp 数据类型。
- null_type：用于指定用户定义数据类型的空值属性。

【例 5.1】自定义一个"telephone"数据类型。

```
USE 贷款
GO
sp_addtype telephone, 'varchar(11)', 'not null'
GO
```

SQL Server 2019 还允许用户使用图形化工具、系统存储过程或 SQL 语句来删除用户定义数据类型。

> 💿 说明
>
> 数据库中正在使用的用户定义数据类型不能被删除。

5.1.3　数据表的数据完整性

数据完整性是指数据的精确性和可靠性。例如，借款人表中的字段"年龄"的值必须大于等于 20，并且小于等于 60；"性别"的值只能是"男"或"女"。

SQL Server 2019 的数据完整性主要分为以下 4 种类型。

1．实体完整性

实体完整性指数据表中的每一条记录都必须是唯一的。实体完整性通过索引、唯一性（UNIQUE）约束、主键约束或 IDENTITY 属性强制数据表的标识符列或主键的完整性。

2．域完整性

域完整性是指数据表中的列必须使用某种特定的数据类型或满足某种特定的约束，可以强制域完整性限制类型（通过使用数据类型）、限制格式（通过使用检查约束）或限制可能值的范围（通过使用外键约束、检查约束、默认约束、非空约束）。

3．引用完整性

引用完整性通过外键约束，以外键与主键之间的关系为基础，要求不能引用不存在的值。

4．用户定义完整性

用户定义完整性使开发人员可以定义不属于其他任何完整性类别的特定业务规则。SQL Server 提供了一些工具来帮助用户实现数据完整性，其中主要是约束和触发器。

5.2　数据表的创建与管理

在创建数据表之前，用户需要先设计数据表结构，考虑数据表中存储哪些数据，应该由哪些列组成，并为每一列指定所属的数据类型。确定数据表结构之后，可以通过两种方式创建数据表：一是 SSMS；二是 SQL 语句。下面分别采用这两种方式创建"银行表"，其表结构如表 5-7 所示。

表 5-7　银行表的表结构

字段名称	说明	字段类型	字段宽度	是否允许为空
银行编号	银行编号，主键	char	6	NOT NULL
银行名称	银行名称	varchar	50	NOT NULL

续表

字段名称	说明	字段类型	字段宽度	是否允许为空
地址	银行地址	varchar	50	
所属城市	所属城市	varchar	20	
银行性质	公办/私营/民营/集体	varchar	20	NOT NULL

其中，空值（NULL）不是 0 或“空白”，而是表示数值未知。不允许为空（NOT NULL）表示数据列不允许出现空值，以确保该数据列必须包含有确定意义的数据。

5.2.1 使用 SSMS 创建数据表

使用 SSMS 创建数据表的具体操作步骤如下。

Step1 启动 SSMS，并连接到 SQL Server 2019。

Step2 在“对象资源管理器”窗格中，依次展开“数据库”→“贷款”。

Step3 右击“表”节点，在弹出的快捷菜单中选择“新建表”命令，如图 5-5 所示。

Step4 打开“表设计”窗口，在该窗口中输入数据表中的字段名、选择字段的数据类型并指定字段是否允许为空等，如图 5-6 所示。

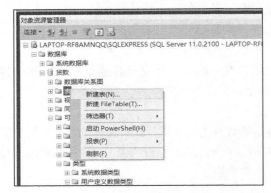

图 5-5 选择“新建表”命令

列名	数据类型	允许 Null 值
银行编号	char(6)	☐
银行名称	varchar(50)	☐
地址	varchar(50)	☑
所属地市	varchar(20)	☑
银行性质	varchar(20)	☑

图 5-6 “表设计”窗口

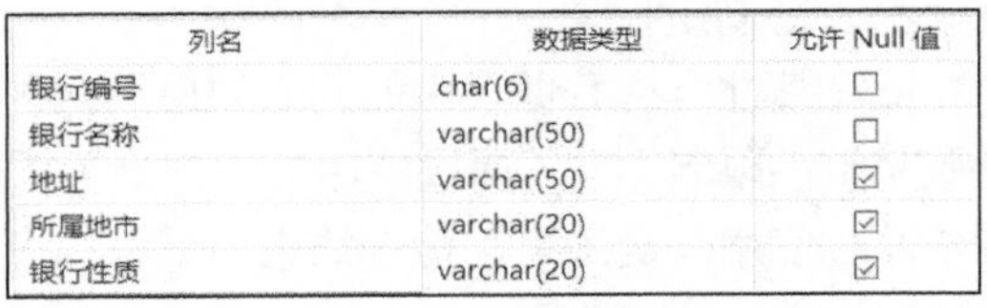

Step5 右击“银行编号”字段，在弹出的快捷菜单中选择“设置主键”命令，将其设置为表的主键，如图 5-7 所示。

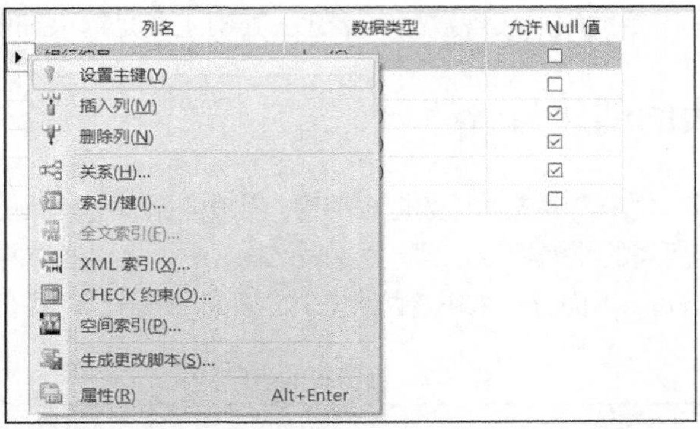

图 5-7 设置数据表的主键

Step6 表设计完成后，单击工具栏中的“ ”按钮或者直接关闭“表设计”窗口，在弹出的"选择名称"对话框中输入数据表名称"银行表"，单击"确定"按钮，完成数据表的创建，如图 5-8 所示。

Step7 展开"表"节点，单击"对象资源管理器"窗格中的""按钮，即可看到新增的"银行表"，如图 5-9 所示。

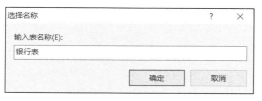

图 5-8 "选择名称"对话框

图 5-9 新增的数据表"银行表"

5.2.2 使用 CREATE TABLE 语句创建数据表

用户除了可以使用 SSMS 创建数据表，还可以使用 CREATE TABLE 语句来创建数据表。CREATE TABLE 语句所涉及选项数量众多，为简单起见，这里仅列出一些常用的选项。

CREATE TABLE 语句的基本语法格式如下。

```
CREATE TABLE 表名
(    列名 1 数据类型 列属性,
     列名 2 数据类型 列属性,
     …
     列名 n 数据类型 列属性 )
```

其中，列属性包括[NULL | NOT NULL] [PRIMARY KEY] [DEFAULT]等。

由上述语法格式可以看出，在 CREATE TABLE 语句中需要指定的信息与在"表设计"窗口中需要指定的信息完全相同，包括表名、列名、数据类型及列属性等。

下面举例说明使用 SQL 语句创建数据表的方法。

【例 5.2】使用 SQL 语句创建"借款人表"。

```
USE 贷款
GO
--创建借款人表
CREATE TABLE 借款人表              --借款人表
(    借款人编号 char(8) PRIMARY KEY,   --借款人编号
     姓名 varchar(30) NOT NULL,       --姓名
     性别 char(2) NOT NULL,           --性别
     年龄 smallint,                   --年龄
     电话 char(13),                   --电话
     职业 char(20),                   --职业
     工作单位 varchar(30) )           --工作单位
GO
```

在 SSMS 中，单击工具栏上的"新建查询"按钮，新建一个当前连接查询，在查询编辑器中输入上面的代码，如图 5-10 所示。

在 SSMS 中，单击工具栏上的"运行"按钮，程序执行成功之后，展开"表"节点，单

击"对象资源管理器"窗格中的"![button]"按钮，即可看到新增的数据表"借款人表"，如图 5-11 所示。

```
USE 贷款
GO
--创建借款人表
CREATE TABLE 借款人表 --借款人表
(借款人编号 char(8) PRIMARY KEY,    --借款人编号
 姓名 varchar(30) NOT NULL,    --姓名
 性别 char(2) NOT NULL,    --性别
 年龄 smallint,    --年龄
 电话 char(13),    --电话
 职业 char(20),    --职业
 工作单位 varchar(30)   --工作单位
 )
GO
100 %  ▾
命令已成功完成。
```

图 5-10 输入创建"借款人表"的代码

图 5-11 新增的数据表"借款人表"

5.2.3 使用 ALTER TABLE 语句修改数据表结构

1．增加字段

使用 ALTER TABLE 语句可以为数据表添加字段。其基本语法格式如下。

```
ALTER TABLE 表名
ADD 列名 数据类型 列属性
```

其中，列属性包括 [NULL | NOT NULL] [PRIMARY KEY] [DEFAULT] 等。

【例 5.3】在借款人表中增加字段"Email"，数据类型为 varchar(20)，允许空值。

```
USE 贷款
GO
ALTER TABLE 借款人表
ADD Email varchar(20) NULL
GO
```

新建一个当前连接查询，在查询编辑器中输入上面的代码，执行之后，重新打开借款人表的"表设计"窗口，如图 5-12 所示。

列名	数据类型	允许 Null 值
借款人编号	char(8)	☐
姓名	varchar(30)	☐
性别	char(2)	☑
年龄	smallint	☑
电话	char(13)	☑
职业	char(20)	☑
工作单位	varchar(30)	☑
Email	varchar(20)	☑

图 5-12 借款人表的"表设计"窗口 1

从图 5-12 可以看到，新字段"Email"被成功添加，其数据类型为 varchar(20)，允许空值。

2．修改字段

使用 ALTER TABLE 语句可以修改数据表中的字段。其基本语法格式如下。

```
ALTER TABLE 表名
ALTER COLUMN 列名 数据类型 列属性
```

其中，列属性包括 [NULL | NOT NULL] [PRIMARY KEY] [DEFAULT] 等。

【例 5.4 】修改借款人表中的字段"电话"，数据类型修改为 varchar(50)，并不允许空值。

```
USE 贷款
GO
ALTER TABLE 借款人表
ALTER COLUMN 电话 varchar(50) NOT NULL
GO
```

新建一个当前连接查询，在查询编辑器中输入上面的代码，执行之后，重新打开借款人表的"表设计"窗口，如图 5-13 所示。

	列名	数据类型	允许 Null 值
🔑	借款人编号	char(8)	☐
	姓名	varchar(30)	☐
	性别	char(2)	☑
	年龄	smallint	☑
▶	电话	varchar(50)	☐
	职业	char(20)	☑
	工作单位	varchar(30)	☑
	Email	varchar(20)	☑

图 5-13　借款人表的"表设计"窗口 2

从图 5-13 可以看到，字段"电话"的数据类型已经修改为 varchar（50），并不允许空值。

3．删除字段

使用 ALTER TABLE 语句可以删除数据表中的字段。其基本语法格式如下。

```
ALTER TABLE 表名
DROP COLUMN 列名
```

【例 5.5 】删除借款人表中的字段"Email"。

```
USE 贷款
GO
ALTER TABLE 借款人表
DROP COLUMN Email
GO
```

在查询编辑器中输入上面的代码，执行成功之后，借款人表中的字段"Email"将会被删除，如图 5-14 所示。

5.2.4　使用 DROP TABLE 语句删除数据表

使用 DROP TABLE 语句可以删除数据表。其基本语法格式如下。

```
DROP TABLE 表名
```

【例 5.6 】删除借款人表。

```
USE 贷款
GO
```

图 5-14　删除字段"Email"

```
DROP TABLE 借款人表
GO
```

在查询编辑器中输入上面的代码，执行成功之后，借款人表将会被删除。

在使用 DROP TABLE 语句删除数据表时，需要注意以下 3 点。

（1）DROP TABLE 语句不能删除系统表。

（2）DROP TABLE 语句不能删除正被其他数据表引用的数据表。

（3）DROP TABLE 语句可以一次性删除多个数据表，表名之间用逗号分隔。

5.3 管理数据

5.3.1 使用 INSERT 语句添加数据

使用 INSERT 语句可以向数据表中添加数据。INSERT 语句的基本语法格式如下。

```
INSERT INTO 表名 ( 列名1, 列名2, …, 列名n )
VALUES ( 值1, 值2, …, 值n )
```

其中，INSERT INTO 后面要指定待插入数据的数据表名，并且指定表的列名；VALUES 子句指定要插入的具体数据的值。

【例 5.7】在银行表中添加一条记录。

```
USE 贷款
GO
INSERT INTO 银行表 ( 银行编号, 银行名称, 地址, 所属城市, 银行性质 )
VALUES ( 'B001', '中国工商银行江东区支行', '海河市江东区儒林路100号', '海河市', '公办' )
GO
```

在 SSMS 中，单击工具栏上的"新建查询"按钮，新建一个当前连接查询，在查询编辑器中输入上面的代码，程序执行结果如图 5-15 所示。有 1 条记录受影响。

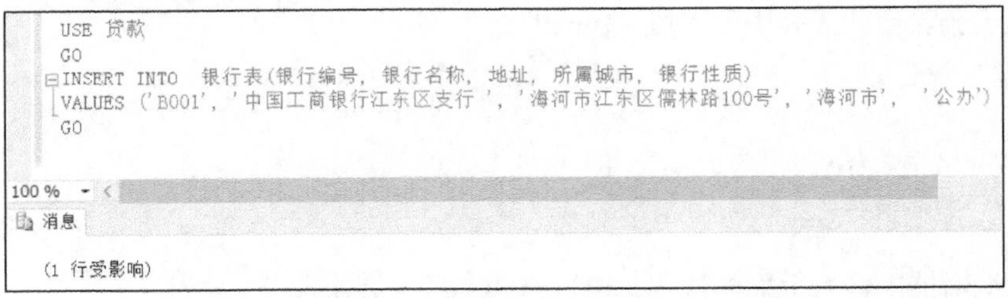

图 5-15　使用 INSERT INTO 语句添加一条记录

另外，当完全按照表中字段的存储顺序来安排 VALUES 子句中的值，并且值的个数和字段个数完全一致时，可以在 INSERT INTO 语句中省略数据表的列名。此时，INSERT INTO 语句的基本语法格式可以简化为以下形式。

```
INSERT INTO 表名
VALUES ( 值1, 值2, …, 值n )
```

例如，可以对本例代码进行简化，简化结果如下所示。

```
USE 贷款
GO
```

```
INSERT INTO 银行表
VALUES ( 'B001', '中国工商银行江东区支行', '海河市江东区儒林路100号', '海河市', '公办' )
GO
```

💡 **说明**

向表中插入数据时，数字数据可以直接插入，但是字符数据和日期数据要用英文单引号标注起来，否则系统会提示错误。

使用 INSERT INTO 语句也可以一次添加多条记录，记录之间用 "," 隔开，语法格式如下。

```
INSERT INTO 表名 ( 列名1, 列名2, …, 列名n )
VALUES ( 值11, 值12, …, 值1n ),
    ( 值21, 值22, …, 值2n ),
    …
    ( 值m1, 值m2, …, 值mn )
```

【例 5.8】在银行表中添加多条记录。

```
USE 贷款
GO
INSERT INTO 银行表 ( 银行编号, 银行名称, 地址, 所属城市, 银行性质 )
VALUES ( 'B003', '招商银行金融街支行', '海河市江东区金融大街5号', '海河市', '民营' ),
    ( 'B004', '中国工商银行金水区支行', '海河市金水区中东路80号', '海河市', '公办' )
GO
```

在查询编辑器中输入上面的代码，程序执行结果如图 5-16 所示。有 2 条记录受影响。

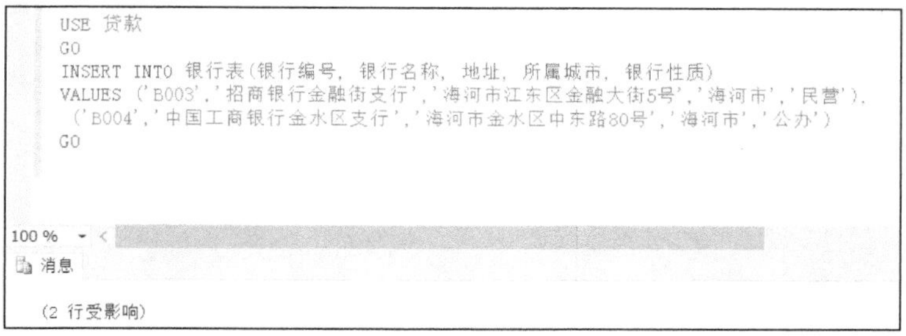

```
USE 贷款
GO
INSERT INTO 银行表(银行编号, 银行名称, 地址, 所属城市, 银行性质)
VALUES ('B003','招商银行金融街支行','海河市江东区金融大街5号','海河市','民营'),
    ('B004','中国工商银行金水区支行','海河市金水区中东路80号','海河市','公办')
GO
```

100 % ▾ <
消息
(2 行受影响)

图 5-16 使用 INSERT INTO 语句添加多条记录

INSERT INTO 语句还可以包含 SELECT 语句，实现一次添加多行数据。使用 SELECT 语句插入数据的基本语法格式如下。

```
INSERT INTO 表名 ( 列名1, 列名2, …, 列名n )
SELECT 语句
```

使用 INSERT INTO…SELECT 语句插入多行数据时，需要注意下面两点。

（1）要插入的数据表必须已经存在。

（2）要插入数据的数据表结构必须和 SELECT 语句的结果集兼容，也就是说，二者的列的数量和顺序必须相同、列的数据类型必须兼容等。

5.3.2 使用 UPDATE 语句修改数据

使用 UPDATE 语句可以更新数据表中已经存在的数据。使用该语句既可以一次更新一行数据，也可以一次更新多行数据。

UPDATE 语句的基本语法格式如下。

```
UPDATE 表名
SET 列名1 = 值1, 列名2 = 值2, …, 列名n = 值n
WHERE 条件表达式
```

当执行 UPDATE 语句时，如果使用了 WHERE 子句，则数据表中所有满足 WHERE 条件的行都将被更新，如果没有指定 WHERE 子句，则数据表中所有的行都将被更新。

【例 5.9】将银行表中银行编号为"B004"的记录的所属城市修改为"郑州市"。

```
USE 贷款
GO
UPDATE 银行表 SET 所属城市 = '郑州市'
WHERE 银行编号 = 'B004'
GO
```

执行结果如图 5-17 所示，有一条记录被更新。

5.3.3 使用 DELETE 语句删除数据

当不再需要数据表中数据的时候，可以将其删除。一般情况下，可以使用 DELETE 语句删除数据表中的数据。该语句可以从一个数据表中删除一行或多行数据。

使用 DELETE 语句删除数据的基本语法格式如下。

图 5-17 更新数据表中数据

```
DELETE FROM 表名
WHERE 条件表达式
```

在 DELETE 语句中，如果使用了 WHERE 子句，则表示从指定的数据表中删除满足 WHERE 条件的数据行。如果没有使用 WHERE 子句，则表示删除指定数据表中的全部数据。

【例 5.10】删除银行表中银行编号为"B004"的记录。

```
USE 贷款
GO
DELETE FROM 银行表
WHERE 银行编号 = 'B004'
GO
```

执行结果如图 5-18 所示，有一条记录被删除。

如果要删除银行表中的所有记录，只需要把上面例子中的 WHERE 子句去掉即可。

如果要删除数据表中的全部记录，还可以使用 TRUNCATE TABLE 语句，该语句的语法格式如下。

```
TRUNCATE TABLE 表名
```

图 5-18 删除满足条件的记录

TRUNCATE TABLE 语句的作用相当于无 WHERE 子句的 DELETE 语句，可以将数据表中的数据全部删除。使用 DELETE 语句删除数据时，被删除的数据记录在日志中，而使用 TRUNCATE TABLE 语句删除数据时，系统将立即释放数据表中数据和索引所占的存储空间，并且这种数据变化不记录在日志中，所以 TRUNCATE TABLE 语句执行速度更快。

5.4 创建、删除和修改约束

5.4.1 非空约束

列是否允许为空决定数据表中的行是否可为该列包含空值。空值（NULL）不同于零（0）、空白或长度为零的字符串（如"），NULL 的意思是没有输入，出现 NULL 通常表示值未知或未定义。

1．创建非空约束

（1）使用 SSMS 创建非空约束

具体步骤如下。

Step1　启动 SSMS，并连接到 SQL Server 2019 中的数据库。

Step2　在"对象资源管理器"窗格中展开"数据库"节点，展开指定的数据库。

Step3　右击要创建约束的数据表，在弹出的快捷菜单中选择"设计"命令。

Step4　通过"表设计"窗口中的"允许 Null 值"列，可以将指定的数据列设置为允许空或不允许空，将复选框选中便将该列设置为允许空。或者在列属性中"允许 Null 值"的下拉列表中选择"是"或"否"，选择"是"便将该列设置为允许空。

（2）使用 SQL 语句创建非空约束

在创建数据表时，可使用 NOT NULL 关键字指定非空约束，其语法格式如下。

```
[ CONSTRAINT <约束名> ] NOT NULL
```

2．删除非空约束

若要删除非空约束，将"允许 Null 值"复选框的选中状态取消即可；或者将"列属性"中的"允许 Null 值"设置为"否"，单击"💾"按钮，将修改后的数据表保存。

5.4.2 主键约束

1．创建主键约束

（1）使用 SSMS 创建主键约束

具体步骤如下。

Step1　在"对象资源管理器"窗格中，右击要创建约束的数据表，在弹出的快捷菜单中选择"设计"命令。

Step2　在打开的"表设计"窗口中，选择要设置为主键的列并右击，在弹出的快捷菜单中选择"设置主键"命令，将一个或多个列设置为主键，如图 5-19 所示。

需要注意的是，在将某列设置为主键时，该列不允许有空值。

Step3　设置完成后，单击工具栏中的"💾"按钮保存主键设置，然后关闭窗口即可。

（2）使用 SQL 语句创建主键约束

通常情况下，在创建数据表时需要创建主键约束。

图 5-19　设置主键

【例5.11】创建"银行表02"，并创建主键约束PRIMARY KEY。

```
USE 贷款
GO
CREATE TABLE 银行表02
(   银行ID int PRIMARY KEY,  --设置主键
    银行Name varchar(50) )
```

或者将PRIMARY KEY写到后面，如下所示。

```
CREATE TABLE 银行表02
(   银行ID int,
    银行Name varchar(50),
    CONSTRAINT pk_银行表_ID PRIMARY KEY ( 银行ID )  --设置主键 )
GO
```

新建一个当前连接查询，在查询编辑器中输入上面的代码，通过"表设计"窗口打开银行表02，如图5-20所示。

从图5-20中可以看到，主键已经成功设置。

2．删除主键约束

（1）使用SSMS删除主键约束

选择要删除主键约束的列并右击，在弹出的快捷菜单中选择"删除主键"命令，就可以将主键约束删除，如图5-21所示。然后单击工具栏中的""按钮，并关闭窗口即可。

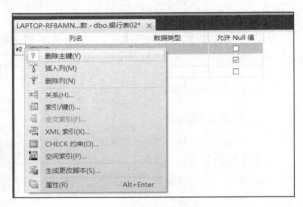

图5-20　成功设置主键　　　　　　　　图5-21　删除主键约束

（2）使用SQL语句删除主键约束

【例5.12】删除银行表02中的主键约束"pk_银行表_ID"。

```
USE 贷款
GO
ALTER TABLE 银行表02
DROP CONSTRAINT pk_银行表_ID
GO
```

5.4.3　唯一性约束

使用唯一性约束可确保在非主键列中不输入重复的值。可以对一个数据表定义多个唯一性

约束，唯一性约束允许 NULL 值。

下面介绍创建和删除唯一性约束的方法。

1．创建唯一性约束

（1）使用 SSMS 创建唯一性约束

具体步骤如下。

Step1 在"对象资源管理器"窗格中，右击要创建约束的数据表，在弹出的快捷菜单中选择"设计"命令。

Step2 在打开的"表设计"窗口中，右击该数据表中的某一列，在弹出的快捷菜单中选择"索引/键"命令，如图 5-22 所示。

Step3 打开"索引/键"对话框，可以看到该数据表中已经存在的约束，如图 5-23 所示。

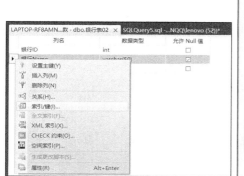

图 5-22 选择"索引/键"命令

图 5-23 "索引/键"对话框

Step4 单击"添加"按钮，添加一个新的唯一性约束，设置"是唯一的"为"是"，如图 5-24 所示。

Step5 此时将打开"索引列"对话框，在"列名"中选择添加唯一性约束的字段"银行Name"，"排序顺序"使用"升序"，然后单击"确定"按钮，如图 5-25 所示。

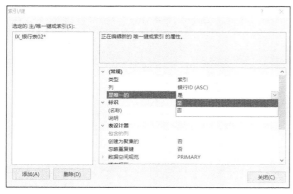

图 5-24 设置"是唯一的"为"是"

图 5-25 "索引列"对话框

Step6 修改索引名称为"IX_银行表 02"，如图 5-26 所示。设置完成后，单击"关闭"按钮即可。

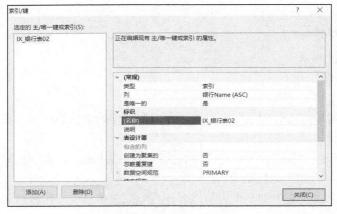

图 5-26 修改索引名称

（2）使用 SQL 语句创建唯一性约束

【例 5.13】创建数据表"银行表 03"，并通过唯一性约束限制"银行 Name"的值，不允许其重复。

```
USE 贷款
GO
CREATE TABLE 银行表 03
(   银行 ID int PRIMARY KEY,          --设置主键约束
    银行 Name varchar(50) UNIQUE ) --设置唯一性约束
GO
```

2．删除唯一性约束

（1）使用 SSMS 删除唯一性约束

在"索引/键"对话框中选择要删除的唯一性约束，单击"删除"按钮，然后单击"关闭"按钮即可。

（2）使用 SQL 语句删除唯一性约束

【例 5.14】删除银行表 02 中的唯一性约束"IX_银行表 02"。

```
USE 贷款
GO
ALTER TABLE 银行表 02
DROP CONSTRAINT IX_银行表 02
GO
```

5.4.4　检查约束

检查约束通过限制输入列中的值来强制数据的完整性，可以通过任何基于逻辑运算符返回 TRUE 或 FALSE 的逻辑（布尔）表达式来创建检查约束。

1．创建检查约束

（1）使用 SSMS 创建检查约束

具体步骤如下。

Step1　在"对象资源管理器"窗格中，右击要创建约束的数据表，在弹出的快捷菜单中选择"设计"命令。

Step2 在打开的"表设计"窗口中，右击该数据表中的某一列，在弹出的快捷菜单中选择"CHECK 约束"命令，如图 5-27 所示。

Step3 在弹出的对话框中设置约束表达式，如"银行性质 ='公办' OR 银行性质 ='私营' OR 银行性质 ='民营' OR 银行性质 ='集体'"，并设置约束的名称，设置效果如图 5-28 所示。最后单击"关闭"按钮即可。

图 5-27 选择"CHECK 约束"命令　　　图 5-28 设置约束表达式

（2）使用 SQL 语句创建检查约束

【例 5.15】创建"借款人表 02"，并通过检查约束对借款人年龄进行限制，要求借款人年龄大于等于 20，并且小于等于 60。

```
USE 贷款
GO
CREATE TABLE 借款人表 02
(   借款人编号 char(8) PRIMARY KEY,
    姓名 varchar(30),
    性别 char(2),
    年龄 smallint CHECK ( 年龄 >= 20 AND 年龄 <= 60 ),  --Check 约束
    电话 char(13),
    职业 char(20),
    工作单位 varchar(30), )
GO
```

2．删除检查约束

在图 5-28 所示的对话框中选择要删除的约束，单击"删除"按钮，然后单击"关闭"按钮即可。

5.4.5 默认约束

默认约束使用户能够定义一个值，当用户没有在某一列中输入值时，则将所定义的值提供给该列。如果用户对此列没有特殊要求，则可以使用默认约束为此列输入默认值。

1．创建默认约束

（1）使用 SSMS 创建默认约束

具体步骤如下。

Step1 在"对象资源管理器"窗格中，右击要创建约束的数据表，在弹出的快捷菜单中

选择"设计"命令。

　　Step2　在打开的"表设计"窗口中,选择该数据表中的某一列,在下面的"列属性"中选择"默认值或绑定"选项,在其后面的文本框中输入具体的值。例如,为银行表的"银行性质"列设置默认值"公办",如图 5-29 所示。

　　Step3　设置完成后,单击工具栏中的"■"按钮,保存默认约束。

　　(2)使用 SQL 语句创建默认约束

　　【例 5.16】创建"借款人表 03",并为"性别"列指定默认值"男"。

图 5-29　创建默认约束

```
USE 贷款
GO
CREATE TABLE 借款人表 03
(   借款人编号 char(8) PRIMARY KEY,
    姓名 varchar(30),
    性别 char(2) DEFAULT '男',  --默认值约束,设置性别默认值为男
    年龄 smallint,
    电话 char(13),
    职业 char(20),
    工作单位 varchar(30), )
GO
```

　　2.删除默认约束

　　在图 5-29 所示界面中,将"列属性"中"默认值或绑定"后的文本框中的内容清空,然后单击工具栏中的■按钮,保存对数据表的修改。

5.4.6　外键约束

　　外键是用于建立两个数据表数据之间连接的一列或多列。在外键引用中,当一个数据表(引用表)的列引用了另一个数据表(被引用表)的主键值的一列或多列时,就在两数据表之间建立了连接,而相应列就成为引用表的外键。

　　下面我们以银行表和贷款表为基础介绍建立外键的方法。其中,银行表在 5.2 节中已经创建,创建贷款表的代码如下。

```
USE 贷款
GO
CREATE TABLE 贷款表
(   借款人编号 char(8),
    银行编号 char(6),
    贷款金额 decimal(10, 2),
    贷款期数 int,
    贷款时间 datetime,
    还款时间 datetime,
```

```
    PRIMARY KEY （借款人编号，银行编号））
GO
```

执行上述代码创建贷款表。

1．创建外键约束

下面使用 SSMS 和 SQL 语句建立银行表和贷款表之间的外键约束。

（1）使用 SSMS 创建外键约束

具体步骤如下。

Step1 在"对象资源管理器"窗格中，右击要创建约束的数据表，在弹出的快捷菜单中选择"设计"命令。

Step2 在打开的"表设计"窗口中，右击该数据表中的某一列，在弹出的快捷菜单中选择"关系"命令，如图 5-30 所示。

Step3 在打开的"外键关系"对话框中，单击"添加"按钮，添加要选中的关系，如图 5-31 所示。

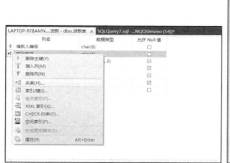

图 5-30　选择"关系"命令　　　　　　图 5-31　"外键关系"对话框

Step4 在"外键关系"对话框中，单击"表和列规范"右侧的"▦"按钮，选择要创建外键约束的主键表和外键表，如图 5-32 所示。

图 5-32　"表和列"对话框

Step5 在"表和列"对话框中，设置关系的名称，选择主键表及被引用的列。然后，单击"确定"按钮，返回"外键关系"对话框，如图 5-33 所示。

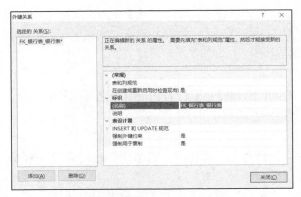

图 5-33 返回"外键关系"对话框

Step6 单击"关闭"按钮，单击工具栏中的"■"按钮，保存外键约束。

（2）使用 SQL 语句创建外键约束

【例 5.17】创建"贷款表 02"，并建立其与银行表之间的外键约束。

```
USE 贷款
GO
CREATE TABLE 贷款表 02
(    借款人编号 char(8),
     银行编号 char(6) FOREIGN KEY REFERENCES 银行表（银行编号），   --外键约束
     贷款金额 decimal(10, 2),                                    --分数
     贷款期数 int,                                               --贷款期数
     贷款时间 datetime,                                          --贷款时间
     还款时间 datetime,                                          --还款时间
     PRIMARY KEY（借款人编号，银行编号））                        --主键约束
GO
```

执行上述代码，在创建数据表"贷款表 02"的同时，会自动创建其与银行表之间的外键约束。

2．删除外键约束

在图 5-33 所示界面中，选择要删除的约束，单击"删除"按钮，然后单击"关闭"按钮关闭该对话框，最后单击工具栏中的"■"按钮保存对数据表的修改即可。

5.5 索引的创建与维护

5.5.1 索引概述

数据库索引是对数据表中一个或多个列的值进行排序的结构，它是数据库中一个非常有用的对象。就像一本书的索引一样，数据库索引提供了在数据表中快速查询特定行的能力。如果没有索引，查询优化器只有一个选择，那就是对数据表中的数据进行全部扫描以找出要找的数据行。

建立索引可以提高查询速度，用户可以根据应用环境需要，在基本表上建立一个或多个索引，以提供多种存取路径，加快查询速度。但索引需要占物理空间，当对数据表中的数据进行

增加、删除和修改的时候，索引也要动态维护，这会降低数据的维护速度。

建立和删除索引一般由数据库管理员或创建者负责完成。系统在存取数据时会自动选择合适的索引作为存取路径，用户不必也不能显式地选择索引。

1．建立索引

在 SQL 中建立索引使用 CREATE INDEX 语句，其语法格式如下。

```
CREATE [ UNIQUE ] [ CLUSTERED | NONCLUSTERED ] INDEX <索引名>
ON <表名> ( <属性名> [ <次序> ] [ , <属性名> [ <次序> ] ] … )
```

具体说明如下。

（1）UNIQUE 表明建立唯一索引，每个索引值只对应唯一的数据记录。

（2）CLUSTERED 表示建立聚集索引。聚集索引是指索引项的顺序与数据表中记录的物理顺序一致的索引组织。聚集索引只能建立一个，可以在最常用的属性上建立聚集索引。建立聚集索引后，如果更新该属性数据，则会导致数据表中记录的物理顺序变化较大，代价很大。因此，对于常更新数据的属性尽量不要建立聚集索引。

（3）NONCLUSTERED 表示建立非聚集索引，是 SQL Server 在默认情况下建立的索引类型。非聚集索引是完全独立于数据行的结构，表示数据存储在一个位置，而索引存储在另外一个位置，索引带有指针指向数据的存储位置，也就是非聚集索引中项目按索引值顺序存储，而数据表中信息按另外一种顺序存储。一个数据表可以建立多个非聚集索引，表示每个非聚集索引提供访问数据的不同顺序。

（4）<索引名>指定建立的索引名。

（5）<表名>指定要建立索引的基本表名。

（6）<属性名>指定索引建立在一个或多个属性上，各属性间用逗号分隔。

（7）<次序>指定索引中属性的排序方式，有 ASC（升序，默认值）和 DESC（降序）两种。

【例 5.18】给借款人表建立按照借款人姓名升序排列、索引名为"Jname"的唯一索引。

```
CREATE UNIQUE INDEX Jname ON 借款人表 ( 姓名 ) ;
```

【例 5.19】为"贷款表"建立按"银行编号"升序，按"借款人编号"降序排列，索引名为"Yno_Jno"的唯一索引。

```
CREATE UNIQUE INDEX Yno_Jno ON 贷款表 ( 银行编号，借款人编号 DESC ) ;
```

2．删除索引

索引一旦建立后，就由系统使用和维护，不需要用户干预。建立索引是为了减少查询操作的时间。但是，如果数据增、删频繁，系统就会花费过多的资源来维护索引，这时可以删除一些不再需要的索引。

删除索引使用 DROP INDEX 命令，其语法格式如下。

```
DROP INDEX <表名>.<索引名> ;
```

💡 **说明**

DROP INDEX 语句不适用于通过定义主键约束或唯一性约束创建的索引。这些约束是分别使用 CREATE TABLE 或 ALTER TABLE 语句的主键或唯一性选项创建的。

【例 5.20】删除借款人表的"Jname"索引。

```
DROP INDEX 借款人表.Jname
```

5.5.2 普通索引

普通索引是最基本的索引类型，没有唯一性之类的限制。普通索引可以通过以下几种方式创建。

创建索引的语法格式如下。

```
CREATE INDEX <索引的名字> ON tablename ( 列的列表 );
```

在已经建好的数据表上添加索引的语法格式如下。

```
ALTER TABLE tablename ADD INDEX [ 索引的名字 ] ( 列的列表 );
```

创建数据表时同时创建索引的语法格式如下。

```
CREATE TABLE tablename ( [ … ], INDEX [ 索引的名字 ] ( 列的列表 ) )
```

5.5.3 聚集索引

聚集索引也称为聚簇索引。在聚集索引中，数据表中行的物理顺序与键值的逻辑（索引）顺序相同。一个数据表只能包含一个聚集索引，即如果存在聚集索引，就不能再指定 CLUSTERED 关键字。

索引不是聚集索引，则数据表中行的物理顺序与键值的逻辑顺序不匹配。与非聚集索引相比，聚集索引通常提供更快的数据访问速度。聚集索引更适用于很少对基本表进行增、删、改操作的情况。

如果在数据表中创建了主键约束，SQL Server 将自动为其产生唯一性约束。在创建主键约束时，指定了 CLUSTERED 关键字或没有指定该关键字，SQL Sever 都会自动为数据表生成唯一的聚集索引。

本章小结

本章阐述了数据表的基础知识，数据表的创建、修改和删除，数据表中的约束以及索引的创建与维护。读者不仅可以使用 SQL Server 2019 图形化工具完成创建和管理数据表的工作，还可以调用 SQL 语句完成对应操作。

习　题

一、选择题

1. 有关空值，以下叙述正确的是（　　）。
   A. 空值等同于空字符串
   B. 空值表示字段还没有确定值
   C. 空值等同于数值 0
   D. SQL Server 不支持空值
2. 某公司有数据库，其中有一个数据表包含上百万个数据，但是用户抱怨数据查询速度太慢，（　　）能够最好地提高查询速度。
   A. 收缩数据库
   B. 换个高档的服务器
   C. 在该数据表上建立索引
   D. 减少数据库占用的存储空间
3. 定义字段默认值的作用是（　　）。
   A. 在未输入数据之前，系统自动提供数值

B. 不允许字段的值超出某个范围

C. 不得使字段为空

D. 系统自动把小写字母转换为大写字母

4. 关系数据库的数据表中，记录行（　　　）。

A. 顺序很重要，不能交换　　　　　B. 顺序不重要

C. 按输入数据的顺序排列　　　　　D. 一定是有序的

5. 下列不适合建立索引的选项是（　　　）。

A. 用作查询条件的列　　　　　　　B. 频繁搜索的列

C. 连接中频繁使用的列　　　　　　D. 取值范围很小的列

二、简答题

1. 列举 5 种数据表的基本数据类型。

2. 利用 SQL 语句，使用什么数据创建数据表？使用什么数据修改数据表？使用什么数据删除数据表？

3. 对数据表中的数据进行操作，常用的数据是哪几个？

4. 什么是数据完整性，如何实现？

5. SQL Server 2019 的数据完整性主要分为哪几种类型？

三、实践题

1. 使用 SSMS 和 SQL 语句两种方式创建课程表 "Course"，数据表结构信息如表 5-8 所示。

表 5-8　数据表结构信息

字段名称	说明	字段类型	字段宽度	是否允许为空
Cno	课程编号，主键	char	12	NOT NULL
Cname	课程名称	varchar	50	NOT NULL
Cnature	课程性质	varchar	50	
Chours	学时数	int		

2. 使用 SQL 语句修改 Course 表，为该数据表新增一列 "telephone（联系电话）"，数据类型为 "varchar(11)"，允许为空。

3. 使用 SQL 语句修改 Course 表，将列 "telephone（联系电话）" 的数据类型修改为 "varchar(20)"，允许为空。

4. 使用 SQL 语句修改 Course 表，删除列 "telephone（联系电话）"。

5. 使用 SQL 语句修改 Course 表，添加 CHECK 约束，将列 "Cnatrue" 的值限制为 "必修" 和 "选修"。

6. 通过 SQL 语句删除数据表中的 CHECK 约束。

7. 使用 INSERT 语句在 Course 表中添加 2 条记录。

8. 使用 UPDATE 语句更新 Course 表中的数据，并使用 SSMS 查看更新结果。

9. 使用 DELETE 语句删除 Course 表中 "Cnatrue='必修'" 的数据，并查看删除结果。

10. 删除 Course 表。

<table>
<tr><td>第**6**章</td><td># 数据查询</td></tr>
</table>

内容导读

在创建数据库和数据表后，如果不对其中的数据进行分析和处理，数据的价值就难以体现。要想充分利用数据库中的数据，就离不开数据查询操作。数据查询是根据用户的要求从数据库中检索出所需要的数据并进行分析处理，这将为应用系统的开发奠定基础。数据查询是通过 SQL 中的 SELECT 语句完成的，作为 SQL 的核心，它是 SQL Server 数据库中使用最频繁的操作之一。

本章将重点介绍 SELECT 数据查询语句，详细讨论其各个组成部分，以及使用 SELECT 语句对数据库中数据进行查询的方法。通过本章的学习，读者可以比较全面地了解使用 SELECT 语句进行数据查询的技术。

本章学习目标

（1）熟练掌握数据查询语句的基本结构。

（2）熟练掌握 FROM、WHERE、ORDER BY 和 GROUP BY 等子句的使用方法。

（3）熟练使用数据查询语句进行简单查询。

（4）熟练使用数据查询语句进行条件查询。

（5）熟练使用数据查询语句进行聚合查询和分组查询。

（6）熟练使用数据查询语句进行交叉连接、内连接和外连接等连接查询。

（7）熟练使用数据查询语句进行嵌套查询。

（8）会使用数据查询语句进行集合查询。

查询数据是使用数据库的基本方式，也是最重要的方式之一。在 SQL Server 2019 中，用户可以使用 SELECT 语句执行数据查询操作。该语句使用方式灵活，功能丰富，它既可以完成简单的单表查询，也可以完成复杂的连接查询和嵌套查询等。本章将以"贷款"数据库为例，在借款人表、银行表和贷款表的基础上讲述有关数据的查询技术，包括单表查询、连接查询、嵌套查询和集合查询等。

6.1 SELECT 查询语句的基本结构

如果希望检索数据表中的数据，可以使用 SELECT 语句。SELECT 语句有 3 个基本的组成部分：SELECT 子句、FROM 子句和 WHERE 子句。其一般语法格式如下。

```
SELECT [ ALL | DISTINCT ] <目标列表达式> [ , <目标列表达式> ] …
FROM <表名或视图名> [ , <表名或视图名> ] …
```

```
[ WHERE  <条件表达式> ]
[ GROUP BY  <列名1> [ HAVING <条件表达式> ] ]
[ ORDER BY  <列名2> [ ASC | DESC ] ]
```

其中，SELECT 子句用于指定想要查询的列名称，FROM 子句用于指定想要查询的数据来源（数据表或者视图），WHERE 子句用于指定数据应该满足的条件。通常情况下，SELECT 子句和 FROM 子句是必不可少的，WHERE 子句是可选的。如果没有使用 WHERE 子句，那么表示无条件地查询所有的数据。

如果 SELECT 语句中包含 GROUP BY 子句，则对查询结果按照<列名 1>的值进行分组，将与该属性列值相等的记录归为一个组。如果 GROUP BY 子句带有 HAVING 子句，则只有满足指定条件表达式的分组才会被输出。如果有 ORDER BY 子句，则结果还要按照<列名 2>的值进行升序或降序排列后再输出。对于每一个子句的使用场景及方法，在后面的章节中将详细介绍。

6.2 简单查询

6.2.1 查询全部属性列

在有些情况下，用户可能需要查询数据表中所有属性列的值，这时可以在 SELECT 子句的<目标列表达式>中逐一列出要查询的所有属性列。

【例 6.1】查询所有借款人的全部信息。

```
SELECT 借款人编号，姓名，性别，年龄，电话，职业，工作单位
FROM 借款人表
```

查询结果如图 6-1 所示。

	借款人编号	姓名	性别	年龄	电话	职业	工作单位
1	P001	赵鹏	男	52	62599388	公务员	江东区教育局
2	P002	李晓蕊	女	35	86052415	教师	江东区第一中学
3	P003	张远志	男	26	6259938	企业职工	中石化江东分公司
4	P004	陈志忠	男	38	86608858	私营业主	江东区一鸣商贸公司
5	P005	欧阳晓琳	女	23	86058806	公务员	江东区城建局
6	P006	李静	女	39	63556698	教师	江东区第一中学
7	P007	李斌	男	46	6259332	企业职工	江东区城建公司
8	P008	陈小鲁	男	38	86608875	私营业主	天启信息科技公司
9	P009	朱晓明	男	55	65599222	公务员	江东区国土局
10	P010	白晓	女	31	86607005	教师	江东区第一小学

图 6-1　查询全部属性列示例

该例使用了一个简单的 SELECT 语句查询借款人表中的所有数据。其中，SELECT 子句后面的"借款人编号，姓名，性别，年龄，电话，职业，工作单位"表示要查询的属性列的名字，FROM 子句后面的数据表名称是要查询的数据来源，没有使用 WHERE 子句表示查询数据表中所有的数据。为简便起见，在这个示例中，SELECT 子句后面还可以用"*"代替所有的属性列名，查询结果仍然如图 6-1 所示。

6.2.2 查询部分属性列

在更多情况下，用户可能只对数据表中的一部分属性列值感兴趣，这时可以在 SELECT 子句的<目标列表达式>中逐一列出要查询的感兴趣的属性列。

【例 6.2】查询所有借款人的姓名、年龄和职业。

```
SELECT 姓名, 年龄, 职业
FROM 借款人表
```

查询结果如图 6-2 所示。

	姓名	年龄	职业
1	赵鹏	52	公务员
2	李晓蕊	35	教师
3	张远志	26	企业职工
4	陈志忠	38	私营业主
5	欧阳晓琳	23	公务员
6	李静	39	教师
7	李斌	46	企业职工
8	陈小鲁	38	私营业主
9	朱晓明	55	公务员
10	白晓	31	教师

图 6-2 查询部分属性列示例

另外，SELECT 子句的<目标列表达式>不仅可以是数据表中的属性列，还可以是表达式（即经过计算的值）。用户可以在 SELECT 关键字后面的列表中使用各种运算符和函数，这些运算符和函数包括算术运算符、数学函数、字符串函数、日期和时间函数以及系统函数等。

算术运算符（包括+、-、*、/和%）可以用在各种数值列上，数值列的数据类型可以是 INT、SMALLINT、TINYINT、FLOAT、REAL、MONEY 或 SMALLMONEY 等。

【例 6.3】查询所有借款人的姓名及其出生年份。

```
SELECT 姓名, 2007-年龄
FROM 借款人表
```

查询结果如图 6-3 所示。

从图 6-3 可以看出，经计算得到的列是没有列名的（显示为“无列名”），这时可以通过指定别名定义查询列的列标题。比如，可以将该例中的查询修改如下。

```
SELECT 姓名 借款人姓名, 2022-年龄 出生年份
FROM 借款人表
```

这里查询结果分别为“姓名”列和“2022-年龄”列定义了别名“借款人姓名”和“出生年份”。该语句执行后，在结果集的列标题上显示的就是“借款人姓名”和“出生年份”，如图 6-4 所示。关于别名查询，在 6.4 节还会有更详细的介绍。

	姓名	(无列名)
1	赵鹏	1955
2	李晓蕊	1972
3	张远志	1981
4	陈志忠	1969
5	欧阳晓琳	1984
6	李静	1968
7	李斌	1961
8	陈小鲁	1969
9	朱晓明	1952
10	白晓	1976

图 6-3 查询结果

	借款人姓名	出生年份
1	赵鹏	1970
2	李晓蕊	1987
3	张远志	1996
4	陈志忠	1984
5	欧阳晓琳	1999
6	李静	1983
7	李斌	1976
8	陈小鲁	1984
9	朱晓明	1967
10	白晓	1991

图 6-4 为查询的计算列取别名

数学函数返回参加运算的数据的函数值。如下面的检索语句，分别使用了求圆周率的 PI

函数、求正弦值的 SIN 函数、求余弦值的 COS 函数、求指数的 EXP 函数和求幂值的 POWER 函数等。

```
SELECT PI(), SIN(PI()/2), COS(PI()/4), EXP(10), POWER(10,2)
```

其他更多函数的使用方法请参照联机丛书。

6.2.3　在查询结果中去掉重复行

在 SELECT 子句中，用户可以通过使用 ALL 或者 DISTINCT 关键字来控制查询语句在结果集中是否显示重复的数据。ALL 关键字表示检索所有的数据（包括重复的数据行），而 DISTINCT 关键字则表示仅显示不重复的数据行（这时重复的数据行只显示一次）。默认使用 ALL 关键字。

【例 6.4】查询有贷款记录的借款人编号。

```
SELECT 借款人编号
FROM 贷款表
```

执行上面的 SQL 语句，结果如图 6-5 所示。由图中可以看出，结果集中包含许多重复的行，这是因为默认使用了 ALL 关键字。如果想要去掉重复行，可以指定 DISTINCT 关键字，执行结果如图 6-6 所示。

```
SELECT DISTINCT 借款人编号
FROM 贷款表
```

图 6-5　使用 ALL 的查询结果　　　图 6-6　使用 DISTINCT 的查询结果

6.3　条件查询

本节主要介绍包含 WHERE 子句的条件查询。WHERE 子句指定要检索的数据行应该满足的条件，也就是说，只有满足 WHERE 子句条件的数据行才会出现在查询结果集中。根据 WHERE 子句条件表达式的不同，该类查询又可分为确定查询、模糊查询和带查找范围的查询等。

6.3.1　确定查询

在 WHERE 子句中，确定查询指的是使用比较运算符、列表、合并以及取反等运算方式进行的条件查询。其中，比较运算符是检索条件中较为常用的，用于比较大小的运算符一般以下几种：=（等于），>（大于），<（小于），>=（大于等于），<=（小于等于），!=或<>（不等于）。

【例 6.5】查询借款人表中所有年龄大于 50 岁的借款人信息。

```
SELECT * FROM 借款人表
WHERE 年龄 > 50
```

或者

```
SELECT * FROM 借款人表
WHERE NOT 年龄 <= 50
```

查询结果如图 6-7 所示。

	借款人编号	姓名	性别	年龄	电话	职业	工作单位
1	P001	赵鹏	男	52	62599388	公务员	江东区教育局
2	P009	朱晓明	男	55	65599222	公务员	江东区国土局

图 6-7　使用 ">""<=" 运算符的查询结果

【例 6.6】使用 "=" 运算符查询所有职业为公务员的借款人姓名、性别和工作单位。

```
SELECT 姓名, 性别, 工作单位
FROM 借款人表
WHERE 职业 = '公务员'
```

如果想查询所有职业为非公务员的借款人姓名、性别和工作单位，则可以使用 "<>" 运算符。

```
SELECT 姓名, 性别, 工作单位
FROM 借款人表
WHERE 职业 <> '公务员'
```

查询结果分别如图 6-8 和图 6-9 所示。

	姓名	性别	工作单位
1	赵鹏	男	江东区教育局
2	欧阳晓琳	女	江东区城建局
3	朱晓明	男	江东区国土局

图 6-8　使用 "=" 运算符的查询结果

	姓名	性别	工作单位
1	李晓蕊	女	江东区第一中学
2	张远志	男	中石化江东分公司
3	陈志忠	男	江东区一鸣商贸公司
4	李静	女	江东区第一中学
5	李斌	男	江东区城建公司
6	陈小鲁	男	天启信息科技公司
7	白晓	女	江东区第一小学

图 6-9　使用 "<>" 运算符的查询结果

在 WHERE 子句中，还可以使用逻辑运算符（AND、OR 和 NOT）把若干个查询条件合并起来，组成更加复杂的查询条件。AND 运算符表示只有在所有条件都为真时，才返回真；OR

运算符表示只要有一个条件为真，就返回真；NOT 运算符表示取反。当一个 WHERE 子句中同时包含多个逻辑运算符时，其优先级从高到低依次为 NOT、AND、OR，这些运算符的优先级可以通过括号来改变。

【例 6.7】查询借款人表中所有教师或者年龄大于 50 岁的借款人的姓名、年龄和工作单位。

```
SELECT 姓名，年龄，工作单位
FROM 借款人表
WHERE 职业 = '教师' OR 年龄 > 50
```

查询结果如图 6-10 所示。

图 6-10　带有逻辑运算符的查询

6.3.2　模糊查询

通常在查询字符数据时，提供的查询条件并不是十分准确（如查询仅包含或仅是类似某种样式的字符），这种查询称为模糊查询。在 WHERE 子句中，可以使用 LIKE 关键字实现这种灵活的查询。

LIKE 关键字用于检索与特定字符串匹配的字符数据，在其后面可以跟一个列值的一部分而不是完整的列值。其基本语法格式如下。

```
[NOT] LIKE '匹配字符串' [ ESCAPE '<转换字符>' ]
```

其中，方括号中的内容是可选的。例如，如果 LIKE 关键字前面有 NOT 关键字，则表示该条件取反。ESCAPE 子句用于指定转义字符，如果用户要查询的字符串本身就含有通配符，这时就要使用 ESCAPE 关键字对通配符进行转义。匹配字符串可以是一个完整的字符串，也可以包含通配符%、_、[ ]或[^]。这 4 种通配符的含义如表 6-1 所示。

表 6-1　LIKE 子句中常用的通配符

通配符	含义
%	代表任意长度（长度可以为 0）的字符串
_	代表任意单个字符
[]	指定范围或集合中的任意单个字符
[^]	不在指定范围或集合中的任意单个字符

需要强调的是，带有通配符的字符串必须使用单引号标注起来。一些带有通配符的示例如下。

- LIKE 'AB%'：返回以 "AB" 开始的任意字符串。
- LIKE '%ABC'：返回以 "ABC" 结束的任意字符串。
- LIKE '%ABC%'：返回包含 "ABC" 的任意字符串。
- LIKE '_AB'：返回 3 个字符长的字符串，结尾是 "AB"。
- LIKE '[ACE]%'：返回以 "A" "C" 或 "E" 开始的任意字符串。
- LIKE '[A-Z]ing'：返回 4 个字符长的字符串，结尾是 "ing"，第 1 个字符的范围是从 A 到 Z。
- LIKE 'L[^a]%'：返回以 "L" 开始、第 2 个字符不是 "a" 的任意字符串。

下面通过例子来说明 LIKE 关键字的使用方法。

【例 6.8】 查询所有姓李的借款人的姓名、性别、年龄、职业和工作单位。

```
SELECT 姓名, 性别, 年龄, 职业, 工作单位
FROM 借款人表
WHERE 姓名 LIKE '李%'
```

查询结果如图 6-11 所示。

【例 6.9】 查询所有不姓李的借款人的姓名、性别、年龄、职业和工作单位。

```
SELECT 姓名, 性别, 年龄, 职业, 工作单位
FROM 借款人表
WHERE 姓名 NOT LIKE '李%'
```

【例 6.10】 查询姓名中第二个字为"晓"的借款人的姓名、性别、年龄、职业和工作单位。

```
SELECT 姓名, 性别, 年龄, 职业, 工作单位
FROM 借款人表
WHERE 姓名 LIKE '_晓%'
```

查询结果如图 6-12 所示。

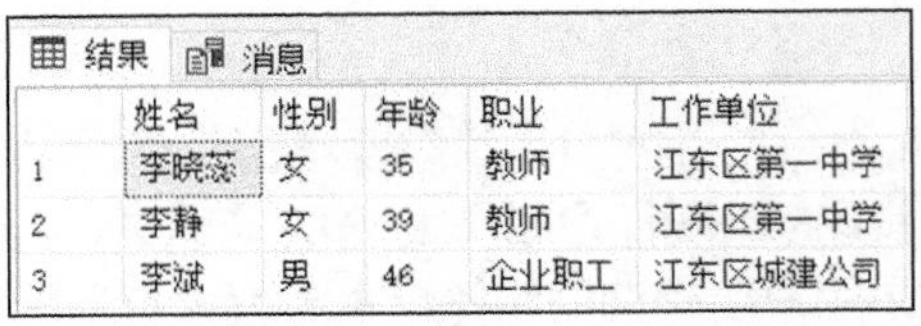

	姓名	性别	年龄	职业	工作单位
1	李晓蕊	女	35	教师	江东区第一中学
2	李静	女	39	教师	江东区第一中学
3	李斌	男	46	企业职工	江东区城建公司

图 6-11 含通配符"%"的查询

	姓名	性别	年龄	职业	工作单位
1	李晓蕊	女	35	教师	江东区第一中学
2	朱晓明	男	55	公务员	江东区国土局
3	白晓	女	31	教师	江东区第一小学

图 6-12 含通配符"_"和"%"的查询

6.3.3 带查找范围的查询

谓词 BETWEEN…AND…和 NOT BETWEEN…AND…可以分别用来查找属性值在和不在指定范围内的元组。其中，BETWEEN 后是范围的下限，AND 后是范围的上限。

【例 6.11】 查询年龄在 30～50 岁的借款人的姓名、性别、年龄、职业和工作单位。

```
SELECT 姓名, 性别, 年龄, 职业, 工作单位
FROM 借款人表
WHERE 年龄 BETWEEN 30 AND 50
```

查询结果如图 6-13 所示。

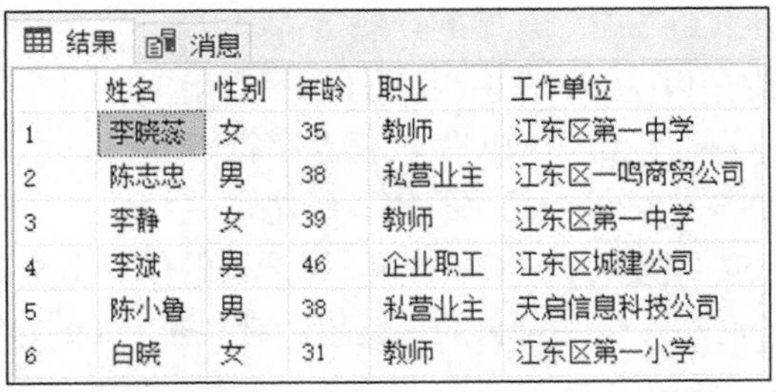

	姓名	性别	年龄	职业	工作单位
1	李晓蕊	女	35	教师	江东区第一中学
2	陈志忠	男	38	私营业主	江东区一鸣商贸公司
3	李静	女	39	教师	江东区第一中学
4	李斌	男	46	企业职工	江东区城建公司
5	陈小鲁	男	38	私营业主	天启信息科技公司
6	白晓	女	31	教师	江东区第一小学

图 6-13 使用 BETWEEN…AND…进行在某个范围内的查询

与 BETWEEN…AND…相对的谓词是 NOT BETWEEN…AND…。

【例 6.12】查询年龄不在 30～50 岁的借款人的姓名、性别、年龄、职业和工作单位。

```
SELECT 姓名, 性别, 年龄, 职业, 工作单位
FROM 借款人表
WHERE 年龄 NOT BETWEEN 30 AND 50
```

查询结果如图 6-14 所示。

	姓名	性别	年龄	职业	工作单位
1	赵鹏	男	52	公务员	江东区教育局
2	张远志	男	26	企业职工	中石化江东分公司
3	欧阳晓琳	女	23	公务员	江东区城建局
4	朱晓明	男	55	公务员	江东区国土局

图 6-14　使用 NOT BETWEEN…AND…进行不在某个范围内的查询

6.3.4　对查询结果进行排序

使用 ORDER BY 子句可以按一个或者多个属性列对查询结果进行排序。ORDER BY 子句通常位于 WHERE 子句的后面，默认的排序方式有升序和降序，分别使用关键字 ASC 和 DESC 来指定。其中，ASC 表示升序，DESC 表示降序，默认为升序。当排序列包含空值时，若使用 ASC 关键字，则排序列为空值的元组最后显示；若使用 DESC 关键字，则排序列为空值的元组最先显示。

【例 6.13】查询在编号为“B001”的银行有贷款记录的借款人编号及其贷款金额，并按贷款金额降序输出结果。

```
SELECT 借款人编号, 贷款金额
FROM 贷款表
WHERE 银行编号 = 'B001'
ORDER BY 贷款金额 DESC
```

查询结果如图 6-15 所示。

	借款人编号	贷款金额
1	P005	7000000.00
2	P009	4600000.00
3	P001	1300000.00
4	P008	1000000.00

图 6-15　基于单个属性对查询结果进行排序

当基于多个属性对查询结果进行排序时，出现在 ORDER BY 子句中的属性列的顺序是非常重要的，因为系统是按照属性列的先后顺序进行排序的。如果第一个属性相同，则依据第二个属性排序；如果第二个属性相同，则依据第三个属性排序；以此类推。另外，在执行多列排序时，每一个属性列都可以指定是升序还是降序。

【例 6.14】查询所有贷款记录信息，查询结果按贷款期数升序排列，同一贷款期数的贷款记录按贷款金额降序排列。

```
SELECT * FROM 贷款表
ORDER BY 贷款期数, 贷款金额 DESC
```

在该查询中，首先按照贷款期数进行升序排列（关键字 ASC 省略），然后对贷款期数相同的元组再按照贷款金额进行降序排列。查询结果如图 6-16 所示。

	借款人编号	银行编号	贷款金额	贷款期数	贷款时间	应还款日期
1	P008	B003	8000000.00	12	2020-03-14 00:00:00.000	2021-03-13 00:00:00.000
2	P007	B005	5000000.00	12	2021-02-27 00:00:00.000	2022-02-26 00:00:00.000
3	P010	B006	3200000.00	12	2021-12-19 00:00:00.000	2022-12-18 00:00:00.000
4	P001	B002	2200000.00	12	2021-11-07 00:00:00.000	2022-11-06 00:00:00.000
5	P001	B001	1300000.00	12	2021-09-21 00:00:00.000	2022-09-20 00:00:00.000
6	P005	B004	1200000.00	12	2020-11-24 00:00:00.000	2021-11-23 00:00:00.000
7	P005	B001	7000000.00	24	2015-05-11 00:00:00.000	2017-05-10 00:00:00.000
8	P004	B003	3000000.00	24	2017-01-21 00:00:00.000	2019-01-20 00:00:00.000
9	P009	B004	2100000.00	24	2020-09-12 00:00:00.000	2022-09-11 00:00:00.000
10	P010	B005	9800000.00	36	2021-11-30 00:00:00.000	2024-11-29 00:00:00.000
11	P009	B001	4600000.00	36	2018-07-06 00:00:00.000	2021-07-05 00:00:00.000
12	P007	B006	4000000.00	36	2019-08-17 00:00:00.000	2022-08-16 00:00:00.000
13	P003	B005	1500000.00	36	2020-08-23 00:00:00.000	2023-08-22 00:00:00.000
14	P008	B001	1000000.00	48	2018-05-12 00:00:00.000	2022-05-11 00:00:00.000
15	P007	B002	9000000.00	60	2020-03-09 00:00:00.000	2025-03-08 00:00:00.000
16	P010	B003	7900000.00	60	2016-11-18 00:00:00.000	2021-11-17 00:00:00.000

图 6-16　基于多个属性对查询结果进行排序

6.3.5　对查询结果进行 TOP 限制

当在查询语句中使用 ORDER BY 子句时，还可在 SELECT 子句中使用 TOP 关键字对查询结果进行限制。TOP 关键字表示仅在结果集中从前往后列出指定数量的数据行。如果在使用 TOP 关键字的 SELECT 语句中没有使用排序子句，则以随机顺序返回指定数量的数据行。

使用 TOP 关键字的基本语法格式有以下两种。

- TOP (*n*)：从前往后返回 *n* 行数据。
- TOP (*n*) PERCENT：按照百分比返回指定数量的数据行。

【例 6.15】查询借款人表中前 5 个借款人的信息。

```
SELECT TOP(5) *
FROM 借款人表
ORDER BY 借款人编号
```

本查询首先将结果集中的数据按照借款人编号升序排列，然后取出前 5 个输出。

【例 6.16】查询贷款金额排名在前 20%的借款人编号、银行编号和贷款金额。

```
SELECT TOP(20) PERCENT 借款人编号, 银行编号, 贷款金额
FROM 贷款表
ORDER BY 贷款金额 DESC
```

本例首先查询所有借款人的贷款记录，然后将得到的记录按照贷款金额降序排序，再从排序后的记录里取前 20%进行输出。输出结果如图 6-17 所示。

	借款人编号	银行编号	贷款金额
1	P010	B005	9800000.00
2	P007	B002	9000000.00
3	P008	B003	8000000.00
4	P010	B003	7900000.00

图 6-17　输出结果

有的读者或许会问，假如设定列出 4 行数据，但是如果第 5 行、第 6 行甚至更多行的数据和第 4 行的一样，那么这些行的数据是否会显示呢？例如，在例 6.16 中，结果集列出了 4 行数据，假设第 5 行数据中贷款金额也是 7900000.00，岂不丢失了一部分可以使用的信息？要解决这个问题很简单，只需要在 TOP 子句后面使用 WITH TIES 子句就可以了。例如，在例 6.16 中，将 SELECT 子句修改如下就可以

避免出现上述问题。

```
SELECT TOP(20) PERCENT WITH TIES 借款人编号，银行编号，贷款金额
```

6.4 聚合查询

在 SELECT 语句中使用统计函数可以得到很多有用的信息。SQL Server 2019 中主要包括以下 5 类统计函数（又称聚集函数或聚合函数）。

（1）计数

```
COUNT ( [ DISTINCT | ALL ] * )
COUNT ( [ DISTINCT | ALL ] )
```

（2）计算总和

```
SUM ( [ DISTINCT | ALL ] )
```

（3）计算平均值

```
AVG ( [ DISTINCT | ALL ] )
```

（4）求最大值

```
MAX ( [ DISTINCT | ALL ] )
```

（5）求最小值

```
MIN ( [ DISTINCT | ALL ] )
```

其中，DISTINCT 关键字用于指明在计算时取消指定列中的重复值，只处理唯一值；而 ALL 关键字则用于指明不取消重复值。默认情况下为 ALL。

【例 6.17】查询借款人总人数。

```
SELECT COUNT ( * )
FROM 借款人表
```

【例 6.18】查询有贷款记录的借款人人数。

由于一个借款人可能有多条贷款记录，所以在计算时要避免对一个借款人重复计数。所以可以使用 DISTINCT 关键字对借款人编号进行限定，保证对同一个借款人只计数一次。

```
SELECT COUNT(DISTINCT 借款人编号)
FROM 贷款表
```

【例 6.19】计算"B003"银行贷款金额的平均值。

```
SELECT AVG(贷款金额)
FROM 贷款表
WHERE 银行编号 = 'B003'
```

默认情况下，在数据检索结果中显示出来的列标题就是在定义数据表时使用的列名称。如果要显示的列在数据表中没有定义，如该例使用统计函数计算得到的列，在显示的时候是没有标题名的（标题上显示"无列名"）。为了方便用户理解结果集，可以在检索过程中根据需要改变显示的列标题，实际上就是为指定的列定义别名。

定义别名有两种方法，一种是使用等号（=），另一种是使用 AS 关键字。

- 使用等号时，语法格式为"新标题 = 列名"。
- 使用 AS 关键字时，语法格式为"列名 [AS] 新标题"（此时，AS 关键字可以省略）。

这里要注意的是，使用等号和 AS 关键字时，新标题和列名的顺序是不同的。

【例 6.20】查询在"B001"银行有贷款记录的借款人的最高贷款金额。

```
SELECT 银行B001 贷出的最高金额 = MAX(贷款金额)
FROM 贷款表
WHERE 银行编号 = 'B001'
```

该例为结果集中的列定义了一个新标题"银行 B001 贷出的最高金额",查询结果如图 6-18 所示。

本查询还可以写成如下形式。

```
SELECT MAX(贷款金额) 银行B001 贷出的最高金额
FROM 贷款表
WHERE 银行编号 = 'B001'
```

图 6-18 例 6.20 查询结果

如果结果集中的列名称很长,或者列名称不具有描述意义,或者只有表达式而没有列名称,这时使用别名改变列标题可以为用户带来很大的便利。

6.5 分组查询

使用 GROUP BY 子句可以将查询结果按属性进行分组,属性值相等的为一组。这样做的目的是细化统计函数的作用对象,如果未对查询结果分组,统计函数将作用于整个查询结果;而对查询结果分组后,统计函数将分别作用于每个组。

【例 6.21】查询所有有贷款记录的银行编号及相应的借款人数。

```
SELECT 银行编号, COUNT(借款人编号) AS 借款人数
FROM 贷款表
GROUP BY 银行编号
```

该语句首先对查询结果按银行编号的值进行分组,将所有具有相同银行编号的元组作为一组,然后对每一组使用 COUNT 函数计数,以求得相应组的借款人数。查询结果如图 6-19 所示。

如果分组后还要求按照一定的条件对这些分组进行筛选,最终只输出满足指定条件的分组,则可以使用 HAVING 子句指定筛选条件。

【例 6.22】查询银行贷款记录大于等于 3 条的银行编号和相应的借款人数。

```
SELECT 银行编号, COUNT(借款人编号) AS 借款人数
FROM 贷款表
GROUP BY 银行编号
HAVING COUNT(银行编号) >=3
```

查询结果如图 6-20 所示。

	银行编号	借款人数
1	B001	4
2	B002	2
3	B003	3
4	B004	2
5	B005	3
6	B006	2

图 6-19 例 6.21 查询结果

	银行编号	借款人数
1	B001	4
2	B003	3
3	B005	3

图 6-20 例 6.22 查询结果

这里先用 GROUP BY 子句按银行编号进行分组，再用统计函数 COUNT 对每一分组进行计数。HAVING 子句给出了输出结果的条件，只有满足这个条件（即元组个数≥3）的分组才会输出显示。

在使用 GROUP BY 和 HAVING 子句的过程中，需要注意以下几点。

- GROUP BY 子句作用对象是查询的中间结果表，它按照指定的一列或多列值进行分组，将值相等的归为一个分组。因此，使用 GROUP BY 子句后，SELECT 子句的列名列表中只能出现分组属性和统计函数。
- 由于 HAVING 子句是 GROUP BY 子句的条件，所以 HAVING 子句必须与 GROUP BY 子句同时出现，并且必须出现在 GROUP BY 子句之后。
- GROUP BY 子句可以包含表达式。
- 在 HAVING 子句中的列只返回一个值。

【例 6.23】查询有不少于 2 条贷款记录且贷款金额是 2000000 元以上的借款人编号及贷款记录数。

```
SELECT 借款人编号，COUNT(*)
FROM 贷款表
WHERE 贷款金额 > 2000000
GROUP BY 借款人编号
HAVING COUNT(*) >= 2
```

查询结果如图 6-21 所示。

图 6-21　例 6.23 查询结果

HAVING 子句与 WHERE 子句的区别在于作用对象不同。WHERE 子句作用于基本表或者视图，并从中选择满足条件的元组；而 HAVING 子句作用于分组，并从中选择满足条件的分组。

6.6 连接查询

为了提高数据表的设计质量，通常把相关的数据分散在不同的数据表中。但是，在实际使用时，往往需要同时从两个或两个以上的数据表中检索数据，并且每一个数据表中的数据往往以单独的列出现在结果集中。这种实现从两个或两个以上的数据表中检索数据且结果集中出现的列来自两个或两个以上数据表的检索操作称为连接查询，或者说，连接查询是指对两个或两个以上数据表中数据执行笛卡儿积运算的查询。连接查询是关系数据库中主要的查询，包括交叉连接、内连接和外连接 3 种。

连接运算与集合运算是不同的。在集合运算的结果集中，列的数量不发生变化，只是行的数量可能发生变化。但是，在连接运算的结果集中，列的数量经常会发生变化，并且行的数量也有可能发生变化。

连接查询可以在 SELECT 语句的 FROM 子句或 WHERE 子句中建立。在 FROM 子句中指出连接有助于将连接操作与 WHERE 子句中的检索条件区分开来，所以在 T-SQL 中推荐使用这种方法。

在 FROM 子句中指定连接条件的语法格式如下。

```
SELECT <目标列表达式>
FROM <表 1> 连接类型 <表 2>
[ ON （连接条件） ]
```

其中，连接类型可以是交叉连接（CROSS JOIN）、内连接（INNER JOIN）或者外连接（OUTER JOIN）；ON 子句指出连接条件，它由被连接表中的列和比较运算符、逻辑运算符等构成。

在 WHERE 子句中指定连接条件的语法格式如下。

```
SELECT <目标列表达式>
FROM <表 1>, <表 2>
[ WHERE （连接条件） ]
```

连接可以对同一个数据表进行操作，也可以对多个数据表进行操作。对同一个数据表的连接操作称作自连接（SELF JOIN）。

6.6.1　交叉连接查询

交叉连接也称为笛卡儿积，它返回两个数据表中所有数据行的全部组合。换句话说，交叉连接结果集中的数据行数等于第一个数据表中的数据行数乘以第二个数据表中的数据行数。

交叉连接查询使用关键字 CROSS JOIN 来创建，并且不带 WHERE 子句。例如，对借款人表和银行表执行交叉连接查询，语法格式如下。

```
SELECT * FROM 借款人表 CROSS JOIN 银行表
```

查询结果如图 6-22 所示。由于借款人表中有 10 行数据，银行表中有 7 行数据，因此查询结果集中包含 70 行数据。

	借款人编号	姓名	性别	年龄	电话	职业	工作单位	银行编号	银行名称	地址	所属城市	银行性质
61	P001	赵鹏	男	52	62599388	公务员	江东区教育局	B007	海河市银行(高新区支行)	海河市高新区鼓楼大街…	海河市	民营
62	P002	李晓蕊	女	35	86052415	教师	江东区第一中学	B007	海河市银行(高新区支行)	海河市高新区鼓楼大街…	海河市	民营
63	P003	张远志	男	26	6259938	企业职工	中石化江东分公司	B007	海河市银行(高新区支行)	海河市高新区鼓楼大街…	海河市	民营
64	P004	陈志忠	男	38	86608858	私营业主	江东一鸣商贸公司	B007	海河市银行(高新区支行)	海河市高新区鼓楼大街…	海河市	民营
65	P005	欧阳晓琳	女	23	86058806	公务员	江东区城建局	B007	海河市银行(高新区支行)	海河市高新区鼓楼大街…	海河市	民营
66	P006	李静	女	39	63556698	教师	江东区第一中学	B007	海河市银行(高新区支行)	海河市高新区鼓楼大街…	海河市	民营
67	P007	李斌	男	46	6259332	企业职工	江东区城管公司	B007	海河市银行(高新区支行)	海河市高新区鼓楼大街…	海河市	民营
68	P008	陈小鲁	男	38	86608875	私营业主	天启信息科技公司	B007	海河市银行(高新区支行)	海河市高新区鼓楼大街…	海河市	民营
69	P009	朱晓明	男	55	65599222	公务员	江东区国土局	B007	海河市银行(高新区支行)	海河市高新区鼓楼大街…	海河市	民营
70	P010	白晓	女	31	86607005	教师	江东区第一小学	B007	海河市银行(高新区支行)	海河市高新区鼓楼大街…	海河市	民营

图 6-22　交叉连接查询结果

在实际应用中，交叉连接查询使用得比较少，但它是理解内连接查询和外连接查询的基础。

6.6.2　内连接查询

内连接使用比较运算符进行数据表之间某（些）列数据的比较操作，并列出数据表中与连接条件相匹配的数据行。根据所使用的比较方式，内连接分为等值连接、非等值连接、自然连接和自连接 4 种。

1．等值与非等值连接查询

连接查询中用来连接两个数据表的条件称为连接条件或连接谓词，它的一般语法格式如下。

表名1.列名1 比较运算符 表名2.列名2

可以使用的比较运算符有>、>=、=、<、<=、!=（或<>），还可以使用 BETWEEN…AND…之类的谓词。当连接运算符为等号（=）时，连接查询称为等值连接查询；而使用其他比较运算符就构成了非等值连接查询。

【例 6.24】查询每个借款人及其贷款的情况。

借款人情况存放在借款人表中，借款人贷款情况存放在贷款表中。所以，本查询涉及借款人表与贷款表两个数据表，这两个数据表之间的联系可以通过公共属性借款人编号实现。

方法一：在 FROM 子句中指定连接。

SELECT 借款人表.*，贷款表.*

FROM 借款人表 INNER JOIN 贷款表

ON 借款人表.借款人编号 = 贷款表.借款人编号

方法二：在 WHERE 子句中指定连接。

SELECT 借款人表.*，贷款表.*

FROM 借款人表，贷款表

WHERE 借款人表.借款人编号 = 贷款表.借款人编号

查询结果如图 6-23 所示。

	借款人编号	姓名	性别	年龄	电话	职业	工作单位	借款人编号	银行编号	贷款金额	贷款期数	贷款时间	应还款日期
1	P001	赵鹏	男	52	62599388	公务员	江东区教育局	P001	B001	1300000.00	12	2021-09-21 00:00:00.000	2022-09-20 00:00:00.000
2	P001	赵鹏	男	52	62599388	公务员	江东区教育局	P001	B002	2200000.00	12	2021-11-07 00:00:00.000	2022-11-06 00:00:00.000
3	P003	张远志	男	26	6259938	企业职工	中石化江东分公司	P003	B005	1500000.00	36	2020-08-23 00:00:00.000	2023-08-22 00:00:00.000
4	P004	陈志忠	男	38	86608858	私营业主	江东区一鸣商贸公司	P004	B003	3000000.00	24	2017-01-21 00:00:00.000	2019-01-20 00:00:00.000
5	P005	欧阳晓琳	女	23	86058806	公务员	江东区城建局	P005	B001	7000000.00	24	2015-05-11 00:00:00.000	2017-05-10 00:00:00.000
6	P005	欧阳晓琳	女	23	86058806	公务员	江东区城建局	P005	B004	1200000.00	12	2021-11-24 00:00:00.000	2022-11-23 00:00:00.000
7	P007	李斌	男	46	6259332	企业职工	江东区城建公司	P007	B002	9000000.00	60	2020-03-09 00:00:00.000	2025-03-08 00:00:00.000
8	P007	李斌	男	46	6259332	企业职工	江东区城建公司	P007	B005	5000000.00	12	2021-02-27 00:00:00.000	2022-02-26 00:00:00.000
9	P007	李斌	男	46	6259332	企业职工	江东区城建公司	P007	B006	4000000.00	36	2019-08-17 00:00:00.000	2022-08-16 00:00:00.000
10	P008	陈小鲁	男	38	86608875	私营业主	天启信息科技公司	P008	B001	1000000.00	48	2018-05-12 00:00:00.000	2022-05-11 00:00:00.000
11	P008	陈小鲁	男	38	86608875	私营业主	天启信息科技公司	P008	B003	8000000.00	12	2020-03-14 00:00:00.000	2021-03-13 00:00:00.000
12	P009	朱晓明	男	55	65599222	公务员	江东区国土局	P009	B001	4600000.00	36	2018-07-06 00:00:00.000	2021-07-05 00:00:00.000
13	P009	朱晓明	男	55	65599222	公务员	江东区国土局	P009	B004	2100000.00	24	2020-09-12 00:00:00.000	2022-09-11 00:00:00.000
14	P010	白晓	女	31	86607005	教师	江东区第一小学	P010	B001	7900000.00	60	2016-11-18 00:00:00.000	2021-11-17 00:00:00.000
15	P010	白晓	女	31	86607005	教师	江东区第一小学	P010	B005	9800000.00	36	2021-11-30 00:00:00.000	2024-11-29 00:00:00.000
16	P010	白晓	女	31	86607005	教师	江东区第一小学	P010	B006	3200000.00	12	2021-12-19 00:00:00.000	2022-12-18 00:00:00.000

图 6-23　等值连接查询结果

在本例中，SELECT 子句、ON 子句与 WHERE 子句中的属性名之前都加上了表名前缀，这是为了避免混淆，因为在借款人表和贷款表中都有借款人编号这个属性。如果属性名在参加连接的各数据表中是唯一的，则可以省略表名前缀。

SQL Server 2019 执行该连接查询的过程如下。

（1）在借款人表中找到第一个元组，然后从头开始扫描贷款表，逐一查找与借款人表第一个元组的借款人编号相等的贷款表元组。

（2）将借款人表中的第一个元组与该元组拼接起来，形成结果表中的一个元组。

（3）贷款表全部查找完后，再找借款人表中的第二个元组，然后从头开始扫描贷款表，逐一查找满足连接条件的元组，找到后就将借款人表中的第二个元组与该元组拼接起来，形成结果表中的一个元组。

（4）重复以上操作，直到借款人表中的全部元组都处理完毕。

一般情况下，非等值连接没有多大意义，不单独使用，它通常和等值连接一起组成复合条件，共同完成查询任务。

【例 6.25】查询每个借款人贷款金额大于 3000000 元的贷款。

借款人情况存放在借款人表中，借款人贷款情况存放在贷款表中。所以，本查询涉及借款人表与贷款表两个数据表，这两个数据表之间的联系可以通过公共属性借款人编号实现。

方法一：在 FROM 子句中指定连接。

```
SELECT 借款人表.*, 贷款表.*
FROM 借款人表 INNER JOIN 贷款表
ON 借款人表.借款人编号 = 贷款表.借款人编号 AND 贷款表.贷款金额 > 3000000
```

方法二：在 WHERE 子句中指定连接。

```
SELECT 借款人表.*, 贷款表.*
FROM 借款人表, 贷款表
WHERE 借款人表.借款人编号 = 贷款表.借款人编号 AND 贷款表.贷款金额 > 3000000
```

查询结果如图 6-24 所示。

	借款人编号	姓名	性别	年龄	电话	职业	工作单位	借款人编号	银行编号	贷款金额	贷款期数	贷款时间	应还款日期
1	P005	欧阳晓琳	女	23	86058806	公务员	江东区城建局	P005	B001	7000000.00	24	2015-05-11 00:00:00.000	2017-05-10 00:00:00.000
2	P007	李斌	男	46	6259332	企业职工	江东区城建公司	P007	B002	9000000.00	60	2020-03-09 00:00:00.000	2025-03-08 00:00:00.000
3	P007	李斌	男	46	6259332	企业职工	江东区城建公司	P007	B005	5000000.00	12	2021-02-27 00:00:00.000	2022-02-26 00:00:00.000
4	P007	李斌	男	46	6259332	企业职工	江东区城建公司	P007	B006	4000000.00	36	2019-08-17 00:00:00.000	2022-08-16 00:00:00.000
5	P008	陈小鲁	男	38	86608875	私营业主	天启信息科技公司	P008	B003	8000000.00	12	2020-03-14 00:00:00.000	2021-03-13 00:00:00.000
6	P009	朱晓明	男	55	65599222	公务员	江东区国土局	P009	B001	4600000.00	36	2018-07-06 00:00:00.000	2021-07-05 00:00:00.000
7	P010	白晓	女	31	86607005	教师	江东区第一小学	P010	B003	7900000.00	60	2016-11-18 00:00:00.000	2021-11-17 00:00:00.000
8	P010	白晓	女	31	86607005	教师	江东区第一小学	P010	B005	9800000.00	36	2021-11-30 00:00:00.000	2024-11-29 00:00:00.000
9	P010	白晓	女	31	86607005	教师	江东区第一小学	P010	B006	3200000.00	12	2021-12-19 00:00:00.000	2022-12-18 00:00:00.000

图 6-24　非等值连接查询结果

2. 自然连接查询

从图 6-23 和图 6-24 的查询结果可以看出，对两个数据表进行等值连接查询和非等值连接查询后，在结果集中出现了重复列：借款人编号。如果在进行连接时目标列不使用"*"而使用指定列，从而把结果集中重复的属性列去掉，就形成了自然连接。

例如，在例 6.24 中，查询每个借款人贷款的情况并去掉重复列，可以使用下面的 SQL 语句。

```
SELECT 借款人表.借款人编号, 姓名, 性别, 年龄, 电话, 职业, 工作单位, 银行编号, 贷款金额, 贷款期数, 贷款时间, 应还款日期
FROM 借款人表 INNER JOIN 贷款表
ON 借款人表.借款人编号 = 贷款表.借款人编号
```

同样地，也可以在 WHERE 子句中指定连接条件进行查询。

```
SELECT 借款人表.借款人编号, 姓名, 性别, 年龄, 电话, 职业, 工作单位, 银行编号, 贷款金额, 贷款期数, 贷款时间, 应还款日期
FROM 借款人表, 贷款表
WHERE 借款人表.借款人编号 = 贷款表.借款人编号
```

查询结果如图 6-25 所示。

	借款人编号	姓名	性别	年龄	电话	职业	工作单位	银行编号	贷款金额	贷款期数	贷款时间	应还款日期
1	P001	赵鹏	男	52	62599388	公务员	江东区教育局	B001	1300000.00	12	2021-09-21 00:00:00.000	2022-09-20 00:00:00.000
2	P001	赵鹏	男	52	62599388	公务员	江东区教育局	B002	2200000.00	12	2021-11-07 00:00:00.000	2022-11-06 00:00:00.000
3	P003	张远志	男	26	6259938	企业职工	中石化江东分公司	B005	1500000.00	36	2020-08-23 00:00:00.000	2023-08-22 00:00:00.000
4	P004	陈志忠	男	38	86608858	私营业主	江东一鸣商贸公司	B003	2700000.00	24	2017-01-21 00:00:00.000	2019-01-20 00:00:00.000
5	P005	欧阳晓琳	女	23	86058806	公务员	江东区城建局	B001	7000000.00	24	2015-05-11 00:00:00.000	2017-05-10 00:00:00.000
6	P005	欧阳晓琳	女	23	86058806	公务员	江东区城建局	B004	1200000.00	12	2020-11-24 00:00:00.000	2021-11-23 00:00:00.000
7	P007	李斌	男	46	6259332	企业职工	江东区城建公司	B002	9000000.00	60	2020-03-09 00:00:00.000	2025-03-08 00:00:00.000
8	P007	李斌	男	46	6259332	企业职工	江东区城建公司	B005	5000000.00	12	2021-02-27 00:00:00.000	2022-02-26 00:00:00.000
9	P007	李斌	男	46	6259332	企业职工	江东区城建公司	B006	4000000.00	36	2019-08-17 00:00:00.000	2022-08-16 00:00:00.000
10	P008	陈小鲁	男	38	86608875	私营业主	天启信息科技公司	B001	1000000.00	48	2018-05-12 00:00:00.000	2022-05-11 00:00:00.000
11	P008	陈小鲁	男	38	86608875	私营业主	天启信息科技公司	B003	8000000.00	12	2020-03-14 00:00:00.000	2021-03-13 00:00:00.000
12	P009	朱晓明	男	55	65599222	公务员	江东区国土局	B001	4600000.00	36	2018-07-06 00:00:00.000	2021-07-05 00:00:00.000
13	P009	朱晓明	男	55	65599222	公务员	江东区国土局	B002	2100000.00	12	2020-09-12 00:00:00.000	2021-09-11 00:00:00.000
14	P010	白晓	女	31	86607005	教师	江东区第一小学	B003	7900000.00	60	2016-11-18 00:00:00.000	2021-11-17 00:00:00.000
15	P010	白晓	女	31	86607005	教师	江东区第一小学	B005	9800000.00	36	2021-11-30 00:00:00.000	2024-11-29 00:00:00.000
16	P010	白晓	女	31	86607005	教师	江东区第一小学	B006	3200000.00	12	2021-12-19 00:00:00.000	2022-12-18 00:00:00.000

图 6-25　自然连接查询结果

3．自连接查询

连接查询不仅可以在不同数据表之间进行，也可以使一个数据表同其自身进行连接，这种连接称为自连接，相应的查询称为自连接查询。

【例 6.26】查找与"赵鹏"职业相同的借款人的姓名、年龄、职业和工作单位。

首先要查询出借款人"赵鹏"的职业（在借款人表中，可以将其称为 S1 表），然后找出从事该职业的所有借款人（也在借款人表中，可以将其称为 S2 表）的姓名、年龄、职业和工作单位。这相当于将借款人表与其自身连接后（连接条件是两个数据表的"职业"属性相同），取第二个数据表的姓名、年龄、职业和工作单位作为目标列中的属性。最后，在查询结果中去除与查询条件相同的数据（S2.姓名 != '赵鹏'）。因此，完成该查询的 SQL 语句如下。

```
SELECT S2.姓名, S2.年龄, S2.职业, S2.工作单位
FROM 借款人表 S1 INNER JOIN 借款人表 S2 ON S1.职业 = S2.职业
WHERE S1.姓名 = '赵鹏' AND S2.姓名 != '赵鹏'
```

查询结果如图 6-26 所示。

	姓名	年龄	职业	工作单位
1	欧阳晓琳	23	公务员	江东区城建局
2	朱晓明	55	公务员	江东区国土局

图 6-26　自连接查询结果

6.6.3　外连接查询

在内连接操作中，只有满足连接条件的元组才能被作为查询结果输出，如在例 6.24 输出的结果表中没有关于 P002 和 P006 借款人的信息，原因在于他们没有贷款记录，即在贷款表中没有相应的元组。但是，有时需要以借款人表为主体列出每个借款人的基本情况及其贷款情况，若某个借款人没有贷款记录，则只输出其基本情况信息，其贷款情况为空值即可，这时可以使用外连接。

在 SQL Server 2019 中，可以使用 3 种外连接关键字，即 LEFT OUTER JOIN、RIGHT OUTER JOIN 和 FULL OUTER JOIN。LEFT OUTER JOIN 表示左外连接，结果集中将包含满足检索条件的所有数据和第一个连接表中不满足条件的数据（对应第二个数据表中的数据为

数据查询／第6章

NULL）。RIGHT OUTER JOIN 表示右外连接，结果集中将包含满足检索条件的所有数据和第二个连接表中不满足条件的数据（对应第一个数据表中的数据为 NULL）。FULL OUTER JOIN 表示全外连接，它综合了左外连接和右外连接的特点，把两个连接表中不满足条件的数据集中起来输出在查询结果集中，这些数据在另外一个数据表中的对应值是 NULL。

【例 6.27】查询所有借款人贷款的情况，包括没有贷款记录的借款人。

本例和例 6.24 不同的地方在于，例 6.24 只输出有贷款记录的借款人信息，而本例却要求输出全部借款人信息。因此，必须使用外连接才能实现本例查询。SQL 语句如下。

```
SELECT 借款人表.*, 贷款表.*
FROM 借款人表 LEFT OUTER JOIN 贷款表
ON 借款人表.借款人编号 = 贷款表.借款人编号
```

在该查询语句中，使用了左外连接。所以借款人表中的数据将全部输出，而不满足检索条件的数据记录在对应的贷款表中都用 NULL 表示。查询结果如图 6-27 所示。

	借款人编号	姓名	性别	年龄	电话	职业	工作单位	借款人编号	银行编号	贷款金额	贷款期数	贷款时间	应还款日期
1	P001	赵鹏	男	52	62599388	公务员	江东区教育局	P001	B001	1300000.00	12	2021-09-21 00:00:00.000	2022-09-20 00:00:00.000
2	P001	赵鹏	男	52	62599388	公务员	江东区教育局	P001	B002	2200000.00	12	2021-11-07 00:00:00.000	2022-11-06 00:00:00.000
3	P002	李晓蕊	女	35	86052415	教师	江东区第一中学	NULL	NULL	NULL	NULL	NULL	NULL
4	P003	张远志	男	26	6259938	企业职工	中石化江东分公司	P003	B005	1500000.00	36	2020-08-23 00:00:00.000	2023-08-22 00:00:00.000
5	P004	陈志忠	男	38	86608858	私营业主	江东区一鸣商贸公司	P004	B003	3000000.00	24	2017-01-21 00:00:00.000	2019-01-20 00:00:00.000
6	P005	欧阳晓琳	女	23	86058806	公务员	江东区城建局	P005	B001	7000000.00	24	2015-05-11 00:00:00.000	2017-05-10 00:00:00.000
7	P005	欧阳晓琳	女	23	86058806	公务员	江东区城建局	P005	B004	1200000.00	12	2020-11-24 00:00:00.000	2021-11-23 00:00:00.000
8	P006	李静	女	39	63556698	教师	江东区第一中学	NULL	NULL	NULL	NULL	NULL	NULL
9	P007	李斌	男	46	6259332	企业职工	江东区城建公司	P007	B002	9000000.00	60	2020-03-09 00:00:00.000	2025-03-08 00:00:00.000
10	P007	李斌	男	46	6259332	企业职工	江东区城建公司	P007	B005	5000000.00	12	2021-02-27 00:00:00.000	2022-02-26 00:00:00.000
11	P007	李斌	男	46	6259332	企业职工	江东区城建公司	P007	B006	4000000.00	36	2019-08-17 00:00:00.000	2022-08-16 00:00:00.000
12	P008	陈小鲁	男	38	86608875	私营业主	天启信息科技公司	P008	B001	1000000.00	48	2018-05-12 00:00:00.000	2022-05-11 00:00:00.000
13	P008	陈小鲁	男	38	86608875	私营业主	天启信息科技公司	P008	B003	8000000.00	12	2020-03-14 00:00:00.000	2021-03-13 00:00:00.000
14	P009	朱麟明	男	55	65599222	公务员	江东区国土局	P009	B002	4600000.00	36	2018-07-06 00:00:00.000	2021-07-05 00:00:00.000
15	P009	朱麟明	男	55	65599222	公务员	江东区国土局	P009	B004	2100000.00	12	2020-09-12 00:00:00.000	2021-09-11 00:00:00.000
16	P010	白晓	女	31	86607005	教师	江东区第一小学	P010	B003	7900000.00	60	2016-11-18 00:00:00.000	2021-11-17 00:00:00.000
17	P010	白晓	女	31	86607005	教师	江东区第一小学	P010	B005	9800000.00	36	2021-11-30 00:00:00.000	2024-11-29 00:00:00.000
18	P010	白晓	女	31	86607005	教师	江东区第一小学	P010	B006	3200000.00	12	2021-12-19 00:00:00.000	2022-12-18 00:00:00.000

图 6-27　查询结果

本例也可以用右外连接来完成，这时只需要把借款人表和贷款表的位置调换一下即可。SQL 语句如下。

```
SELECT 借款人表.*, 贷款表.*
FROM 贷款表 RIGHT OUTER JOIN 借款人表
ON 借款人表.借款人编号 = 贷款表.借款人编号
```

该语句的执行结果同上述左外连接查询的完全一样。

【例 6.28】查询所有借款人的借款人编号、姓名、职业和贷款金额，以及所有银行的银行编号和银行名称。

这里要求检索所有借款人的贷款情况和所有银行的贷款记录，可以使用全外连接来实现。SQL 语句如下。

```
SELECT 借款人表.借款人编号, 借款人表.姓名, 借款人表.职业, 贷款表.贷款金额, 银行表.银行编号, 银行表.银行名称
FROM 贷款表
FULL OUTER JOIN 借款人表 ON 借款人表.借款人编号 = 贷款表.借款人编号
FULL OUTER JOIN 银行表 ON 贷款表.银行编号 = 银行表.银行编号
```

查询结果如图 6-28 所示。

	借款人编号	姓名	职业	贷款金额	银行编号	银行名称
1	P001	赵鹏	公务员	1300000.00	B001	中国工商银行(江东区支行)
2	P001	赵鹏	公务员	2200000.00	B002	中国民生银行(江东区支行)
3	P003	张远志	企业职工	1500000.00	B005	中国工商银行(东风路支行)
4	P004	陈志忠	私营业主	3000000.00	B003	招商银行(金融街支行)
5	P005	欧阳晓琳	公务员	7000000.00	B001	中国工商银行(江东区支行)
6	P005	欧阳晓琳	公务员	1200000.00	B004	中国工商银行(金水区支行)
7	P007	李斌	企业职工	9000000.00	B002	中国民生银行(江东区支行)
8	P007	李斌	企业职工	5000000.00	B005	中国工商银行(东风路支行)
9	P007	李斌	企业职工	4000000.00	B006	海河市银行(江东区支行)
10	P008	陈小鲁	私营业主	1000000.00	B001	中国工商银行(江东区支行)
11	P008	陈小鲁	私营业主	8000000.00	B003	招商银行(金融街支行)
12	P009	朱晓明	公务员	4600000.00	B001	中国工商银行(江东区支行)
13	P009	朱晓明	公务员	2100000.00	B004	中国工商银行(金水区支行)
14	P010	白晓	教师	7900000.00	B003	招商银行(金融街支行)
15	P010	白晓	教师	9800000.00	B005	中国工商银行(东风路支行)
16	P010	白晓	教师	3200000.00	B006	海河市银行(江东区支行)
17	P002	李晓蕊	教师	NULL	NULL	NULL
18	P006	李静	教师	NULL	NULL	NULL
19	NULL	NULL	NULL	NULL	B007	海河市银行(高新区支行)

图 6-28　全外连接查询结果

6.7　嵌套查询

在 SQL 中，一个 SELECT…FROM…WHERE…语句称为一个查询块。将一个查询块嵌套在另一个查询块的 WHERE 子句或 HAVING 子句中的查询称为嵌套查询。示例如下。

```
SELECT 姓名
FROM 借款人表
WHERE 借款人编号 IN
(    SELECT 借款人编号
    FROM 贷款表
    WHERE 银行编号 = 'B001' )
```

其中，下层查询块"SELECT 借款人编号 FROM 贷款表 WHERE 银行编号 = 'B001'"是嵌套在上层查询块"SELECT 姓名 FROM 借款人表 WHERE 借款人编号 IN"的 WHERE 子句中的。这时，上层查询块称为外层查询或父查询，下层查询块称为内层查询或子查询。

当查询语句比较复杂、不容易理解，或者一个查询依赖于另外一个查询结果时，就可以使用嵌套查询。SQL 允许多层嵌套查询，即一个子查询中还可以嵌套其他子查询。在使用子查询时，需要注意以下几点：

- 子查询必须使用圆括号括起来；
- 子查询中不能单独使用 ORDER BY 子句；
- 如果子查询中使用了 ORDER BY 子句，则 ORDER BY 子句必须与 TOP 子句同时出现；

- 嵌套查询一般的求解方法是由里向外，即每个子查询要在上一级查询处理之前求解，子查询的结果用于建立父查询所要使用的查找条件。

6.7.1 带 IN 的嵌套查询

在嵌套查询中，子查询的查询结果往往是一个集合。所以，谓词 IN 是嵌套查询中较常使用的谓词，其主要使用方式如下。

```
WHERE <条件表达式>
IN （ 子查询 ）
```

【例 6.29】查询与"P003"借款人在同一家银行贷款的借款人编号。

对于该查询任务，首先分步完成此查询，然后构造嵌套查询。

（1）确定"P003"借款人贷款所在的银行编号。

```
SELECT 银行编号
FROM 贷款表
WHERE 借款人编号 = 'P003'
```

查询结果为"B005"，如图 6-29 所示。

（2）查找所有在"B005"银行贷款的借款人编号。

```
SELECT 借款人编号
FROM 贷款表
WHERE 银行编号 = 'B005'
```

查询结果如图 6-30 所示。

图 6-29　查询"P003"借款人贷款所在的银行编号　　图 6-30　查询在"B005"银行贷款的借款人编号

将第（1）步查询嵌入第（2）步查询中，构造出嵌套查询，SQL 语句如下。

```
SELECT 借款人编号
FROM 贷款表
WHERE 银行编号 IN
(    SELECT 银行编号
     FROM 贷款表
     WHERE 借款人编号 = 'P003' )
```

【例 6.30】查询在中国工商银行金水区支行有贷款的借款人姓名、性别和年龄。

本查询涉及借款人姓名、性别、年龄和银行名称 4 个属性，其中借款人姓名、性别和年龄存放在借款人表中，银行名称存放在银行表中。由于这两个数据表之间没有直接的联系，所以需要通过贷款表建立二者之间的联系。因此，本查询实际上涉及 3 个数据表。

```
SELECT 姓名, 性别, 年龄  --③最后在借款人表中检索相应借款人的姓名、性别和年龄
FROM 借款人表
WHERE 借款人编号 IN
```

```
(   SELECT 借款人编号      --②然后从贷款表中找出在 B004 银行有贷款的借款人编号
    FROM 贷款表
    WHERE 银行编号 IN
    (   SELECT 银行编号  --①首先在银行表中找出“中国工商银行金水区支行”的银行编号，结果为 B004
        FROM 银行表
        WHERE 银行名称 = '中国工商银行金水区支行' ) )
```

查询结果如图 6-31 所示。

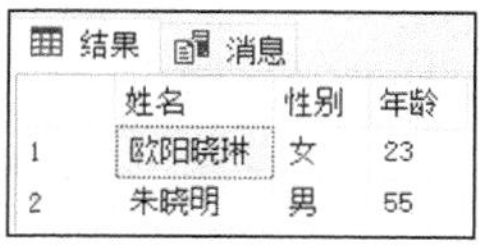

	姓名	性别	年龄
1	欧阳晓琳	女	23
2	朱晓明	男	55

图 6-31　查询在中国工商银行金水区支行有贷款记录的借款人信息

由例 6.29 和例 6.30 可以看出，当查询任务涉及多个数据表（关系）时，用嵌套查询逐步求解，层次清楚、易于构造，具有结构化程序设计的特点。

6.7.2　带比较运算符的嵌套查询

带有比较运算符的嵌套查询是指父查询与子查询之间用比较运算符进行连接。当用户能确切知道内层查询返回的是单值时，可以用=、>、<、>=、<=、!=或< >等比较运算符。

例如，在例 6.29 中，由于“P003”借款人只在一家银行有贷款，也就是说子查询的结果是一个值，因此可以用“=”代替“IN”，其 SQL 语句如下。

```
SELECT 借款人编号
FROM 贷款表
WHERE 银行编号 =
(   SELECT 银行编号
    FROM 贷款表
    WHERE 借款人编号 = 'P003' )
```

需要注意的是，子查询一定要跟在比较运算符之后。比如，下列写法是错误的。

```
SELECT 借款人编号
FROM 贷款表
WHERE ( SELECT 银行编号
    FROM 贷款表
    WHERE 借款人编号 = 'P003' ) = 银行编号
```

在例 6.29 和例 6.30 中的各个子查询都只执行一次，其查询结果用于父查询。子查询的条件不依赖于父查询，这类子查询称为不相关子查询。一般来说，不相关子查询是比较简单的一类子查询。如果子查询的查询条件依赖于父查询，这类子查询称为相关子查询。例 6.31 就是一个相关子查询的例子。

【例 6.31】 对于每个借款人，若其某次贷款金额超过其平均贷款金额，则输出该次贷款对应的借款人编号、银行编号和贷款金额。

```
SELECT 借款人编号，银行编号，贷款金额
FROM 贷款表 x
WHERE 贷款金额 >=
```

```
(    SELECT AVG(贷款金额)
    FROM 贷款表 y
    WHERE y.借款人编号 = x.借款人编号 )
```

"x"是贷款表的别名，又称为元组变量，可以用来表示贷款表的一个元组。内层查询用于求一个借款人的平均贷款金额，至于是哪个借款人的平均贷款金额则要看参数"x.借款人编号"的值，而该值是与父查询相关的。因此，这类查询称为相关子查询。

6.7.3　带 ANY 或 ALL 的嵌套查询

当子查询返回单值时，可以使用比较运算符。但是，当子查询返回多个值时，要用 ANY 或 ALL 关键词，此时也要使用比较运算符，具体语义如下。

- >ANY：大于子查询结果中的某个值。
- >ALL：大于子查询结果中的所有值。
- <ANY：小于子查询结果中的某个值。
- <ALL：小于子查询结果中的所有值。
- >=ANY：大于等于子查询结果中的某个值。
- >=ALL：大于等于子查询结果中的所有值。
- <=ANY：小于等于子查询结果中的某个值。
- <=ALL：小于等于子查询结果中的所有值。
- =ANY：等于子查询结果中的某个值。
- =ALL：等于子查询结果中的所有值（通常没有实际意义）。
- !=（或<>）ANY：不等于子查询结果中的某个值。
- !=（或<>）ALL：不等于子查询结果中的任何一个值。

【例 6.32】查询非教师职业中比某位教师年龄小的借款人姓名、性别、年龄和职业。

```
SELECT 姓名, 性别, 年龄, 职业
FROM 借款人表
WHERE 年龄 < ANY ( SELECT 年龄
    FROM 借款人表
    WHERE 职业 = '教师' )
AND 职业 != '教师'
```

查询结果如图 6-32 所示。

	姓名	性别	年龄	职业
1	张远志	男	26	企业职工
2	陈志忠	男	38	私营业主
3	欧阳晓琳	女	23	公务员
4	陈小鲁	男	38	私营业主

图 6-32　例 6.32 查询结果

系统执行此查询时，首先处理子查询，找出教师职业中所有借款人的年龄，构成一个集合 {31,35,39}。然后处理父查询，找出所有非教师职业且年龄小于 31、35 或 39 的借款人信息。

本查询也可以使用统计函数来实现。首先用子查询找出教师职业中借款人的最大年龄（39），然后在父查询中找出所有非教师职业中年龄小于 39 的借款人。SQL 语句如下。

```
SELECT 姓名, 性别, 年龄, 职业
FROM 借款人表
WHERE 年龄 < ( SELECT MAX(年龄)
    FROM 借款人表
    WHERE 职业 = '教师' )
AND 职业 != '教师'
```

【例 6.33】查询非教师职业中比所有教师年龄都小的借款人姓名、性别、年龄和职业。

```
SELECT 姓名, 性别, 年龄, 职业
FROM 借款人表
WHERE 年龄 < ALL ( SELECT 年龄
    FROM 借款人表
    WHERE 职业 = '教师' )
AND 职业 != '教师'
```

本查询同样也可以用统计函数来实现，SQL 语句如下。

```
SELECT 姓名, 性别, 年龄, 职业
FROM 借款人表
WHERE 年龄 < ( SELECT MIN(年龄)
    FROM 借款人表
    WHERE 职业 = '教师' )
AND 职业 != '教师'
```

6.7.4　带 EXISTS 的嵌套查询

EXISTS 代表存在谓词。带有 EXISTS 谓词的子查询不返回任何数据，只产生逻辑真值 "True" 或逻辑假值 "False"。

【例 6.34】查询所有在"B006"银行有贷款的借款人姓名、性别、年龄和工作单位。

本查询涉及借款人表和贷款表，可以在借款人表中依次取出每个元组的借款人编号值，再用这个值去检索贷款表。若贷款表中存在这样的元组，其借款人编号值等于此借款人表.借款人编号值，并且银行编号为"B006"，则取此借款人的姓名、性别、年龄和工作单位送入查询结果集中。SQL 语句如下。

```
SELECT 姓名, 性别, 年龄, 工作单位
FROM 借款人表
WHERE EXISTS
(   SELECT *
    FROM 贷款表
    WHERE 借款人编号 = 借款人表.借款人编号 AND 银行编号 = 'B006' )
```

查询结果如图 6-33 所示。

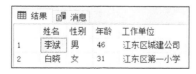

图 6-33　在"B006"银行有贷款的借款人信息

使用存在谓词 EXISTS 后，若内层查询结果非空，则外层的 WHERE 子句返回真值，否则返回假值。

从例 6.34 可以看出，当使用了 EXISTS 谓词时，可以在子查询的列表达式中使用星号 "*" 代替所有的列名。这是因为当使用 EXISTS 谓词时，子查询不返回数据，而是判断子查询是否存在数据，这时给出列名没有实际意义。

在例 6.34 中，子查询的查询条件依赖于外层父查询的借款人编号值，因此该例属于相关子查询。求解相关子查询不能像求解不相关子查询那样，一次性将子查询求解出来，然后求解父查询。由于内层查询与外层查询存在相关性，因此必须反复求值。从概念上讲，例 6.34 中相关子查询的处理过程如下。

首先取外层借款人表中的第一个元组，根据它与内层查询相关的属性值（借款人编号）处理内层查询，如果 WHERE 子句返回值为真，则取外层查询中该元组放入结果表；然后取外层查询表（借款人表）中的下一个元组；重复这一过程，直到外层查询表全部检查完为止。

与 EXISTS 谓词相对应的是 NOT EXISTS 谓词。使用 NOT EXISTS 后，若内层查询结果为空，则外层的 WHERE 子句返回真值，否则返回假值。

【例 6.35】查询 "B003" 银行没有贷款的所有借款人姓名、性别和年龄。

```
SELECT 姓名, 性别, 年龄
FROM 借款人表
WHERE NOT EXISTS
(   SELECT *
    FROM 贷款表
    WHERE 借款人编号 = 借款人表.借款人编号 AND 银行编号 = 'B003' )
```

查询结果如图 6-34 所示。

	姓名	性别	年龄
1	赵鹏	男	52
2	李晓蕊	女	35
3	张远志	男	26
4	欧阳晓琳	女	23
5	李静	女	39
6	李斌	男	46
7	朱晓明	男	55

图 6-34　在 "B003" 银行没有贷款的所有借款人信息

一些带有 EXISTS 或 NOT EXISTS 谓词的子查询不能被其他形式的子查询等价替换，但所有带 IN 谓词、比较运算符、ANY 和 ALL 谓词的子查询都能用含有 EXISTS 谓词的子查询等价替换。例如，带有 IN 谓词的例 6.29 中的子查询可以用以下带 EXISTS 谓词的子查询替换。

```
SELECT 借款人编号
FROM 贷款表 DKB1
WHERE EXISTS
(   SELECT *
    FROM 贷款表 DKB2
    WHERE DKB2.银行编号 = DKB1.银行编号 AND DKB2.借款人编号 = 'P003' )
```

由于带 EXISTS 谓词的相关子查询只关心内层查询是否有返回值，并不需要查询具体值，因此其效率并不一定低于不相关子查询，有时它是提高查询效率的一种有效方法。

6.8 集合查询

SELECT 语句的查询结果集往往是一个包含多行数据（元组）的集合。在数学领域中，集合之间可以进行并、交、差等运算。在 SQL Server 2019 中也可以进行集合查询，主要包括并操作 UNION、交操作 INTERSECT 和差操作 EXCEPT。需要注意的是，在进行集合查询时，所有查询语句中列的数量和顺序必须相同，而且数据类型必须兼容。

下面通过几个例子来讲解如何执行集合查询。

6.8.1 并操作

UNION 运算符表示进行集合的并操作。查询结果集中包含执行并操作的各结果集中所有的数据。

【例 6.36】查询在"B001"银行或"B002"银行有贷款的借款人编号。

本例实际上就是查询在"B001"银行有贷款的借款人编号集合与在"B002"银行有贷款的借款人编号集合的并集。

```
SELECT 借款人编号
FROM 贷款表
WHERE 银行编号 = 'B001'
UNION ALL
SELECT 借款人编号
FROM 贷款表
WHERE 银行编号 = 'B002'
```

查询结果如图 6-35 所示。可以看到，结果集中包含重复值（第 1 行和第 5 行），这是由于查询语句中的 UNION 后面使用了 ALL 关键字。如果没有使用 ALL 关键字，结果集中不会出现重复值。

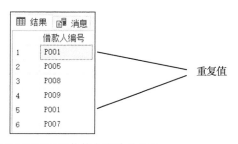

图 6-35　使用 UNION 运算符查询结果示例

6.8.2 交操作

【例 6.37】查询既在"B001"银行有贷款又在"B002"银行有贷款的借款人编号。

本例是查询在"B001"银行贷款的借款人编号集合与在"B002"银行贷款的借款人编号集合的交集。SQL 语句如下。

```
SELECT 借款人编号
FROM 贷款表
WHERE 银行编号 = 'B001'
INTERSECT
SELECT 借款人编号
FROM 贷款表
WHERE 银行编号 = 'B002'
```

如果要查询既在"B001"银行有贷款又在"B002"银行有贷款的借款人编号和姓名信息，又该如何实现呢？这个题目留给读者自己思考。

6.8.3　差操作

【例 6.38】查询在"B001"银行有贷款但是在"B002"银行没有贷款的借款人编号。

```
SELECT 借款人编号
FROM 贷款表
WHERE 银行编号 = 'B001'
EXCEPT
SELECT 借款人编号
FROM 贷款表
WHERE 银行编号 = 'B002'
```

该例先查询并得到在"B001"银行有贷款的所有借款人编号集合，再从中减去（差操作）在"B002"银行有贷款的所有借款人编号集合，结果就是在"B001"银行有贷款而在"B002"银行没有贷款的借款人编号集合。

以上介绍了使用 SELECT 语句进行数据查询的常见操作，这些操作需要读者认真练习并熟练掌握。更多查询语句的使用方法请参阅联机丛书。

本章小结

SQL 查询语句功能丰富，语法复杂。本章介绍了 SQL 查询语句的基本结构，使用这些语句可以完成大部分的数据查询操作，包括简单查询、条件查询、聚合查询、分组查询、连接查询、嵌套查询以及集合查询等。通过本章的学习，读者可以为学习数据库编程和相关数据库操作打下坚实的基础。

习　题

一、选择题

1. 在 SELECT 子句中，用于列出结果集中指定数量数据行的关键字是（　　）。
   A. GROUP　　　　　B. AS　　　　　　C. ORDER　　　　　D. TOP
2. 在模糊查询中，用于匹配任意长度字符串的通配符是（　　）。
   A. _　　　　　　　B. %　　　　　　　C. [^]　　　　　　D. []
3. 在 SQL 中，条件 BETWEEN 18 AND 21 表示年龄在 18 到 21 之间，并且（　　）。
   A. 既包括 18 岁，又包括 21 岁　　　　B. 包括 18 岁，但是不包括 21 岁

C. 不包括 18 岁，但是包括 21 岁　　　D. 既不包括 18 岁，又不包括 21 岁

4. HAVING 子句作为限制条件，通常写在（　　　　）的后面一起使用。

    A. FROM 子句　　　B. WHERE 子句　　C. GROUP BY 子句　D. ORDER BY 子句

5. 下面关于子查询的说法中，不正确的是（　　　　）。

    A. 子查询可以为外部查询提供检索的条件值

    B. 子查询的执行顺序总是先于外部查询

    C. 子查询可以嵌套多层

    D. 子查询的结果集合可以包含零个或多个元组

二、填空题

1. 在 SELECT 语句中，用于消除查询结果中重复记录的关键字是_____。

2. 在模糊查询中，LIKE '王[^一]'的含义是_____。

3. 在排序查询中，_____表示升序，_____表示降序，默认值为_____。

4. 连接查询是关系数据库中主要的查询，包括_____、_____、_____和_____ 4 种。

5. SELECT 语句的查询结果往往是元组的集合，常见的集合运算符有_____、_____和_____。

三、实践题

以贷款数据库中的 3 个数据表（借款人表、银行表和贷款表）为例，试用 SQL 语句完成下列查询。

（1）查询所有银行的全部信息。

（2）查询有贷款记录的银行编号。

（3）查询贷款金额在 3000000 元到 5000000 元（含 3000000 元和 5000000 元）的借款人编号、银行编号、贷款金额和贷款期数。

（4）查询所有姓陈的借款人的姓名、性别和年龄。

（5）查询贷款金额最少的 3 个借款人的借款人编号和贷款金额。

第 **7** 章 视图

内容导读

视图是最常用的数据库对象之一，是保存在数据库中的 SELECT 查询结果，也称作虚拟表。其常用于集中、简化和定制显示数据库中的数据信息，以方便用户以多角度观察数据库中的数据。

本章主要介绍视图的概念、作用以及创建、修改和删除视图的基本方法，并介绍通过视图操作数据的方法。通过对本章内容的学习，读者可以了解并掌握使用图形化工具 SSMS 和 SQL 语句管理视图的方法。

本章学习目标

（1）掌握视图的概念与作用。

（2）掌握创建视图的基本方法。

（3）掌握修改和删除视图的方法。

（4）了解通过视图操作数据的方法。

7.1 视图概述

视图是从一个或多个基本表中导出的逻辑表，不需要像数据表一样物理地存储在数据库中，但它可以像基本表一样使用，进行增、删、改、查等数据操作。

7.1.1 视图的概念

视图是虚拟表，视图本身不存储数据，其数据存储在视图所基于的基本表中。视图一经定义便存储在数据库中，通过视图看到的数据只是存放在基本表中的数据。视图不仅可以基于基本表建立，还可以在已经存在的视图的基础上定义。对视图的操作与对基本表的操作一样，可以对其进行数据的添加、修改、删除和查询等。通过操作视图对数据进行修改时，对应基本表中的数据也会发生变化。同样地，基本表中的数据发生变化时，也会自动反映到视图中。

7.1.2 视图的分类

在 SQL Server 2019 中，视图可以分成 3 种类型，即标准视图、索引视图和分区视图。

（1）标准视图

通常情况下的视图都是标准视图，它是一种虚拟表，没有数据，在数据库中仅保存其定义。

（2）索引视图

如果希望提高多行数据的视图性能，可以创建索引视图。索引视图是被物理化的视图，它包含经过计算的物理数据。索引视图在数据库中不仅其定义被保存，而且生成的记录也被保存。使用索引视图可以提高查询性能，但其不适合应用于经常更新的基本表。

（3）分区视图

通过使用分区视图，可以连接一台或多台服务器成员表中的分区数据，使这些数据看起来就像来自同一个基本表一样。

7.1.3 视图的作用

与直接从数据表中查询数据相比，视图对数据库管理有很大的作用，如简化数据查询、提高数据的安全性和掩盖数据库的复杂性等。

（1）简化数据查询

如果一个查询非常复杂，需要跨越多个数据表，那么可以通过将这个复杂查询定义为视图，简化用户对数据的访问，因为用户只需要查询视图即可。

（2）提高数据的安全性

通过视图可创建一种可以控制的环境，即可使数据表中的一部分数据被允许访问，而另一部分则被禁止访问。那些没有必要的、敏感的或不适合的数据都被从视图中排除了，用户只能查询和修改视图中定义的数据。系统可以只为用户授予访问视图的权限，而不授予访问数据表的权限，从而提高数据库的安全性能。

（3）掩盖数据库的复杂性

通过视图可掩盖数据库的复杂性。在设计数据库和数据表时，因为种种因素，通常命名的名字都是十分复杂和难以理解的，而视图可以将那些难以理解的列替换成数据库用户容易理解和接受的名称，从而为用户的使用提供极大的便利。

7.2　视图的操作

在 SQL Server 2019 中，可以通过两种方式完成视图的操作：一是使用 SSMS，二是使用 T-SQL 命令。

7.2.1　使用 SSMS 操作视图

使用 SSMS 操作视图，包括创建视图、修改视图、删除视图。

1．创建视图

创建视图的具体操作步骤如下。

Step1　启动 SSMS，并使用 Windows 或 SQL Server 身份验证建立连接。

Step2　展开"对象资源管理器"窗格，打开指定的服务器实例，选中"数据库"节点，再打开指定的数据库，如"贷款"数据库。

Step3　右击"视图"节点，从弹出的快捷菜单中选择"新建视图"命令，如图 7-1 所示。

Step4　弹出"添加表"对话框，在"表"选项卡中列出了用来创建视图的基本表，在本例中我们选择"借款人表"，单击"添加"按钮，然后单击"关闭"按钮，如图 7-2 所示。

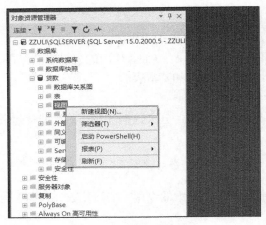

图 7-1　选择"新建视图"命令

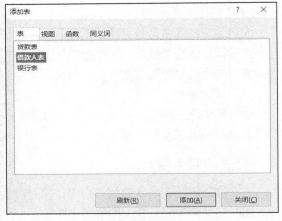

图 7-2　"添加表"对话框

💡 **提示**

　　一个视图可以基于多个基本表，如果要选择多个基本表，可按住 Ctrl 键，然后分别选择相应的基本表。

Step5　基本表选择结束之后，将显示图 7-3 所示的定义视图窗口。该窗口包含 4 个区域，第一个区域是关系图窗格，在这里可以添加和删除数据表；第二个区域是条件窗格，在这里可以为列设置别名，并设置排序类型、排序顺序和筛选条件；第三个区域是 SQL 窗格，在这里可以输入 SQL 语句；第四个区域是结果窗格，在这里可以查看执行结果。

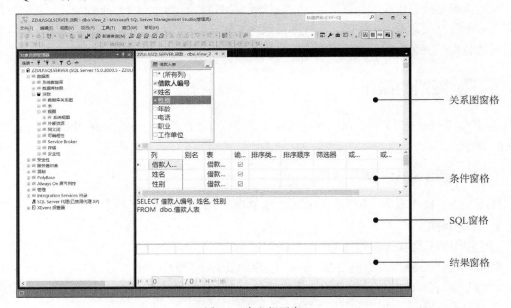

图 7-3　定义视图窗口

　　在本例的关系图窗格中添加的是"借款人表"，选择该表的"借款人编号""姓名""性别"列。

Step6　单击"执行"按钮，在结果窗格中将显示视图的执行结果，如图 7-4 所示。

Step7 单击工具栏的"保存"按钮，在弹出的"选择名称"对话框中输入视图名称"V_Jiekuanren"，单击"确定"按钮即可完成视图的创建，如图 7-5 所示。

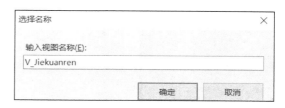

图 7-4 视图执行结果　　　　　　　　图 7-5 "选择名称"对话框

> **提示**
> 用户可以单击工具栏上的"　""　""　""　"按钮选择打开或关闭这些窗格。

2. 修改视图

修改视图的具体操作步骤如下。

Step1 在 SSMS 中展开"对象资源管理器"窗格，打开指定的服务器实例，选中"数据库"节点，打开指定的数据库，展开"视图"节点，选中要修改的视图，如"V_Jiekuanren"，如图 7-6 所示。

图 7-6 选中要修改的视图

Step2 右击要修改的视图，从弹出的快捷菜单中选择"设计"命令，出现视图修改对话框，该对话框与创建视图的对话框相同，可以按照创建视图的方法修改视图。

3. 删除视图

删除视图的具体操作步骤如下。

Step1 在 SSMS 中，选择要删除的视图，如"V_Jiekuanren"，右击并在弹出的快捷菜单中选择"删除"命令，如图 7-7 所示。

Step2 在弹出的"删除对象"对话框中，单击"确定"按钮，即可完成视图的删除，如图 7-8 所示。

图 7-7 选择"删除"命令

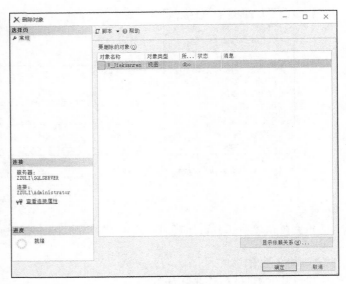

图 7-8 删除视图

7.2.2 使用 CREATE VIEW 语句创建视图

使用 CREATE VIEW 语句可以创建视图。CREATE VIEW 语句的基本语法格式如下。

```
CREATE VIEW [ schema_name. ]<view_name> [ column_list ]
[ WITH <ENCRYPTION | SCHEMABINGDING | VIEW_METADATA> ]
AS select_statement
[ WITH CHECK OPTION ]
```

主要参数说明如下。

- schema_name：视图所属的架构名称。
- view_name：视图的名称。
- column_list：视图中列使用的名称，如果未指定列名，则视图将获得与 SELECT 语句中的列相同的名称。
- AS：视图要执行的操作。
- ENCRYPTION：对视图定义进行加密。
- SCHEMABINGDING：将视图绑定到基本表的架构。
- VIEW_METADATA：指定返回的元数据信息来自视图而不是基本表。
- select_statement：定义视图的 SELECT 语句，该语句可以使用多个基本表和其他视图。
- WITH CHECK OPTION：强制针对视图在进行 UPDATE、INSERT 和 DELETE 操作时要保证更新、插入和删除的行满足视图定义中的谓词条件（即子查询中的条件表达式）。

视图定义中的 SELECT 语句不能包括下列内容。

- 单独出现的 ORDER BY 子句。如果包含 ORDER BY 子句，必须同时包含 TOP 子句。
- COMPUTE 或 COMPUTE BY 子句。

- INTO 关键字。
- OPTION 子句。

1．建立简单视图

简单视图，即创建的是一个基于单个基本表的视图。

【**例 7.1**】创建一个年龄超过 50 岁的借款人视图，要求列出借款人编号、姓名、性别、年龄、电话、职业、工作单位信息。

```
CREATE VIEW V_Elder_Jiekuanren
AS
SELECT 借款人编号, 姓名, 性别, 年龄, 电话, 职业, 工作单位
FROM 借款人表
WHERE 年龄 > 50
GO
```

执行结果如图 7-9 所示，新建的视图"V_Elder_Jiekuanren"出现在"视图"节点的下面。

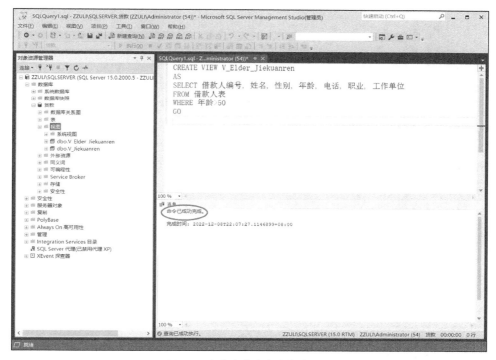

图 7-9　在单个基本表上创建视图

2．建立带有 WITH CHECK OPTION 的视图

带有 WITH CHECK OPTION 的视图，不得破坏视图定义中的谓词条件，即 WHERE 条件中的布尔表达式，要求通过视图进行的数据修改，必须也能通过该视图看到修改后的结果。如果通过视图向基本表中插入一条记录，那么新增的这条记录在刷新视图后必须可以看到；如果通过视图修改基本表的记录，那么修改完的记录也必须能通过该视图看到；如果通过视图删除记录，只能删除当前视图里显示的记录。

【**例 7.2**】创建一个男性借款人的视图，命名为"V_Male_Jiekuanren"，并要求通过该视图进行更新操作时只涉及男性借款人。

```
CREATE VIEW V_Male_Jiekuanren
AS
SELECT *
FROM 借款人表
WHERE 性别 = '男'
WITH CHECK OPTION
GO
```

由于在定义"V_Male_Jiekuanren"时，加上了 WITH CHECK OPTION 子句，所以之后对该视图进行插入、修改和删除操作时，系统会自动加上"性别 = '男'"的条件。

3. 建立基于多表连接的视图

不仅可以创建基于单个基本表的简单视图，还可以建立基于多表连接的视图。

【例 7.3】创建名为"V_Daikuan_Detail"的视图，用于展示所有借款人的姓名、性别、年龄、银行名称、贷款日期、贷款金额。

```
CREATE VIEW V_Daikuan_Detail
AS
SELECT 姓名, 性别, 年龄, 银行名称, 贷款时间, 贷款金额
FROM 借款人表 INNER JOIN
贷款表 ON 借款人表.借款人编号 = 贷款表.借款人编号
INNER JOIN 银行表 ON 贷款表.银行编号 = 银行表.银行编号
GO
```

4. 建立基于视图的视图

视图不仅可以基于一个或多个基本表创建，而且可以基于一个或多个已定义的视图创建。

【例 7.4】基于贷款明细视图"V_Daikuan_Detail"建立一个展示所有男性借款人信息的视图"V_Male_Daikuan_Detail"。

```
CREATE VIEW V_Male_Daikuan_Detail
AS
SELECT 姓名, 性别, 年龄, 银行名称, 贷款时间, 贷款金额
FROM V_Daikuan_Detail
WHERE 性别 = '男'
GO
```

💡 提示

视图是虚拟表，可以当表用，实现数据的增、删、改、查，因此，可以基于视图建立视图，也可以基于视图和基本表进行连接建立视图。

5. 建立带表达式的视图

建立视图时可以在 SELECT 语句中包含统计函数等表达式，从而实现一些复杂的视图。

【例 7.5】建立一个名为"V_Daikuan_Statistic"的视图，用于展示 2021 年每个银行的贷款笔数和贷款总额。

```
CREATE VIEW V_Daikuan_Statistic ( 银行编号, 贷款笔数, 贷款总额 )
AS
SELECT 银行编号, COUNT(*), SUM(贷款金额)
FROM 贷款表
WHERE 贷款时间 BETWEEN '2021-1-1' AND '2021-12-31'
```

```
GROUP BY 银行编号
GO
```

> 💡提示
>
> 在例 7.5 视图的定义中，由于输出的列 COUNT(*)和 SUM(贷款金额)没有列名，所以需要在视图名的后面为相应列指定列名，也可以在 SELECT 语句后直接重命名列名。

7.2.3　使用 ALTER VIEW 语句修改视图

使用 ALTER VIEW 语句可以修改视图的定义，但用户必须拥有修改视图的权限。当用该语句修改视图时，视图原有的权限不会发生变化。

ALTER VIEW 语句的语法格式与 CREATE VIEW 语句的语法格式基本相同，下面通过具体的实例介绍如何使用 T-SQL 命令修改视图。

ALTER VIEW 语句的基本语法格式如下。

```
ALTER VIEW [ schema_name.]<view_name > [ column_list ]
[ WITH <ENCRYPTION | SCHEMABINGDING | VIEW_METADATA> ]
AS select_statement
[ WITH CHECK OPTION ]
```

【例 7.6】将例 7.5 中视图"V_Daikuan_Statistic"改为用于展示每个银行的贷款笔数、最高贷款金额和平均贷款金额。

```
ALTER VIEW V_Daikuan_Statistic
AS
SELECT 银行编号, COUNT(*) AS 贷款笔数, MAX(贷款金额) AS 最高贷款金额, AVG(贷款金额) AS 平均贷款金额
FROM 贷款表
GROUP BY 银行编号
GO
```

执行结果如图 7-10 所示。

图 7-10　修改"V_Daikuan_Statistic"视图

7.2.4 使用 DROP VIEW 语句删除视图

对于不再使用的视图，可以使用 DROP VIEW 语句删除。DROP VIEW 语句的语法格式如下。

```
DROP VIEW view_name
```

该语句还可以用于删除多个视图，只需要在各视图名称之间用逗号隔开即可。

【例 7.7】同时删除视图"V_Male_Daikuan_Detail"和"V_Daikuan_Statistic"。

```
USE 贷款
GO
DROP VIEW V_Male_Daikuan_Detail, V_Daikuan_Statistic
GO
```

7.2.5 修改视图名称

使用系统存储过程 sp_rename，可以修改当前数据库中视图的名称。其语法格式如下。

```
sp_rename 'old_view_name', 'new_view_name'
```

【例 7.8】使用存储过程 sp_rename 把视图"V_Daikuan_Detail"重命名为"V_Loan_Detail"。

```
EXEC sp_rename V_Daikuan_Detail, V_Loan_Detail
```

执行结果如图 7-11 所示。

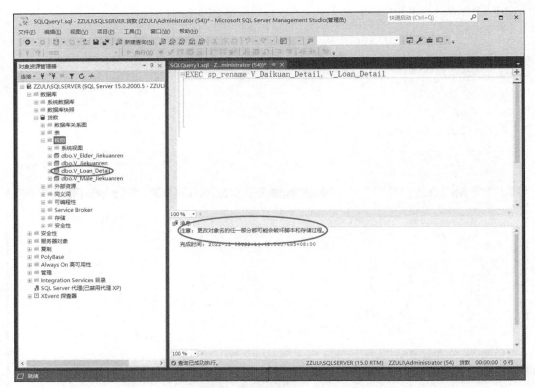

图 7-11　使用系统存储过程 sp_rename 重命名视图

修改完后可以再将名称修改回来。

```
EXEC sp_rename V_Loan_Detail, V_Daikuan_Detail
```

> 💡 **提示**
>
> 由于可以基于视图建立视图，在更改视图名时，可能会破坏脚本和存储过程，因此，请尽量不要修改视图名，或者在修改时注意提示并根据情况酌情处理。

7.3 通过视图操作数据

视图是虚拟表，可以当作基本表使用，使用视图可实现对基本表的增、删、改、查等操作。通过视图进行的数据操作主要包括：从视图中浏览数据、向视图中添加数据、修改视图中的数据、删除视图中的数据。

由于视图是虚拟表，视图中不存储数据只存储视图的定义，其数据存储在视图基于的基本表中，因此，无论在什么时候更新视图的数据，实际上都是在修改视图所依赖的基本表中的数据。在利用视图更新基本表中的数据时，应该注意以下几个问题。

- 创建视图的 SELECT 语句中如果包含 GROUP BY 子句，则不能更新该视图数据。
- 更新基于两个或两个以上基本表的视图时，每次修改数据只能影响其中的一个基本表，也就是说，不能同时修改视图所基于的两个或两个以上的基本表。
- 不能修改视图中没有定义的基本表中的列。
- 不能修改计算列、有内置函数的列和有统计函数的列。

7.3.1 查询视图

查询视图指的是通过视图浏览数据，可以使用 SELECT 语句查看视图中的数据信息。

【例 7.9】查询视图“V_Daikuan_Detail”中男性借款人的贷款数据。

```
USE 贷款
SELECT *
FROM V_Daikuan_Detail
WHERE 性别 = '男'
GO
```

程序执行结果如图 7-12 所示。

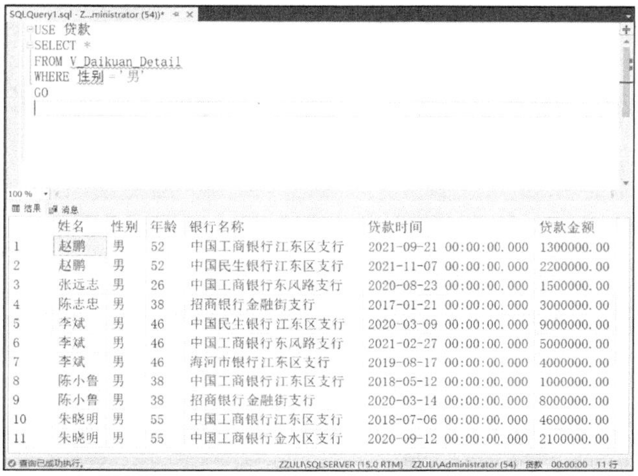

	姓名	性别	年龄	银行名称	贷款时间	贷款金额
1	赵鹏	男	52	中国工商银行江东区支行	2021-09-21 00:00:00.000	1300000.00
2	赵鹏	男	52	中国民生银行江东区支行	2021-11-07 00:00:00.000	2200000.00
3	张远志	男	26	中国工商银行东风路支行	2020-08-23 00:00:00.000	1500000.00
4	陈志忠	男	38	招商银行金融街支行	2017-01-21 00:00:00.000	3000000.00
5	李斌	男	46	中国民生银行江东区支行	2020-03-09 00:00:00.000	9000000.00
6	李斌	男	46	中国工商银行东风路支行	2021-02-27 00:00:00.000	5000000.00
7	李斌	男	46	海河市银行江东区支行	2019-08-17 00:00:00.000	4000000.00
8	陈小鲁	男	38	中国工商银行江东区支行	2018-05-12 00:00:00.000	1000000.00
9	陈小鲁	男	38	招商银行金融街支行	2020-03-14 00:00:00.000	8000000.00
10	朱晓明	男	55	中国工商银行江东区支行	2018-07-06 00:00:00.000	4600000.00
11	朱晓明	男	55	中国工商银行金水区支行	2020-09-12 00:00:00.000	2100000.00

图 7-12 程序执行结果

系统在执行对视图的查询时，首先进行有效性检查，以确认查询中涉及的基本表、视图等是否存在。如果存在，则从数据字典中取出视图的定义，把定义好的查询和用户的查询结合起来，转换成等价的对基本表的查询。

例如，例 7.9 中的语句会自动转化为如下等价的 SQL 语句。

```
SELECT 姓名, 性别, 年龄, 银行名称, 贷款时间, 贷款金额
FROM 借款人表 INNER JOIN
贷款表 ON 借款人表.借款人编号 = 贷款表.借款人编号
INNER JOIN 银行表 ON 贷款表.银行编号 = 银行表.银行编号
WHERE 性别 = '男'
GO
```

7.3.2 向视图中添加数据

【例 7.10】向视图 "V_Elder_Jiekuanren" 中添加一个新的借款人记录：'P011', 'Lucy', '女', 35, '86607007', '教师', '江东区第一小学'。

输入的 SQL 语句如下，执行结果如图 7-13 所示。

```
USE 贷款
GO
INSERT INTO V_Elder_Jiekuanren
VALUES ( 'P011', 'Lucy', '女', 35, '86607007', '教师', '江东区第一小学' )
GO
SELECT * FROM 借款人表
GO
```

查看执行结果，可以发现在借款人表中已经多了一条新记录。

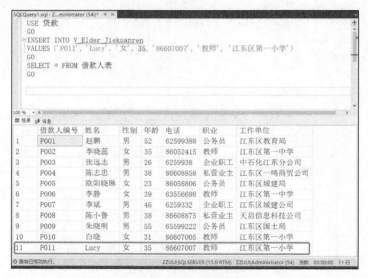

图 7-13　向视图中添加数据

7.3.3 修改视图中的数据

【例 7.11】通过视图 "V_Elder_Jiekuanren" 修改借款人表中的记录，将编号为 "P001" 的

借款人的年龄由 52 修改为 42。

输入的 SQL 语句如下，执行结果如图 7-14 所示。

```
USE 贷款
GO
UPDATE V_Elder_Jiekuanren
SET 年龄 = 42
WHERE 借款人编号 = 'P001'
GO
SELECT * FROM 借款人表
GO
SELECT * FROM V_Elder_Jiekuanren
GO
```

查看执行结果，可以发现借款人表中借款人"P001"的年龄已被修改为 42。但同时视图
"V_Elder_Jiekuanren"中借款人"P001"的记录却消失了，原因是修改后的年龄不满足视图
中"年龄>50"的条件。因此，通过视图修改数据或者插入数据时，会出现在视图中找不到新
增或者修改后数据的情况。为了避免这种情况出现，可以使用 WITH CHECK OPTION 进行限
定，具体语法请参考 7.2.2 小节中例 7.2 的相关内容。

图 7-14　修改视图中的数据成功示例

【例 7.12】通过视图"V_Male_Jiekuanren"修改借款人表中的记录，将编号为"P001"的
借款人的性别由"男"修改为"女"。

输入的 SQL 语句如下，执行结果如图 7-15 所示。

```
USE 贷款
GO
UPDATE V_Male_Jiekuanren
SET 性别 = '女'
WHERE 借款人编号 = 'P001'
GO
```

查看执行结果,可以发现无法通过视图进行修改,因为视图"V_Male_Jiekuanren"在定义时使用了 WITH CHECK OPTION 进行限定,所以修改时会自动加上谓词条件"性别 = '男'",而修改后的数据不满足该条件,导致修改失败。

图 7-15 修改视图中的数据失败示例

7.3.4 删除视图中的数据

【例 7.13】通过视图"V_Elder_Jiekuanren"删除借款人表中"P011"借款人的信息。
输入的 SQL 语句如下,执行结果如图 7-16 所示。

```
USE 贷款
GO
DELETE FROM V_Elder_Jiekuanren
WHERE 借款人编号 = 'P011'
GO
SELECT * FROM 借款人表
GO
```

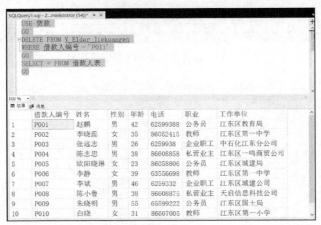

图 7-16 通过视图删除记录

查看执行结果，可以发现借款人表中"P011"借款人的记录已经被删除。

为了防止用户通过视图对数据进行增加、删除、修改时，有意或无意地对不属于视图范围内的基本表数据进行操作，可在定义视图的时候加上 WITH CHECK OPTION 子句。这样在视图上进行增、删、改操作时，系统会检查视图定义中的条件，若不满足条件，则拒绝执行相应操作。

本章小结

视图是定义在数据库基本表上的虚拟表，它对应数据库的外模式。视图可为不同用户提供多角度的数据查看方式，在一定程度上提高数据的安全性，通过对复杂查询的预定义可降低用户的查询难度。通过对本章的学习，读者可以了解视图的定义及基本功能，掌握使用 SSMS 及 SQL 语句建立视图、修改视图和删除视图的方法，了解并掌握通过视图操作数据的相关知识，为后续学习数据库编程打下良好基础。

习　题

一、简答题

1. 视图和基本表的主要联系和区别是什么？
2. 使用视图的好处有哪些？
3. 使用视图是否可以提高数据库数据的查询速度，为什么？

二、实践题

1. 基于银行表建立一个视图 V1，该视图包含所有公办性质银行的银行编号、银行名称、地址和所属城市信息。

2. 建立一个基于多表连接的视图 V2，该视图包含所有男性贷款人的姓名、贷款银行编号、贷款金额及贷款日期。

3. 建立一个视图 V3，该视图包含所有地址位于"海河市金水区"的银行信息，要求所有通过该视图的修改都要满足地址位于"海河市金水区"这个条件。

4. 建立一个视图 V4，该视图包含每个银行的银行代码、贷款笔数和贷款总额。

5. 修改视图 V3，将通过该视图的修改都要满足地址位于"海河市金水区"这个条件去掉。

6. 通过视图 V1 将"B001"银行的性质改为"民办"。

7. 删除在第 3 题中创建的视图。

第8章 关系数据库规范化理论

内容导读

数据库设计的基本问题之一是如何建立一种合理的数据库模式，使数据库系统无论是在数据存储方面，还是在数据操作方面都具有较好的性能。什么样的模型是合理的模型，什么样的模型是不合理的模型，应当通过什么原则去鉴别和采用什么措施来改善，这是在进行数据库设计之前必须明确的问题。为使数据库设计合理可靠、简朴实用，长期以来，形成了关系数据库设计理论，即规范化理论。它根据现实世界存在的数据依赖进行关系模式的规范化处理，从而得到合理的数据库设计效果。

本章首先阐明不规范的关系带来的问题，接着引入函数依赖的概念和分类，重点讲解关系模式中 1NF、2NF、3NF 和 BCNF 的定义、联系和区别，最后总结关系模式规范化方法和步骤。通过本章的学习，读者可以熟练掌握关系数据库规范化理论的相关知识。

本章学习目标

（1）了解关系模式的函数依赖和码的类别与概念。

（2）掌握关系规范化理论及其形式化定义。

（3）掌握 1NF、2NF、3NF 和 BCNF 的定义、联系和区别。

（4）掌握关系模式规范化方法。

8.1 不规范的关系带来的问题

在数据库设计中，如何把现实世界表达成关系数据库的模式，并且使这种模式设计是合理的、有效的，是人们一直以来十分关注的问题。关系数据库模式是若干关系模式的集合。所谓关系数据库的模式设计，实际上就是从多种可能的组合中选取一个合适的，或者说性能好的关系模式集合作为关系数据库模式的问题。

为了对关系模式集合的性能好坏形成直观的认识，我们用一个实例组成不同的关系模式集合，产生不同的影响，以便评价关系数据库模式设计的好与坏。

【例 8.1】某校要建立一个数据库来描述学生和专业的一些情况，需要增加的对象有学生学号（Sno）、学生姓名（Sname）、学生性别（Ssex）、专业名称（Dept）、专业负责人（Mname）、学生选修课程的课程号（Cno）、课程名称（Cname）、学生选修课程的成绩（Grade）。由现实世界的已知事实可以得知上述对象之间有如下对应关系：

① 每个专业有若干学生，但一个学生只属于一个专业；

② 每个专业只有一名负责人；

③ 一个学生可以选修多门课程，每门课程有若干学生选修；

④ 每个学生选修的每一门课程对应一个成绩。

根据上述情况，假设我们选择一个总体的关系模式，如下。

学生(Sno,Sname,Ssex,Dept,Mname,Cno,Cname,Grade)

根据语义规定，可以看出(Sno, Cno)属性的组合能唯一标识一个元组，因此，选定此关系的主键为(Sno, Cno)。

由该关系的部分数据（见表 8-1）不难看出，该关系存在如下问题。

表 8-1　学生关系部分数据

Sno	Sname	Ssex	Dept	Mname	Cno	Cname	Grade
1046201	张三	男	计算机系	赵六	C01	高等数学	83
1046201	张三	男	计算机系	赵六	C02	英语	71
1046201	张三	男	计算机系	赵六	C04	数字电路	92
1046201	张三	男	计算机系	赵六	C05	数据结构	86
1046202	王五	女	物联网系	李四	C01	高等数学	79
1046202	王五	女	物联网系	李四	C02	英语	94
1046202	孙七	男	物联网系	李四	C01	高等数学	74
1046203	孙七	男	物联网系	李四	C05	数据结构	68

……

1. 数据冗余

数据冗余（Data Redundancy）是指数据库中重复的数据过多。数据冗余导致数据库中的数据量剧增，系统负担过重，并浪费大量的存储空间。另外，数据冗余还可能导致数据的不一致和不完整，从而增加数据维护的工作量。

例如，专业名称和专业负责人重复存储，其重复存储的次数等于该学院的学生人数乘每个学生选修的课程门数。

2. 插入异常

插入异常（Insert Anomalies）是指需要插入的数据无法被插入数据库。

由于主键中元素的属性值不能取空值，如果新成立一个尚无学生的专业，或者有学生但尚无选修课程的专业，则新成立的专业就无法插入。

3. 修改异常

修改异常（Modification Anomalies）是指由于数据冗余，当修改数据库中的数据时，系统需要付出很大的代价来维护数据库的完整性，否则会面临数据不一致的风险。

如果更改一个专业的专业负责人，则需要修改多个元组。如果部分修改、部分不修改，就会导致数据的不一致。同样的情形，如果一个学生转专业，则相应学生的所有元组中的专业名称都必须修改，否则也会出现数据的不一致。

4. 删除异常

删除异常（Deletion Anomalies）是指不该删除的数据被删除。

如果某专业的所有学生全部毕业，又没有在读的新生，则在删除毕业学生信息的同时会删除该专业及负责人的信息，导致该专业仍存在，而数据库中却无法找到该专业的信息。同样地，如果所有学生都退选一门课程，即某门课程没有学生选修，则该课程的有关信息也同样不存在于数据库中。

由此可知，上述的学生关系尽管看起来能满足一定的需求，但存在的问题太多，所以它并不是一种合理的关系模式。

出现上述问题主要是因为该关系模式中属性之间存在某些数据依赖。我们可以将该单一关系模式进行改造，分解成以下 3 个关系模式。

- 学生基本信息(Sno,Sname,Ssex,Dept)。
- 专业信息(Dept,Mname)。
- 学生选课信息(Sno,Cno,Grade)。

以上 3 个关系模式实现了信息在某种程度上的分离，学生基本信息中只存储学生的学号、姓名、性别和专业名称，与学生选课信息及专业负责人信息无关；专业信息中只存储专业名称和专业负责人姓名，与学生基本信息及学生选课信息无关；学生选课信息中只存储学号、课程号和成绩，与学生基本信息及专业信息无关。与单一的学生关系模式相比，这 3 个关系模式的数据冗余度明显降低，也不会发生插入异常、修改异常和删除异常。

8.2 函数依赖

函数依赖是数据依赖的一种，函数依赖反映了同一关系中属性间一一对应的约束。函数依赖是关系规范化的理论基础。

8.2.1 关系模式的简化表达

关系模式的完整表达是一种五元组，即

$$R(U,D,Dom,F)。$$

其中，R 为关系名；U 为关系的属性集合；D 为属性集 U 中属性的数据域；Dom 为属性到域的映射；F 为属性集 U 的数据依赖集合。

由于 D 和 Dom 对设计关系模式的作用不大，在讨论关系规范化理论时可以把它们简化掉，从而关系模式可以用三元组来表达，即

$$R(U,F)。$$

从上式可以看出，数据依赖是关系模式的重要因素。数据依赖是同一关系中属性间的互相依赖和互相制约。数据依赖涉及函数依赖（Functional Dependency，FD）、多值依赖（Multivalued Dependency，MVD）和连接依赖（Join Dependency，JD），本书重点讲函数依赖。

8.2.2 函数依赖的基本概念

1．函数依赖

定义 8.1 设 $R(U)$ 是一种关系模式，U 是 R 的属性集合，X 和 Y 是 U 的子集。对于 $R(U)$ 的任意一种可能的关系 r，如果 r 中不存在两个元组在 X 上的属性值相等，而在 Y 上的属性值不同，则称 "X 函数决定 Y" 或 "Y 函数依赖于 X"，记作 $X \rightarrow Y$。

函数依赖是指一个或若干个属性的值可以决定其他属性的值。

对于函数依赖需要注意以下几点。

（1）函数依赖关系的存在与时间无关，因为函数依赖不是指关系模式 R 的某个或某些关系

实例满足的约束条件，而是指 R 中所有关系实例均要满足的约束条件。关系中元组的增加、删除或修改不能破坏这种函数依赖。

（2）函数依赖和其他数据之间的依赖关系一样，是语义范畴的概念。通常只能根据数据的语义来确定函数依赖。例如，"姓名→出生日期"这个函数依赖只有在没有同名的条件下成立，如果存在同名，则"出生日期"不再函数依赖于"姓名"。

（3）数据库设计者可以对现实世界做强制的规定。例如，如果设计者强行规定不允许出现同名，则函数依赖"姓名→出生日期"成立，当插入某个元组时，该元组上属性值必须满足规定的函数依赖，如果发现存在同名，则拒绝插入该元组。

2．函数依赖常用的一些术语和记号

（1）当 $X{\rightarrow}Y$ 成立时，则称 X 为这个函数依赖的决定属性组，也称为决定因素（Determinant），Y 称为依赖因素（Dependent）。

（2）当 Y 不函数依赖于 X 时，记为 $X{\nrightarrow}Y$。

（3）如果 $X{\rightarrow}Y$，且 $Y{\rightarrow}X$，则记为 $X{\longleftrightarrow}Y$。

3．函数依赖的 3 种基本情形

函数依赖可以分为 3 种基本情形。

（1）平凡函数依赖与非平凡函数依赖

定义 8.2　在关系模式 $R(U)$ 中，对于 U 的子集 X 和 Y，如果 $X{\rightarrow}Y$，但 Y 不是 X 的子集，则称 $X{\rightarrow}Y$ 是非平凡函数依赖（Nontrivial Function Dependency）。若 Y 是 X 的子集，则称 $X{\rightarrow}Y$ 是平凡函数依赖（Trivial Function Dependency）。

对于任一关系模式，平凡函数依赖都是必然成立的。它不反映新的语义，因此，若不特别声明，本书讨论的都是非平凡函数依赖。

（2）完全函数依赖与部分函数依赖

定义 8.3　在关系模式 $R(U)$ 中，如果 $X{\rightarrow}Y$，并且对于 X 的任何一种真子集 X'，均有 $X'{\nrightarrow}Y$，则称 Y 完全函数依赖（Full Functional Dependency）于 X，记作 $X \xrightarrow{\ F\ } Y$。若存在 X 的某个真子集 X'，有 $X'{\rightarrow}Y$，则 Y 不完全函数依赖于 X，此时称 Y 部分函数依赖（Partial Functional Dependency）于 X，记作 $X \xrightarrow{\ P\ } Y$。

如果 Y 对 X 部分函数依赖，X 中的"部分"就可以拟定对 Y 的关联，从数据依赖的观点来看，X 中存在"冗余"属性。

例如，学生选课信息(Sno,Cno,Grade)中(Sno,Cno) $\xrightarrow{\ P\ }$ Grade 是完全函数依赖，因为 Sno${\nrightarrow}$Grade，Cno${\nrightarrow}$Grade。

（3）传递函数依赖

定义 8.4　在关系模式 $R(U)$ 中，如果 $X{\rightarrow}Y$，$Y{\rightarrow}Z$，且 $Z{\nsubseteq}Y$，$Y{\nrightarrow}X$，则称 Z 传递函数依赖（Transitive Functional Dependency）于 X，记作 $Z \xrightarrow{\ T\ } X$。

传递函数依赖定义中之所以要加上条件 $Y{\nrightarrow}X$，是因为如果 $Y{\rightarrow}X$，则 $X{\longleftrightarrow}Y$，这事实上是 Z 直接依赖于 X，而不是传递函数依赖。

例如，关系(Sno,Ddept,Mname)中，存在 Sno→Dept，Dept→Mname，则 Mname 传递函数依赖于 Sno，记作 Sno $\xrightarrow{\ T\ }$ Mname。

8.2.3　键的函数依赖表达

前面章节中给出了关系模式的键的非形式化定义，这里使用函数依赖的概念来严格定义关系模式的键。

定义 8.5　设 K 为关系模式 $R(U,F)$ 中的属性或属性集合。若 $K \to U$，则 K 称为 R 的超键（Super Key）。

定义 8.6　设 K 为关系模式 $R(U,F)$ 中的属性或属性集合。若 $K \xrightarrow{F} U$，则 K 称为 R 的候选键。候选键一定是超键，并且是"最小"的超键，即 K 的任意一种真子集都不再是 R 的超键。候选键有时也称为候选码。

若关系模式 R 有多种候选键，则选定其中一种作为主键。

构成候选键的属性称为主属性，不包含在任何候选键中的属性称为非主属性。

在关系模式中，最简朴的状况，单个属性是键，称为单键（Single Key）；最极端的状况，整个属性组都是键，称为全键（All Key）

例如，学生基本信息关系模式(Sno,Sname,Ssex,Dept)中单个属性 Sno 是主键，而学生选课信息关系模式(Sno,Cno,Grade)中属性组合(Sno,Cno)是主键。

再例如，对于关系模式(演奏者,作品,听众)，假设一个演奏者可以演奏多个作品、某一作品可被多个演奏者演奏、听众可以欣赏不同演奏者的不同作品，这个关系模式的键为(演奏者,作品,听众)，即全键。

定义 8.7　关系模式 R 中属性或属性组 X 并非 R 的键，但 X 是另一种关系模式的键，则称 X 是 R 的外键，也称为外码。

键是关系模式中的一种重要概念。候选键是可以唯一标记关系的元组，是关系模式中一组最重要的属性。另一方面，主键又和外键一起提供了一种表达关系间联系的手段。

8.2.4　函数依赖和键的唯一性

键是由一种或多种属性构成的可唯一标记元组的最小属性组。键在关系中总是唯一的，即键函数决定关系中的其他属性。因此，一种关系，键值总是唯一的（如果键的值反复，则整个元组都会反复）。否则，违背实体完整性规则。

与键的唯一性不同，在关系中，一种函数依赖的决定因素也许是唯一的，也许不是唯一的。如果我们知道 A 决定 B，且 A 和 B 在同一关系中，但我们仍无法知道 A 是否能决定除 B 以外的其他所有属性，因此无法知道 A 在关系中是否是唯一的。

【例 8.2】 有关系模式"学生成绩(学生号,课程号,成绩,教师,教师办公室)"，此关系中涉及的 4 种函数依赖如下。

- (学生号,课程号) →成绩。
- 课程号→教师。
- 课程号→教师办公室。
- 教师→教师办公室。

其中，课程号是决定因素，但它不是唯一的。它能决定教师和教师办公室，但不能决定属性成绩。但决定因素(学生号,课程号)除了能决定成绩外，也能决定教师和教师办公室，因此它是唯一的。关系的键应取(学生号,课程号)。

函数依赖性是一种与数据有关的事物规则的概念。如果属性 B 函数依赖于属性 A，那么，

若知道了 A 的值，则完全可以找到 B 的值。这并不是说可以由 A 的值计算出 B 的值，而是逻辑上只能存在一种 B 的值。

例如，在人这个实体中，如果知道某人的唯一标记符如身份证号，则可以得到此人的性别、年龄等信息，所有这些信息都依赖于确认此人的唯一的标记符。通过非主属性如年龄，无法确定此人的性别，从关系数据库的角度来看，性别不依赖于年龄。事实上，这也就意味着键是实体实例的唯一标记符。因此，在以人为实体来讨论依赖性时，如果已经知道是哪个人，则性别、年龄等就都知道了。键表示实体中的某个具体实例。

8.3 关系模式的规范化

关系数据库中的关系必须满足一定的规范化规定，对于不同的规范化程度可用范式来衡量。范式是符合某一种级别的关系模式的集合，是衡量关系模式规范化程度的原则，达到的关系才是规范化的。目前有 6 种范式：第一范式（1NF）、第二范式（2NF）、第三范式（3NF）、BC 范式（BCNF）、第四范式（4NF）和第五范式（5NF）。满足基本要求的为 1NF，在 1NF 基础上进一步满足某些规定的为 2NF，其他以此类推。通常，关系模式 R 为第 n 范式简记为 $R \in n\text{NF}$。各种范式之间的关系如图 8-1 所示，可记为

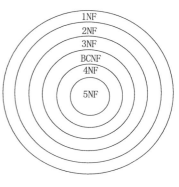

图 8-1　各种范式之间的关系

$$1\text{NF} \supset 2\text{NF} \supset 3\text{NF} \supset \text{BCNF} \supset 4\text{NF} \supset 5\text{NF}。$$

范式的概念最早是由 E.F.科德（E.F.Codd）提出的。在 1971 到 1972 年期间，他先后提出了 1NF、2NF、3NF 的概念，1974 年他又和博伊斯（Boyce）共同提出了 BCNF 的概念。1976 年费金（Fagin）提出了 4NF 的概念，后来又有人提出了 5NF 的概念。在这些范式中，最重要的是 3NF 和 BCNF，一般进行关于模式的规范化时，分解为 3NF 或 BCNF 即可。一种低一级范式的关系模式，通过模式分解可以转换为若干个高一级范式的关系模式的集合，这个过程称为规范化。

关系模式的规范化主要解决的问题是关系中数据冗余及由此产生的操作异常。而从函数依赖的观点来看，即消除关系模式中产生数据冗余的函数依赖。

定义 8.8　当一种关系中的所有分量都是不可拆分的数据项时，就称该关系是规范化的。

表 8-2、表 8-3 所示关系由于具有组合数据项或多值数据项，因此，它们都不是规范化的关系。

表 8-2　具有组合数据项的非规范化关系

职工号	姓名	工资		
		基本工资	职务工资	工龄工资
01103	张三	2000	1000	500

......

表 8-3　具有多值数据项的非规范化关系

职工号	姓名	职称	专业	学历	毕业年份
01103	张三	专家	计算机	本科 硕士	1983 1992
01306	李四	讲师	计算机	本科	1995

......

8.3.1 第一范式

定义 8.9 如果关系模式 R 中每个属性值都是一种不可分解的数据项,则称该关系模式满足第一范式(First Normal Form, 1NF),记为 $R \in 1NF$。

1NF 规定了一种关系中的属性值必须是"原子"的,它排斥了属性值为元组、数组或某种复合数据的可能性,使关系数据库中所有关系的属性值都是"最简形式",这样规定的意义在于可能做到起始构造简朴,为之后的复杂情形讨论带来方便。一般而言,每一种关系模式都必须满足 1NF,1NF 是对关系模式的起码规定。

非规范化关系转化为 1NF 的措施很简朴,固然也不是唯一的,对表 8-2、表 8-3 分别进行横向和纵向展开,即可转化为表 8-4、表 8-5 所示的符合 1NF 的关系。

表 8-4 具有组合数据项的非规范化关系

职工号	姓名	基本工资	职务工资	工龄工资
01103	张三	2000	1000	500
......				

表 8-5 具有多值数据项的非规范化关系

职工号	姓名	职称	专业	学历	毕业年份
01103	张三	专家	计算机	本科	1983
01103	张三	专家	计算机	硕士	1992
01306	李四	讲师	计算机	本科	1995
......					

但是满足 1NF 的关系模式并不一定是一种好的关系模式,例如如下关系模式。

```
SLC(SNO,DEPT,SLOC,CNO,GRADE)
```

其中,SNO 为学生学号,DEPT 为学生专业,SLOC 为学生住处,CNO 为课程编号,GRADE 为课程成绩。假设每个专业的学生住在同一栋宿舍楼,SLC 的键为(SNO,CNO),函数依赖如下。

- (SNO,CNO) $\xrightarrow{F}$ GRADE。
- SNO →DEPT。
- (SNO,CNO) $\xrightarrow{P}$ DEPT。
- SNO →SLOC。
- (SNO,CNO) $\xrightarrow{F}$ SLOC。
- DEPT→SLOC(由于每个专业的学生住在同一栋宿舍楼)。

显然,SLC 是满足 1NF 的。这里(SNO,CNO)两个属性一起函数决定 GRADE。(SNO,CNO)也函数决定 DEPT 和 SLOC。但事实上仅 SNO 就函数决定 DEPT 和 SLOC。因此非主属性 DEPT 和 SLOC 部分函数依赖于键(SNO,CNO)。

SLC 关系模式存在以下 4 个问题。

(1)插入异常:假如要插入一个 SNO='95102'、DEPT='IS'、SLOC='N',但尚未选课的学生信息,则由于 CNO 是主属性,这样的元组不能插入。

(2)删除异常:假定某个学生只选修了一门课,如 99022 学生只选修了 C02 课程,现在因身体不适,不再选修 C02 课程。由于课程号 CNO 是主属性,如果删除 C02 课程,则整个元组将被删除,导致该学生其他信息也被删除,从而产生删除异常,即不应删除的信息也被删除。

（3）数据冗余度高：如果一个学生选修了 10 门课程，那么该学生的 DEPT 和 SLOC 值就要反复存储 10 次。

（4）修改复杂：假设计算机专业调整学生住处，由原来的 3 号楼调整到了 10 号楼。如果计算机专业有 m 个学生，每个学生选修 k 门课程，由于 SLOC 重复存储了 mk 次，因此，必须修改 mk 个元组中 SLOC 的信息，这就导致了修改的复杂化，存在破坏数据一致性的隐患。

因此，SLC 关系模式虽然满足了 1NF，但它不是一种好的关系模式。

8.3.2　第二范式

定义 8.10　如果一种关系模式 $R \in 1NF$，且它的所有非主属性都完全函数依赖于 R 的任一候选码，则 $R \in 2NF$。

关系模式 SLC 产生上述问题的原因是 DEPT、SLOC 对键的部分函数依赖。为了消除这些部分函数依赖，可以采用投影分解法，把 SLC 关系模式分解为以下两个关系模式。

- SC(SNO,CNO,GRADE)。
- SL(SNO,DEPT,SLOC)。

其中 SC 的键为(SNO,CNO)，SL 的键为 SNO。

显然，在分解后的关系模式中，非主属性都完全函数依赖于键了，从而使上述 4 个问题得到部分的解决。

（1）在 SL 关系中可以插入尚未选课的学生信息。

（2）删除学生选课状况波及的是 SC 关系，如果一个学生所有的选课记录都被删除了，只是 SC 关系中没有该学生的记录了，不会牵涉到 SL 关系中有关该学生的记录。

（3）由于学生选修课程的状况与学生的基本状况是分开存储在两个关系中的，因此不管某学生选多少门课程，他的 DEPT 和 SLOC 值都只存储 1 次。这就大大降低了数据冗余度。

（4）调整某个专业的学生住处，只需修改 SL 关系中相应学生元组的 SLOC 值，因此简化了修改操作。

2NF 不容许关系模式的属性之间有 $X \rightarrow Y$ 这样的依赖，其中 X 是键的真子集，Y 是非主属性。显然，对于键只涉及一种属性的关系模式，如果它属于 1NF，那么它一定属于 2NF，因为它不存在非主属性对键的部分函数依赖。

上例中的 SC 关系模式和 SL 关系模式都属于 2NF。可见，采用投影分解法将一种 1NF 的关系模式分解为多种 2NF 的关系模式，可以在一定程度上缓解原 1NF 关系模式中存在的插入异常、删除异常、数据冗余度高和修改复杂等问题。

但是将一种 1NF 关系模式分解为多种 2NF 的关系模式，并不能完全消除关系模式中的多种异常状况和数据冗余。也就是说，属于 2NF 的关系模式并不一定是好的关系模式。

例如，2NF 关系模式 SL(SNO,DEPT,SLOC)中有下列函数依赖。

- SNO $\rightarrow$ DEPT。
- DEPT $\rightarrow$ SLOC。
- SNO $\rightarrow$ SLOC。

由上可知，SLOC 传递函数依赖于 SNO，即 SL 关系模式中存在非主属性对键的传递函数依赖。SL 关系模式中仍然存在插入异常、删除异常、数据冗余度高和修改复杂等问题。

（1）插入异常：如果某个专业刚刚成立，目前还没有在校学生，则无法将该专业的住处信息存入数据库。

（2）删除异常：如果某个专业的学生全部毕业了，在删除该专业学生信息的同时，把该专业的信息也删除了。

（3）数据冗余度高：每个专业的学生都住在同一个地方，住处信息却反复出现，出现的次数与该专业学生人数相同。

（4）修改复杂：当学校调整学生住处时，如计算机专业的所有学生搬到另一地方住宿，由于有关每个专业学生的住处信息是反复存储的，因此修改时必须同步更新该专业所有学生的SLOC属性值。

因此，SL关系模式仍然存在操作异常问题，不是一种好的关系模式。

8.3.3　第三范式

定义 8.11　如果一种关系模式 $R \in 2NF$，且所有非主属性都不传递函数依赖于任何候选键，则 $R \in 3NF$。

关系模式 SL 出现上述问题的原因是 SLOC 传递函数依赖于 SNO。为了消除该传递函数依赖，可以采用投影分解法，把 SL 关系模式分解为以下两个关系模式。

- SD(SNO,DEPT)。
- DL(DEPT,SLOC)。

其中 SD 的键为 SNO，DL 的键为 DEPT。

显然，在关系模式中既没有非主属性对键的部分函数依赖，也没有非主属性对键的传递函数依赖，基本上解决了 1NF 和 2NF 中的问题。

（1）DL 关系中可以插入无在校学生的信息。

（2）某个专业的学生全部毕业了，只是删除 SD 关系中的相应元组，DL 关系中有关该专业的信息仍然存在。

（3）有关专业的学生住处信息只在 DL 关系中存储一次。

（4）当学校调整某个专业的学生住处时，只需修改 DL 关系中相应元组的 SLOC 属性值。

3NF 就是不容许关系模式的属性之间有 $X \to Y$ 这样的非平凡函数依赖，其中 X 不涉及键，Y 是非主属性。X 不涉及键有两种情况，一种情况为 X 是键的真子集，这也是 2NF 不容许的；另一种情况为 X 具有非主属性，这是 3NF 进一步限制的。

上例中的 SD 关系模式和 DL 关系模式都属于 3NF。可见，采用投影分解法将一个 2NF 的关系模式分解为多个 3NF 的关系模式，可以在一定程度上解决原 2NF 关系模式中存在的插入异常、删除异常、数据冗余度高、修改复杂等问题。

但是将一个 2NF 关系模式分解为多个 3NF 的关系模式后，并不能完全消除关系模式中的多种异常状况和数据冗余。也就是说，属于 3NF 的关系模式虽然可基本上解决异常问题，但解决得并不彻底，仍然存在局限性。

例如关系模式 SC(SNO,SNAME,CNO,GRADE)中，如果姓名是唯一的，则该关系模式存在两个候选键：(SNO,CNO)和(SNAME,CNO)。

关系模式 SC 只有一个非主属性 GRADE，对两个候选键(SNO,CNO)和(SNAME,CNO)都是完全函数依赖，并且不存在对两个候选键的传递函数依赖，因此 $SC \in 3NF$。

但 SC 关系模式仍然存在以下问题。

（1）插入异常：刚刚转入的某位学生，但尚未选课，则由于 CNO 是主属性，这样该学生的信息就无法插入 SC 关系中。

（2）删除异常：如果学生只选修了一门课程，由于某种原因，该门课程无法选修，则删除学生选课信息的同时，该学生的其他信息也被一起删除，因此仍然存在删除异常的问题。

（3）数据冗余度高：由于学生选修课程较多，姓名将被反复存储，导致数据冗余度高。

（4）修改复杂：如果某个学生更换了姓名（特殊情况），由于姓名的存储数量与该学生选修课程的门数有关，因此势必造成修改难度的加大。

因此，虽然 SC 关系模式已经是比较好的关系模型，但仍然存在改善的余地。

8.3.4　BC 范式

定义 8.12　关系模式 $R \in 1NF$，对于任何非平凡函数依赖 $X \to Y$（$Y \nsubseteq X$），X 均涉及键，则 $R \in BCNF$。

BCNF 是从 1NF 直接定义而成的，可以证明，如果 $R \in BCNF$，则 $R \in 3NF$。

由 BCNF 的定义可以看到，每个属于 BCNF 的关系模式都具有以下 3 个性质。

（1）所有非主属性都完全函数依赖于每个候选键。

（2）所有主属性都完全函数依赖于每个不涉及它的候选键。

（3）没有任何属性完全函数依赖于非键的任何一组属性。

如果关系模式 $R \in BCNF$，由定义可知，R 中不存在任何属性传递函数依赖于或部分函数依赖于任何候选键，因此必然有 $R \in 3NF$。但是，如果 $R \in 3NF$，R 未必属于 BCNF。

1．正例

关系模式：SJP(学生,课程,名次)。该关系模式中的元组含义是每一个学生、每门课程有一定的名次；每门课程中每一名次只有一个学生。由语义可得到下面的函数依赖。

$F=\{(\text{学生},\text{课程}) \to \text{名次},(\text{名次},\text{课程}) \to \text{学生}\}$。

所以(学生，课程)与(名次，课程)都可以作为主键。这个关系模式中显然没有非主属性对主键的传递函数依赖或部分函数依赖，故 SJP $\in$ 3NF。另外，除主键以外没有其他决定因素，因此 SJP $\in$ BCNF。

2．反例

关系模式：SJT(学生,课程,教师)。该关系模式中的元组含义是某个学生学习某个教师开设的某门课程。现假定存在以下附加条件。

- 某一学生选定某门课程，就确定了固定的教师。
- 每位教师只讲授一门课。
- 每门课可由不同教师讲授。

因此，由语义可得到如下的函数依赖：$F=\{(\text{学生},\text{课程}) \to \text{教师},\text{教师} \to \text{课程}\}$。

通过语义分析可知，(学生,课程)和(学生,教师)都是候选键，(学生,课程) $\to$ 课程的函数依赖关系成立，由于没有任何非主属性对主键的部分函数依赖和传递函数依赖，因此 SJT $\in$ 3NF。但 SJT $\notin$ BCNF，因为教师 $\to$ 课程，教师是决定属性集，但教师不是候选键。

不满足 BCNF 范式的关系模式同样存在更新异常问题。

例如，在 SJT(学生,课程,教师)中，如果存在元组(S1,J2,T3)，当删除信息"学生 S1 选定的 J2 课程"时，将同时失去"T3 教师主讲 J2 课程"这一信息。

采用投影分解法，可将 SJT 关系模式分解为以下两个关系模式。

- ST(学生,教师)。

- TJ(教师,课程)。

ST∈BCNF，TJ∈BCNF。

3NF 和 BCNF 是在函数依赖的条件下对关系模式分解所能达到的分离程度的测度。几个关系模式如果都属于 BCNF，那么在函数依赖的范畴内，它们已实现了彻底的分离，已消除了插入和删除的异常。

如果仅考虑函数依赖这一种数据依赖，属于 BCNF 的关系模式已经很"完美"了。但如果考虑其他数据依赖，如多值依赖、连接依赖等，属于 BCNF 的关系模式仍存在问题，不能算是一种完美的关系模式。

8.4　关系模式规范化环节

规范化程度过低的关系模式不一定可以较好地描述现实世界，也许会存在插入异常、删除异常、修改复杂、数据冗余度高等问题，解决措施就是对其进行规范化，转换成高级范式。

规范化的基本思想是逐渐消除数据依赖中不合适的部分，使各关系模式达到某种程度的"分离"。即采用"一事一地"的关系模式设计原则，让一种关系模式描述一种概念、一种实体或实体间的一种联系，若多于一种概念就把它"分离"出去。因此，所谓规范化实质上是概念的单一化。

关系模式规范化的基本环节如图 8-2 所示。

（1）对 1NF 关系模式进行投影，消除原关系模式中非主属性对键的函数依赖，将 1NF 关系模式转换成为若干个 2NF 关系模式。

（2）对 2NF 关系模式进行投影，消除原关系模式中非主属性对键的传递函数依赖，从而产生一组 3NF 关系模式。

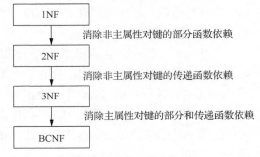

图 8-2　关系模式规范化的基本环节

（3）对 3NF 关系模式进行投影，消除原关系模式中主属性对键的部分函数依赖和传递函数依赖（也就是说，使决定属性都成为投影的候选键），得到一组 BCNF 关系模式。

以上 3 步也可以合并为 1 步：对原关系模式进行投影，消除决定属性不是候选键的任何函数依赖。

规范化程度过低的关系模式也许会存在插入异常、删除异常、修改复杂、数据冗余度高等问题，需要对其进行规范化，转换成高级范式。但这并不意味着规范化程度越高的关系模式就越好。在设计数据库模式时，必须根据现实世界的实际状况和用户应用需求做进一步分析，拟定一种合适的、可以反映现实世界的关系模式。即上面的规范化环节可以在其中任何一步结束。

最后需要强调的是，规范化理论为数据库设计提供了理论的指南和工具，但仅是指南和工具。并不是规范化程度越高，关系模式就越好，而是必须结合应用环境和现实世界的具体情况合理地设计关系模式。

本章小结

本章主要讨论了关系模式设计的问题。关系模式设计的好坏，对消除数据冗余和保证数据一致性等重要问题有直接影响。好的关系模式设计，必须有相应理论作为基石，这就是关系数据库设计中的规范化理论。

在数据库中，产生数据冗余的一个重要因素是数据之间存在相互依赖关系，本章主要讲解的数据间的依赖关系体现为函数依赖，消除冗余的基本做法是把不符合规范的关系模式分解成若干个比较小的关系模式。而这种分解的过程是逐渐将函数依赖化解的过程，并使之达到一定的范式。范式是衡量关系模式优劣的指标，体现了关系模式中数据依赖之间应当满足的关系。

习 题

1. 解释下列名词。

函数依赖、部分函数依赖、完全函数依赖、传递函数依赖、候选键、主键、全键、1NF、2NF、3NF、BCNF。

2. 现要建立有关系、学生、班级、社团等信息的一个关系数据库。语义为：一个系有若干专业，每个专业每年只开设一个班，每个班有若干学生，一个系的学生住在同一个宿舍区，每个学生可参与若干社团，每个社团有若干学生。

描述学生的属性有学号、姓名、出生日期、系名、班号、宿舍区。

描述班级的属性有班号、专业名、系名、人数、入校年份。

描述系的属性有系名、系号、系办公室地点、人数。

描述社团的属性有社团名、成立年份、地点、人数、学生参与某社团的年份。

（1）请写出关系模式。

（2）写出每个关系模式的最小函数依赖集，指出是否存在传递函数依赖。在函数依赖左部是多属性的情况下，讨论函数依赖是完全函数依赖还是部分函数依赖。

（3）指出各个关系模式的候选键、外键及有无全键。

3. 设关系模式 $R(A,B,C,D)$，函数依赖集 $F=\{A{\rightarrow}C,C{\rightarrow}A,B{\rightarrow}AC,D{\rightarrow}AC,BD{\rightarrow}A\}$。

（1）求出 R 的候选键。

（2）求出 F 的最小函数依赖集。

（3）将 R 分解为 3NF，使其既具有无损连接性又具有函数依赖保持性。

4. 设关系模式 $R(A,B,C,D,E,F)$，函数依赖集 $F=\{AB{\rightarrow}E,BC{\rightarrow}D,BE{\rightarrow}C,CD{\rightarrow}B,CE{\rightarrow}AF,$ $CF{\rightarrow}BD,C{\rightarrow}A,D{\rightarrow}EF\}$，求 F 的最小函数依赖集。

5. 判断下面的关系模式是否满足 BCNF，并说明判断依据。

（1）任何一种二元关系。

（2）关系模式选课(学号,课程号,成绩)，函数依赖集 $F=\{(学号,课程号)\rightarrow成绩\}$。

（3）关系模式 $R(A,B,C,D,E,F)$，函数依赖集 $F=\{A{\rightarrow}BC,BC{\rightarrow}A,BCD{\rightarrow}EF,E{\rightarrow}C\}$。

6. 设有关系模式 $R(A,B,C)$，函数依赖集 $F=\{AB{\rightarrow}C,C{\rightarrow}A\}$，$R$ 属于第几范式？为什么？

7. 设有关系模式 $R(A,B,C,D)$，函数依赖集 $F=\{A{\rightarrow}B,B{\rightarrow}A,AC{\rightarrow}D,BC{\rightarrow}D,AD{\rightarrow}C,BD{\rightarrow}C,$ $A{\rightarrow}CD,B{\rightarrow}CD\}$。

（1）求 R 的主键。

（2）R 是否满足 BCNF，为什么？

（3）R 是否满足 3NF，为什么？

第**9**章 数据库设计

内容导读

数据库设计是信息系统设计的基础，一个好的数据库设计在满足软件需求的同时，还要具有易维护和易扩充等特点，同时还要考虑到数据的一致性、冗余性和访问效率。数据库设计主要包括数据库的结构设计和行为设计。其中，结构设计是指数据库的模式框架设计，如表的设计、字段的设计、主外键设计和索引设计；而行为设计是指应用程序的设计，如信息系统的功能设计和流程设计等。本章以贷款数据库为例，介绍数据库设计的步骤及相关知识。

本章学习目标

（1）了解数据库设计的基本概念。

（2）掌握数据库设计的基本步骤。

（3）掌握数据库的概念结构设计方法。

（4）掌握数据库的逻辑结构设计方法。

9.1　数据库设计的概念

数据库设计是指对一个给定的应用环境，设计优化的数据库逻辑模式和物理结构，并据此建立数据库及其应用系统，使之能够有效地存储和管理数据，满足各种用户的应用需求，包括信息管理要求和数据操作要求。信息管理要求是指在数据库中应该存储和管理哪些数据对象；数据操作要求是指对数据对象需要进行哪些操作。数据库设计的目标是为用户和应用系统提供信息基础设施和高效的运行环境。

9.1.1　数据库设计的特点

数据库设计具有综合性、静态结构设计与动态行为设计相分离等特点。

（1）综合性

综合性指数据库设计面广，需要包含计算机专业知识及业务系统专业知识，要解决技术及非技术两方面的问题。

（2）静态结构设计与动态行为设计相分离

静态结构设计是指数据库的模式框架设计，包括语义结构（概念结构）、数据结构（逻辑结构）、存储结构（物理结构）的设计。动态行为设计是指应用程序设计，包括动作操纵、功能组织、流程控制等。数据库的静态结构设计在模式或外模式中定义，而数据库的动态行为设计在应用程序中实现。

9.1.2 数据库设计的基本步骤

数据库设计从本质上看仍然是手动设计，其基本思想是过程迭代和逐步求精。考虑到数据库及其应用系统开发的全过程，数据库设计通常分为以下 6 个阶段，基本步骤如图 9-1 所示。

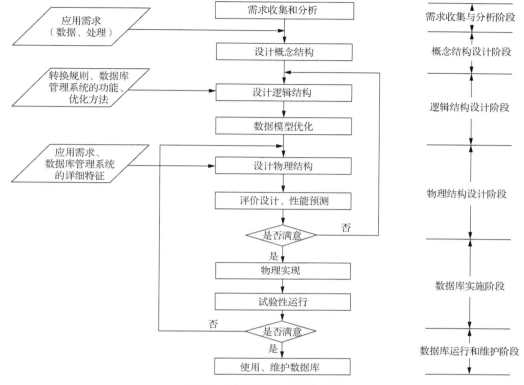

图 9-1　数据库设计的基本步骤

（1）需求收集与分析阶段：数据库设计人员就系统功能、数据需求、数据完整性和安全性等诸多方面与应用领域专家和用户展开多种方式的沟通，同时综合不同用户的应用需求。

（2）概念结构设计阶段：数据库设计人员将用户需求以概念模型的方式表达出来，独立于具体 DBMS 产品，用以和用户沟通并确认需求。概念结构设计是整个数据库设计的关键，基于 E-R 图的 E-R 模型是目前最为广泛使用的概念模型。

（3）逻辑结构设计阶段：数据库设计人员将概念模型转换成具体的数据库产品支持的逻辑模型（如关系数据库模型），形成数据库的逻辑模式并对它进行优化，然后根据用户的处理要求、对安全性的考虑，在全局逻辑结构基础上再建立必要的视图，形成数据的外模式。

（4）物理结构设计阶段：在这一阶段，数据库设计人员需要为逻辑模型选取一个适合应用环境的物理结构，包括物理存储和索引结构的选择等，形成数据库内模式。

（5）数据库实施阶段：数据库设计人员运用数据库管理系统提供的数据库语言，根据逻辑结构设计和物理结构设计的结果建立数据库，编写与调试应用程序，组织数据入库，并进行试验性运行。

（6）数据库运行和维护阶段：数据库应用系统经过试验性运行之后即可投入正式运行，在数据库系统运行过程中必须不断地对其进行评估、调整与维护。

9.2 数据库需求分析

需求分析就是分析用户的要求，是设计数据库的起点。需求分析结果是否准确地反映了用户的实际要求，将直接影响到后面各个阶段的设计。本章将围绕"借款人向银行贷款"进行需求分析。

需求分析的任务是详细调查现实世界要处理的组织、部门、企业等对象，充分了解原手动系统或计算机系统的工作概况，明确用户的各种需求，在此基础上确定新系统的功能。新系统必须充分考虑今后可能的扩充和改变，调查的重点是"数据"和"处理"，获得用户对数据库的信息要求、处理要求以及安全性与完整性要求。

9.2.1 需求分析的方法和步骤

1．常用的需求分析方法

（1）调查清楚用户的实际需求并进行初步分析。

（2）与用户达成共识。

（3）分析与表达用户需求。

2．用户需求调查的步骤

（1）调查组织机构的情况。

（2）调查各部门的业务活动情况。

（3）协助用户明确对新系统的各种要求，包括信息要求、处理要求、安全性与完整性要求。

（4）确定新系统的边界。

需求分析结束后需要对用户需求进行整理，撰写需求分析报告。需求分析报告主要包括两部分内容，即数据流图（Data Flow Diagram，DFD）和数据字典。

9.2.2 数据流图

数据流图也称为数据流程图，是一种便于用户理解和分析系统数据流程的图形工具。它可摆脱系统和具体内容，在逻辑上精确地描述系统的功能、输入、输出和数据存储等，是系统逻辑模型的重要组成部分。

画数据流图的步骤如下。

（1）首先画系统的输入、输出，即先画顶层数据流图。顶层数据流图只包含一个加工，用以表示被开发的系统，然后考虑该系统有哪些输入、输出数据流。顶层数据流图的作用在于表明被开发系统的范围以及它和周围环境的数据交换关系。

（2）画系统内部，即画下层数据流图。不再分解的加工称为基本加工，一般将层号从 0 开始编号，采用自顶向下、由外向内的原则。在画 0 层数据流图时，分解顶层数据流图的系统为若干子系统，并决定每个子系统间的数据接口和活动关系。

9.2.3 数据字典

数据字典是关于数据库中数据的描述，即元数据，而不是数据本身。数据字典在需求收集与分析阶段被建立，在数据库设计过程中不断被修改、充实、完善。数据字典通常包括数据项、数据结构、数据流、数据存储和处理过程几部分。数据字典通过对数据项和数据结构的定义来描述数据流、数据存储的逻辑内容。

1．数据项

数据项是数据的最小组成单位，若干个数据项可以组成一个数据结构。对数据项的描述通常包括以下内容：数据项名、数据项含义说明、别名、数据类型、长度、取值范围、取值含义、与其他数据项的逻辑关系，以及数据项之间的联系。

2．数据结构

数据结构反映了数据之间的组合关系。一个数据结构可以由若干个数据项组成，也可以由若干个数据结构组成，还可以由若干个数据项和数据结构混合组成。对数据结构的描述通常包括以下内容：数据结构名、含义说明、组成（数据项或数据结构）。

3．数据流

数据流是数据结构在系统内传输的路径。对数据流的描述通常包括以下内容：数据流名、说明、数据流来源、数据流去向、平均流量、高峰期流量、组成（数据结构）。

4．数据存储

数据存储是数据结构停留或保存的地方，也是数据流的来源和去向之一，其可以是手动存档或手动凭单，也可以是计算机文档。对数据存储的描述通常包括以下内容：数据存储名、说明、编号、输入的数据流、输出的数据流、数据量、存取频度、存取方式、组成（数据结构）。

5．处理过程

处理过程一般用判定表或判定树来描述。数据字典中只需要描述处理过程的说明性信息即可，通常包括以下内容：处理过程名、说明、输入（数据流）、输出（数据流）、处理（简要说明）。

9.2.4　需求分析示例

以"借款人向银行贷款"为例进行需求分析，得到以下需求分析信息。

- 借款人信息包括借款人编号、姓名、性别、年龄、电话、职业、工作单位。其中，借款人编号唯一标识借款人实体。
- 银行信息包括银行编号、银行名称、银行地址、所属城市、银行性质。其中，银行编号唯一标识银行实体，银行性质有公办、私营、民营、集体4种。
- 贷款信息包括借款人编号、银行编号、贷款金额、贷款期数、贷款时间、还款时间。借款人编号、银行编号和贷款时间唯一标识贷款关系中的每一个元组。

9.3　概念结构设计

9.3.1　概念结构设计的方法与步骤

常用的概念结构设计方法有以下4种。

（1）自顶向下：首先定义全局概念结构的框架，然后逐步细化。

（2）自底向上：首先定义各局部应用的概念结构，然后将它们集成起来，得到全局概念结构。其中，自底向上设计结构分为以下两步。

① 抽象数据并设计局部视图（即分 E-R 图）。首先需要根据系统的具体情况，以某个层面为出发点，作为分 E-R 图的分割依据。然后逐一设计分 E-R 图，标定局部应用中的实体、属性、键和实体间的联系。

② 集成局部视图，得到全局概念结构。各个分 E-R 图建立好后，还需要对它们进行合并，集成为一个整体的概念结构，即全局 E-R 图。

（3）逐步扩张：首先定义重要的核心概念结构，然后向外扩充，以滚雪球的方式逐步生成其他概念结构，直至总体概念结构。

（4）混合策略：将自顶向下和自底向上相结合，用自顶向下策略设计一个全局概念结构的框架，以它为骨架集成用自底向上策略设计的各局部概念结构。

以上4种方法中，被经常采用的是自底向上方法，即自顶向下地进行需求分析，然后自底向上地设计概念结构。

集成分E-R图需要通过合并、修改和重构两个步骤。

（1）合并：各个局部应用所面向的问题不同，而且可能由不同的数据设计人员进行局部视图设计，导致各个分E-R图之间存在许多不一致的地方。

合并分E-R图的主要工作就是合理消除各分E-R图的以下3种冲突。

① 属性冲突，即属性值的类型不同、取值范围不同、属性取值单位不同。

② 命名冲突，包括同名异义（不同意义的对象在不同的局部应用中具有相同的名字）和异名同义（同一意义的对象在不同的局部应用中具有不同的名字）。

③ 结构冲突，即同一对象在不同应用中具有不同的抽象，或者同一实体在不同局部视图中所包含的属性不完全相同或属性的排列次序不完全相同，或者实体间的联系在不同的E-R图中为不同的类型。

（2）修改与重构：即消除不必要的冗余（冗余数据或冗余联系），设计基本E-R图。所谓冗余数据是指可由基本数据导出的数据，冗余联系是指可由其他联系导出的联系。消除冗余主要采用分析方法，即以数据字典和数据流图为依据，根据数据字典中有关数据项之间的逻辑关系，基于关系数据库的规范化理论来进行。

最终，整体概念结构还应该提交给用户，征求用户和有关人员的意见，进行评审、修改和优化，这样才能作为最终的数据库概念结构，成为下一步数据库逻辑结构设计的依据。

9.3.2 概念结构设计示例

以"借款人向银行贷款"为例，先进行分E-R图设计，再合并成一个整体。考虑到一个实体可能拥有的更多属性，做如下分析。

（1）一家银行可以服务于多个借款人，一个借款人可以在多家银行开立账户。对于借款人，需要记录其姓名、性别、年龄、电话以及职业等信息。对于银行，需要记录银行编号、银行名称、地址、所属城市以及银行性质等信息。二者之间的分E-R图如图9-2所示。

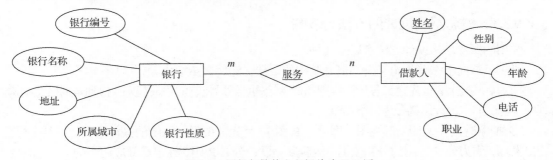

图 9-2 银行与借款人之间的分E-R图

（2）一家银行可以管理多项贷款业务，一项贷款业务可以被多家银行开设。对于银行，需要记录银行编号、银行名称、地址、所属城市以及银行性质等信息。对于贷款，需要记录借款人编号、贷款编号、银行编号、贷款时间、还款时间、贷款金额以及期数等信息。二者之间的分E-R图如图9-3所示。

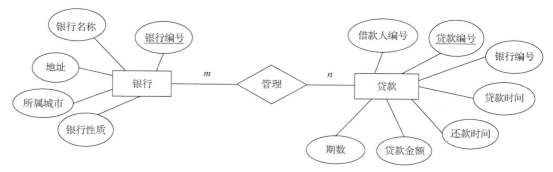

图 9-3　银行与贷款之间的分 E-R 图

（3）一个借款人账户可以在一家银行办理多笔贷款，一项贷款业务可以被多个借款人办理。对于借款人，需要记录姓名、性别、年龄、电话以及职业等信息。对于贷款，需要记录借款人编号、贷款编号、银行编号、贷款时间、还款时间、贷款金额以及期数等信息。二者之间的分 E-R 图如图 9-4 所示。

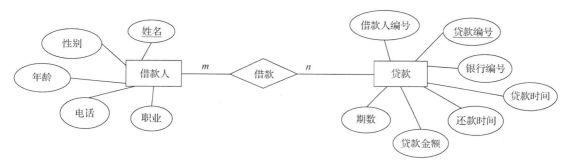

图 9-4　借款人与贷款之间的分 E-R 图

（4）将以上 3 个分 E-R 图合并为一个全局 E-R 图，在进行合并操作时，分 E-R 图之间不存在冲突，合并后的全局 E-R 图如图 9-5 所示。

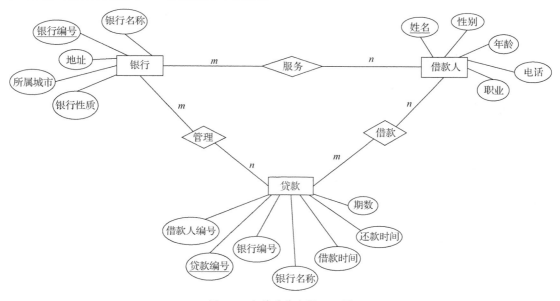

图 9-5　合并后的全局 E-R 图

合并后的全局 E-R 图不再需要进行修改与重构。

9.4 逻辑结构设计

9.4.1 E-R 图转换原则

逻辑结构设计的任务是把概念结构设计阶段设计好的基本 E-R 图转换为与所选用的数据库管理系统产品所支持的数据模型相符合的逻辑结构，实际上，就是将 E-R 图转换为关系模式。转换原则如下。

（1）一个实体型转换为一个关系模式。实体的属性转换为关系的属性，实体的键转换为关系的键。

（2）实体型间的联系有以下 3 种转换情况。

① 一个 1：1 的联系可以转换为一个独立的关系模式，也可以与任意一端对应的关系模式合并，通常采用后者。合并后关系的属性要加入对应关系的键和联系本身的属性，而合并后关系的键还是原实体的键。

例如，银行和行长之间就是 1：1 的关系，其分 E-R 图如图 9-6 所示。

将其转化为关系模式，如下所示。

银行表（ * 银行编号，银行名称，行长职工号）

此为银行实体对应的关系模式，可以将行长这一实体的属性加入银行实体本身的关系模式。其中银行表的主键为银行编号。

② 一个 1：n 的联系可以转换为一个独立的关系模式，也可以与 n 端对应的关

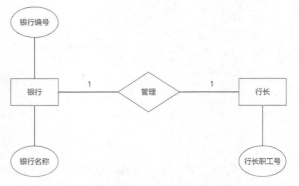

图 9-6　银行与行长之间的分 E-R 图

系模式合并，通常采用后者。合并后关系的属性是在 n 端关系中加入 1 端关系的码和联系本身的属性，而合并后关系的键还是原实体的键。

由图 9-2 可知，银行与借款人之间的联系为 m：n，将其转化为关系模式，如下所示。

借款人表（ * 姓名，性别，年龄，电话，职业，银行编号，银行名称，…）

此为银行实体对应的关系模式，由于一家银行可以服务多个借款人，所以将银行这一实体的属性添加到借款人实体本身的关系模式中。其中借款人表的主键为姓名。

③ 一个 m：n 联系转换为一个新的关系模式，新关系模式的属性由与该联系相连的各实体的键以及联系本身的属性组成，而新关系模式的键由各实体键组成。

由图 9-4 可知，借款人与贷款之间的联系为 m：n，将其转化为关系模式，如下所示。

贷款表（ * 姓名， * 贷款编号，性别，贷款金额，…）

此为联系借款所对应的关系模式，借款人与贷款是 m：n 的联系，应该将两个实体的属性以及联系本身的属性共同组成关系模式的键，其中，贷款表的主键为(姓名,贷款编号)，外键为借款人的姓名和贷款编号。

若有 3 个或 3 个以上实体间的多元联系，则需要转换为新的关系模式，新关系模式的属性

由与该多元联系相连的各实体的键以及联系本身的属性组成,新关系模式的键由各实体键组成。

9.4.2 数据模型的优化

数据库逻辑结构设计的结果不是唯一的,应该根据具体要求对其进行适当修改并调整数据模型的结构,即数据模型的优化。同时还应当注意,并不是规范化程度越高的关系模式越优。

为提高数据操作效率和存储空间利用率,常用的两种分解方法是水平分解和垂直分解。

水平分解就是把(基本)关系模式的属性分为若干子集合,定义每个子集合为一个子关系模式,以提高系统的效率。在一个大的关系中,经常被使用的数据只是关系的一部分,可以将经常使用的部分数据分解出来,形成一个子关系。

垂直分解就是把关系 R 的属性分解为若干子集合,形成若干子关系模式。将经常在一起使用的属性从 R 中分解出来形成一个子关系模式。垂直分解需要确保无损连接性并保持函数依赖,即保证分解后的关系模式具有无损连接性并保持函数依赖。

9.5 物理结构设计

对已确定的逻辑结构,利用 DBMS 提供的方法、技术,以较优的存储结构、数据存取路径及合理的数据存储位置、存储分配,设计出一个适合应用要求的、可实现的物理结构的过程,就是数据库的物理结构设计。数据库的物理结构设计分为两步:确定数据库的物理结构,对物理结构进行时间和空间效率的评价。数据库物理结构设计的内容主要包括为关系模式选择存取方法和确定数据库的物理结构(也称存储结构)。

9.5.1 选择存取方法

物理结构设计的任务之一是根据关系数据库管理系统支持的存取方法,确定选择哪些存取方法。B+树索引和 Hash 索引是数据库中普遍使用的存取方法。

(1)B+树索引存取方法

① 如果一个(或一组)属性经常在查询条件中出现,则考虑在这个(或这组)属性上建立索引(或组合索引)。

② 如果一个属性经常作为求最大值或求最小值等统计函数的参数,则考虑在这个属性上建立索引。

③ 如果一个(或一组)属性经常在连接操作的连接条件中出现,则考虑在这个(或这组)属性上建立索引。

(2)Hash 索引存取方法

① 一个关系的大小可预知,而且不变。

② 关系的大小动态改变,但关系数据库管理系统提供了动态 Hash 索引存取方法。

选择 Hash 索引存取方法的规则如下:如果一个关系的属性主要出现在等值连接条件或等值比较选择条件中,而且满足以上两种条件之一,则可以选择 Hash 索引存取方法。

9.5.2 确定物理结构

确定数据库物理结构主要指确定数据的存放位置和存储结构,包括确定关系、索引、聚簇、日志、备份等的存放位置和存储结构，以及确定系统配置等。确定数据的存放位置和存储结构要综合考虑存取时间、存储空间利用率和维护代价 3 方面因素。

9.5.3　评价物理结构

评价物理结构的方法完全依赖于所选用的DBMS，主要是从定量估算各种方案的存储空间、存取时间和维护代价入手，对估算结果进行权衡、比较，选择出较优的、合理的物理结构。如果物理结构不符合用户需求，则需要修改设计。

9.6　数据库实施

数据库实施阶段需要做的工作有数据载入、应用程序的编码和调试、数据库的试运行等。

数据库物理结构建立好后，就可以向数据库中装载数据了。组织数据入库是数据库实施阶段主要的工作。数据装载方法有人工方法和计算机辅助数据入库。为了保证数据库中的数据正确、无误，在将数据输入系统进行数据转换过程中，应该进行多次校验。

数据库应用程序的设计应该与数据库设计并行进行，在组织数据入库的同时还要调试应用程序。

在应用程序调试完成，并且已有一部分数据入库后，就可以开始对数据库系统进行联合调试，这也称为数据库的试运行。这一阶段要实际运行数据库应用程序，执行对数据库的各种操作，测试应用程序的功能是否满足设计要求。如果不满足，则要对应用程序进行修改、调整，直到达到设计要求为止。在数据库试运行阶段，还要对数据库系统的性能指标进行测试，分析其是否达到设计目标。

9.7　数据库运行和维护

数据库投入运行标志着开发工作的基本完成和维护工作的开始，数据库只要存在一天，就需要不断地对它进行评估、调整和维护。

在数据库运行阶段，对数据库的经常性维护工作主要由数据库系统管理员完成，其主要工作包括数据库的备份和恢复，数据库的安全性和完整性控制，监视、分析、调整数据库性能，数据库的重组等。

数据库的备份和恢复：数据库系统管理员要对数据库进行定期备份，一旦出现故障，要尽可能及时地将数据库恢复到正确状态，以减少损失。

数据库的安全性和完整性控制：随着数据库应用环境的变化，数据库的安全性和完整性要求也会发生变化。

监视、分析、调整数据库性能：监视数据库的运行情况，并对检测数据进行分析，找出能够提高性能的可行性方法，并适当地对数据库进行调整。目前有些 DBMS 产品提供了性能检测工具，数据库系统管理员利用这些工具可以很方便地监视数据库。

数据库的重组：数据库经过一段时间的运行后，随着数据的不断添加、删除和修改，会导致数据库的存取效率降低，这时数据库管理员可以改变数据库数据的组织方式，通过增加、删除或调整部分索引等方法，改善数据库的性能。数据库的重组一般并不改变数据库的逻辑结构。

本章小结

本章需要读者掌握数据库的设计过程，包括需求分析、概念结构设计、逻辑结构设计、物理结构设计、数据库实施、数据库运行和维护。同时，读者应了解数据库设计过程中往往会有许多反复。数据库各级模式的形成也是读者需要掌握的，其中概念结构设计阶段的 E-R 图绘制方法、在逻辑结构设计阶段将 E-R 图转换成具体的数据库产品支持的数据模型（如关系模型）形成数据库逻辑结构的方法，需要读者重点掌握。然后本章讲解了根据用户处理的要求、安全性考虑，在基本表的基础上建立必要的视图形成数据库的外模式，在物理结构设计阶段根据 DBMS 的特点和处理的需要进行物理存储安排、索引设计形成数据库的内模式。希望读者通过本章的学习，能够对数据库设计有更加深刻的认识。

习 题

一、选择题

1. 关系模式设计理论主要解决的问题是（   ）。
   A. 插入异常、删除异常和数据冗余　　　　　B. 提高查询速度
   C. 减少数据操作的复杂性　　　　　　　　　D. 保证数据的安全性和完整性
2. 在数据库设计的需求分析阶段，描述数据与处理之间关系的方法是（   ）。
   A. E-R 图　　　　　B. 业务流程图　　　　　C. 数据流图　　　　　D. 程序框图
3. 建立索引属于数据库的（   ）。
   A. 概念结构设计　　B. 逻辑结构设计　　　C. 物理结构设计　　D. 实现与维护设计
4. 数据库设计中，用于反映企业信息需求的是（   ）。
   A. E-R 模型　　　　B. 关系模型　　　　　C. 层次模型　　　　D. 网状模型

二、填空题

1. E-R 图中，_____用矩形表示，_____用椭圆形表示，_____用菱形表示。
2. 各子系统的 E-R 图之间的冲突主要有 3 类：_____、_____和_____。

三、简答题

1. 数据字典的内容和作用是什么？
2. 采用 E-R 图方法进行数据库设计过程中，将分 E-R 图合并成全局 E-R 图，需要消除哪 3 种冲突？
3. 简述关系模型的 3 个组成部分。
4. 逻辑结构设计的目的是什么？

四、实践题

设某商业集团数据库有 3 个实体集。一是"商品"实体集，属性有商品号、商品名、规格、单价等；二是"商店"实体集，属性有商店号、商店名、地址等；三是"供应商"实体集，属性有供应商编号、供应商名、地址等。供应商与商品之间存在"供应"联系，每个供应商可供应多种商品，每种商品可向多个供应商订购，每个供应商供应的每种商品有月供应量；商店与商品间存在"销售"联系，每个商店可销售多种商品，每种商品可在多个商店销售，每个商店销售的每种商品有月计划数。

试画出该商业集团数据库的 E-R 图，并将其转化为关系模型。

第 **10** 章 事务及并发控制

内容导读

事务及并发控制属于数据库保护的知识范畴，数据库保护包括数据的一致性和并发控制、安全性、备份和恢复等内容，事务是保证数据一致性的基本手段。

事务是数据库中一系列的操作，这些操作是一个完整的执行单元，是保证数据一致性的基本手段。事务处理技术主要包括数据库恢复技术和并发控制技术。数据库是多用户的共享资源，因此在多个用户同时操作数据时，保证数据的正确性是并发控制要解决的问题。本章主要介绍事务的基本概念、并发控制方法。

本章学习目标

（1）了解事务的概念及 ACID 特性。
（2）熟练掌握事务的并发控制方法。
（3）熟练掌握锁的作用和使用方法。
（4）了解死锁的发生原因。

10.1 事务

数据库中的数据是共享的资源，因此，数据库管理系统允许多个用户同时访问相同的数据。当多个用户同时操作相同的数据时，系统如果不采取任何措施，则会造成数据异常。事务是为防止这种情况发生而产生的一个概念。

10.1.1 事务概述

事务是用户定义的数据操作系列，这些操作可作为一个完整的工作单元，一个事务内的所有语句被作为一个整体，要么全部执行，要么全部不执行。

例如，A 账户转账给 B 账户 n 元钱，这个活动包含两个动作。

第一个动作：A 账户的余额$-n$。

第二个动作：B 账户的余额$+n$。

我们可以这样设想，假设第一个动作成功了，但第二个动作由于某种原因没有成功（如突然停电等）。那么在系统恢复运行后，A 账户的余额是减 n 之前的值还是减 n 之后的值呢？如果 B 账户的余额没有变化（没有加上 n），则正确的情况是 A 账户的余额也应该是没有做减 n 操作之前的值（如果 A 账户的余额是减 n 之后的值，则 A 账户中的余额和 B 账户中的余额就对不上了，这显然是不正确的）。怎样保证在系统恢复进行之后，A 账户的余额是减 n 之前的值呢？这就需要用到事务。事务可以保证在一个事务中的全部操作或者全部成功或者全部失败。也就是说，当第二个动作没有成功时，数据库管理系统自动将第一个动作撤销掉，使第一个动作失败。这样当系统恢复正常时，A 账户和 B 账户中的余额就是正确的。

如果要让数据库管理系统知道哪几个动作属于一个事务，则必须显式地告诉数据库管理系统，这可以通过标记事务的开始与结束来实现。不同的事务处理模型中，事务的开始标记不完全一样，但不管是哪种事务处理模型，事务的结束标记都是一样的。事务的结束标记有两个，一个是正常结束，用 COMMIT（提交）表示，也就是事务中的所有操作都将成为永久操作；另一个是异常结束，用 ROLLBACK（回滚）表示，也就是事务中的操作被全部撤销，数据库回到事务开始之前的状态。事务中的操作一般是对数据的更新操作，包括增、删、改。

10.1.2 事务的特性

事务具有 4 个特征，即原子性（Atomicity）、一致性（Consistency）、隔离性（Isolation）和持久性（Durability）。这 4 个特性也简称为事务的 ACID 特性。

1. 原子性

事务的原子性是指事务是数据库的逻辑工作单位，事务中的操作要么都执行，要么都不执行。

2. 一致性

事务的一致性是指事务执行的结果必须是使数据库从一个一致性状态变到另一个一致性状态。如前文所述的转账事务，转账事务结束后，数据库中 A 账户和 B 账户的金额必须是没有变化，或者两个账户的金额均发生变化。因此，当事务成功提交时，数据库就从事务开始前的一致性状态转到了事务结束后的一致性状态。同样，如果由于某种原因，在事务尚未完成时就出现了故障，那么就会出现事务中的一部分操作已经执行完成，而另一部分操作还没有执行，这样就有可能使数据库产生不一致的状态。因此，事务中的操作如果有一部分成功、一部分失败，为避免数据库产生不一致的状态，系统会自动将事务中已完成的操作撤销，使数据库回到事务开始前的状态。事务的一致性和原子性是密切相关的。

3. 隔离性

事务的隔离性是指数据库中一个事务的执行不能被其他事务干扰。即一个事务内部的操作及使用的数据对其他事务是隔离的，并发执行的各个事务不能相互干扰。

4. 持久性

事务的持久性也称为永久性（Permanence），指事务一旦提交，则其对数据库中数据的改变就是永久的，以后的操作或故障不会对事务的操作结果产生任何影响。

事务是数据库并发控制和恢复的基本单位。

保证事务的 ACID 特性是事务处理的重要任务。事务的 ACID 特性可能由于以下因素而遭到破坏。

（1）多个事务并行运行时，不同事务的操作有交叉情况。

（2）事务在运行过程中被强迫停止。

在第一种情况下，数据库管理系统必须保证多个事务在交叉运行时不影响这些事务的原子性。在第二种情况下，数据库管理系统必须保证被强迫停止的事务对数据库和其他事务没有任何影响。

以上这些工作都由数据库管理系统中的并发控制和恢复机制完成。

10.1.3 SQL 事务处理模型

事务有两种类型，一种是隐式事务，另一种是显式事务。隐式事务指每一条数据操作语句都自动地成为一个事务，显式事务是有显式的开始或结束标记的事务。对于显式事务，不同的数据库管理系统又有不同的模型，一类是 ISO 事务处理模型，另一类是 T-SQL 事务处理模型。下面分别介绍这两种模型。

1. ISO 事务处理模型

ISO 事务处理模型是"明尾暗头"，即事务的开始是隐式的，而事务的结束有明确的标记。在这种事务处理模型中，程序的首条 SQL 语句或事务结束符后的第一条语句自动作为事务的开始。而程序正常结束处或 COMMIT、ROLLBACK 语句处作为事务的结束。

如前文的 A 账户转账给 B 账户 n 元钱的事务，用 ISO 事务处理模型的代码如下。

```
UPDATE 支付表 SET 账户余额 = 账户余额 - n
    WHERE  账户号 = 'A'
UPDATE 支付表 SET 账户余额 = 账户余额 + n
    WHERE  账户号 = 'B'
COMMIT
```

2. T-SQL 事务处理模型

T-SQL 使用的事务处理模型对每个事务都有显式的开始和结束标记。事务的开始标记是 BEGIN TRANSACTION（TRANSACTION 可简写为 TRAN），事务的结束标记有以下两种。

正常结束：COMMIT [TRANSACTION ｜ TRAN]。

异常结束：ROLLBACK [TRANSACTION ｜ TRAN]。

如前文的转账例子，用 T-SQL 事务处理模型的代码如下。

```
BEGIN TRANSACTION
    UPDATE 支付表 SET 账户余额 = 账户余额 - n
        WHERE 账户号 =  'A'
    UPDATE 支付表 SET 账户余额 = 账户余额 + n
        WHERE 账户号 =  'B'
COMMIT
```

10.2 并发控制

数据库系统有一个明显的特点是多个用户共享数据库资源，即多个用户可以同时存取相同数据，飞机和火车订票系统的数据库、银行系统的数据库等都是典型的多用户共享数据库。在这样的系统中，同一时刻同时运行的事务可达数百个甚至更多。若对多用户的并发操作不加控制，就会造成数据存、取的错误，破坏数据的一致性和完整性。

多个事务的执行情况如图 10-1 所示。如果事务是顺序执行的，即一个事务完成之后，再开始另一个事务，则称这种执行方式为串行执行，如图 10-1（a）所示。如果数据库管理系统可以同时接收多个事务，并且这些事务在时间上可以重叠执行，则称这种执行方式为并发执行。在单 CPU 系统中，同一时间只能有一个事务占有 CPU，各个事务交叉地使用 CPU，这种并发方式称为交叉并发，如图 10-1（b）所示。在多 CPU 系统中，多个事务可以同时占有 CPU，这种并发方式称为同时并发。本书主要讨论的是单 CPU 中的交叉并发情况。

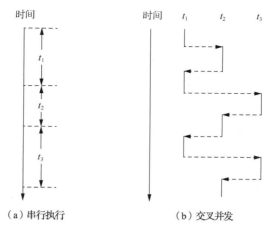

图 10-1　多个事务的执行情况

（a）串行执行　　　　　　（b）交叉并发

10.2.1　并发控制概述

数据库中的数据是可以共享的资源，因此会有很多用户同时使用数据库中的数据。也就是说，在多用户系统中，可能同时运行着多个事务，而事务的运行需要时间，并且事务中的操作需要一定的数据。当系统中同时有多个事务运行时，特别是当这些事务使用同一数据时，彼此之间就有可能产生相互干扰的情况。

事务是并发控制的基本单位，保证事务的 ACID 特性是事务处理的重要任务，而事务的 ACID 特性会因多个事务对数据的并发操作而遭到破坏。为保证事务之间的隔离性和一致性，数据库管理系统应该对并发操作进行正确的调度。

下面介绍并发事务之间可能相互干扰的情况。

假设有两个飞机订票点 A 和 B，如果 A、B 两个订票点恰巧同时办理同一航班的订票业务，其操作过程及顺序如下。

（1）A 订票点（A 事务）读出航班目前的机票余额数，假设为 16 张。

（2）B 订票点（B 事务）读出航班目前的机票余额数，也为 16 张。

（3）A 订票点订出 6 张机票，修改机票余额数为 $16-6=10$，并将 10 写回数据库中。

（4）B 订票点订出 5 张机票，修改机票余额数为 $16-5=11$，并将 11 写回数据库中。

由此可见，这两个事务不能反映飞机实际票数，而且 B 事务覆盖了 A 事务对数据库的修改，使数据库中的数据不可信。这种情况就称为数据的不一致，这种不一致是由并发操作引起的。在并发操作情况下会产生数据的不一致，是因为系统对 A、B 两个事务的操作序列的调度是随机的。这种情况在现实当中是不允许发生的，因此，数据库管理系统必须想办法避免出现这种情况，这就是数据库管理系统在并发控制中要解决的问题。

并发操作所带来的数据不一致情况大致可以概括为 4 种，即丢失数据修改、读"脏"数据、不可重复读和产生"幽灵"数据，下面分别介绍这 4 种情况。

1．丢失数据修改

丢失数据修改是指两个事务 T_1 和 T_2 读入同一数据并进行修改，T_2 提交的结果破坏了 T_1 提交的结果，导致 T_1 的修改被 T_2 覆盖了。上述订票操作就属于这种情况。丢失数据修改如图 10-2 所示。

事务及并发控制 ┃ 第 10 章

2．读"脏"数据

读"脏"数据是指一个事务读了某个失败事务运行过程中的数据。如事务 T_1 修改了某一数据，并将修改结果写回磁盘，然后事务 T_2 读取了同一数据（是 T_1 修改后的结果），但 T_1 后来由于某种原因撤销了它所做的操作，这样被 T_1 修改过的数据又恢复为原来的值，那么 T_2 读到的值就与数据库中实际的数据值不一致。这种情况就称为 T_2 读的数据为 T_1 的"脏"数据或不正确的数据。读"脏"数据如图 10-3 所示。

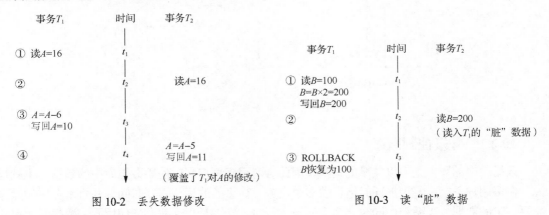

图 10-2　丢失数据修改　　　　　图 10-3　读"脏"数据

3．不可重复读

不可重复读是指事务 T_1 读取数据后，事务 T_2 执行了更新操作，修改了 T_1 读取的数据，T_1 操作完数据后，又重新读取了同样的数据，但这次读取数据后，当 T_1 再对这些数据进行相同操作时，所得的结果与前一次不一样。不可重复读如图 10-4 所示。

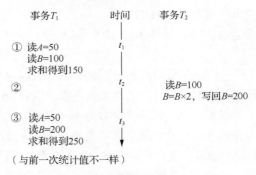

图 10-4　不可重复读

4．产生"幽灵"数据

产生"幽灵"数据实际属于不可重复读的范畴。它是指当事务 T_1 按一定条件从数据库中读取了某些数据后，事务 T_2 删除了其中的部分数据，或者在其中插入了部分数据，那么当 T_1 再次按相同条件读取数据时，会发现其中莫名其妙地少了（删除）或多了（插入）一些数据。这样的数据对 T_1 来说就是"幽灵"数据（或称"幻影"数据）。

产生这 4 种数据不一致情况的主要原因是并发操作破坏了事务的隔离性。并发控制就是要用正确的方法来调度并发操作，使一个事务的执行不受其他事务的干扰，避免造成数据的不一致。

10.2.2 并发控制措施

在数据库环境中，进行并发控制的主要方式是使用封锁机制，即加锁（Locking）。加锁是一种并行控制技术，是用来调整对共享目标（如数据库中共享数据）的并行存取的技术。事务通过向封锁管理程序的系统组成部分发出请求来对数据加锁。

以飞机订票系统为例，若事务 T 要修改机票余量，在读出机票余量前先封锁此数据，然后对数据进行读取和修改操作。这时其他事务就不能读取和修改机票余量，直到事务 T 修改完成后将数据写回数据库，并解除对此数据的封锁之后，其他事务才能使用这些数据。

加锁就是限制事务内和事务外对数据的操作。加锁是实现并发控制的一个非常重要的技术。所谓加锁就是事务 T 在对某个数据操作之前，先向系统发出请求，封锁其所要使用的数据。加锁后事务 T 对其要操作的数据具有了一定的控制权，在事务 T 释放它的锁之前，其他事务不能操作这些数据。

具体的控制由锁的类型决定。锁的基本类型有两种：排他锁（Exclusive Lock，也称为 X 锁或 "写" 锁）和共享锁（Shared Lock，也称为 S 锁或 "读" 锁）。

S 锁的定义是，若事务 T 给数据对象 A 加了 S 锁，则事务 T 可以读 A，但不能修改 A，其他事务可以再给 A 加 S 锁，但不能加 X 锁，直到 T 释放了 A 上的 S 锁为止。即对读操作（检索）来说，可以有多个事务同时获得 S 锁，但阻止其他事务对已获得 S 锁的数据使用 X 锁。

S 锁的操作基于这样的事实：其检索操作（SELECT）并不破坏数据的完整性，而修改操作（INSERT、DELETE、UPDATE）才会破坏数据的完整性。加锁的真正目的在于防止更新带来的失控操作破坏数据的一致性，而对检索操作则可放心地并行进行。

X 锁的定义是，若事务 T 给数据对象 A 加了 X 锁，则允许 T 读取和修改 A，但不允许其他事务再给 A 加任何类型的锁和进行任何操作。即一旦一个事务获得了对某一数据的 X 锁，则任何其他事务均不能对该数据进行任何封锁，其他事务只能进入等待状态，直到第一个事务释放了对该数据的封锁。

X 锁和 S 锁的控制方式可以用表 10-1 所示的锁的相容矩阵来表示。

表 10-1　锁的相容矩阵

T_1	T_2		
	X	S	无锁
X	否	否	是
S	否	是	是
无锁	是	是	是

在表 10-1 所示的锁的相容矩阵中，最左边一列表示事务 T_1 已经获得的数据对象上的锁类型，最上面一行表示另一个事务 T_2 对同一数据对象发出的加锁请求。T_2 的加锁请求能否被满足分别用 "是" 和 "否" 表示，"是" 表示事务 T_2 的加锁请求与 T_1 已有的锁兼容，加锁请求可以满足；"否" 表示事务 T_2 的加锁请求与 T_1 已有的锁冲突，加锁请求不能满足。

10.3 封锁协议及并发调度

10.3.1 3个级别的封锁协议

在运用 X 锁和 S 锁给数据对象加锁时，还需要约定一些规则，如何时申请 X 锁或 S 锁、持锁时间、何时释放锁等。这些规则称为封锁协议或加锁协议（Locking Protocol）。对封锁方式规定不同的规则，就形成了不同级别的封锁协议。不同级别的封锁协议所能达到的系统一致性级别是不同的。

1. 一级封锁协议

一级封锁协议是对事务 T 要修改的数据加 X 锁，直到事务 T 结束（包括正常结束和非正常结束）时才释放。

一级封锁协议可以防止丢失数据修改，并保证事务 T 是可恢复的，如图 10-5 所示。在图 10-5 中，事务 T_1 要对 A 进行修改，因此，它在读 A 之前先对 A 加了 X 锁，当 T_2 要对 A 进行修改时，也申请对 A 加 X 锁，但由于 A 已经被加了 X 锁，因此 T_2 申请对 A 加 X 锁的请求被拒绝，T_2 只能等待，直到 T_1 释放了 A 上的 X 锁为止。当 T_2 能够读取 A 时，它所得到的已经是 T_1 更改后的值了。因此，一级封锁协议可以防止丢失数据修改。

在一级封锁协议中，如果事务 T 只是读数据而不对其进行修改，则无须加锁，因此，不能保证可重复读和不读"脏"数据。

2. 二级封锁协议

二级封锁协议在一级封锁协议的基础上令事务 T 对要读取的数据加 S 锁，读完后即释放 S 锁。

二级封锁协议除了可以防止丢失数据修改，还可以防止读"脏"数据，如图 10-6 所示。

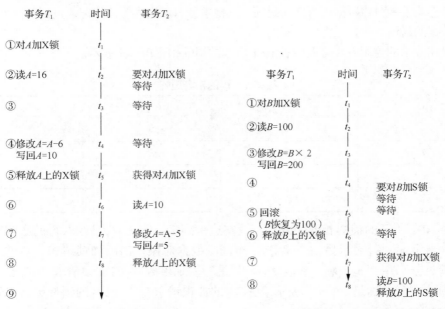

图 10-5　没有丢失数据修改　　　图 10-6　二级封锁协议下不会读"脏"数据

在图 10-6 中，事务 T_1 要对 B 进行修改，因此，先对 B 加了 X 锁，修改完后将值写回数据库。这时 T_2 要读 B 的值，因此，申请对 B 加 S 锁，由于 T_1 已在 B 上加了 X 锁，因此 T_2 只能等待。当 T_1 由于某种原因撤销了它所做的操作时，B 恢复为原来的值 100，然后 T_1 释放 B 上的 X 锁，因而 T_2 获得对 B 加 S 锁。当 T_2 能够读 B 时，B 的值仍然是原来的值，即 T_2 读到的是 100。这样就避免了读"脏"数据。

在二级封锁协议中，由于事务 T 读完数据即释放 S 锁，因此，不能保证可重复读数据。

3．三级封锁协议

三级封锁协议在一级封锁协议的基础上令事务 T 对要读取的数据加 S 锁，并直到事务结束才释放。

三级封锁协议除了可以防止丢失数据修改和读"脏"数据之外，还可进一步防止不可重复读，如图 10-7 所示。

在图 10-7 中，事务 T_1 要读取 A、B 的值，因此先对 A、B 加 S 锁，这样其他事务只能再对 A、B 加 S 锁，而不能加 X 锁，即其他事务只能对 A、B 进行读取操作，而不能进行修改操作。因此，当 T_2 为修改 B 而申请对 B 加 X 锁时被拒绝，T_2 只能等待。T_1 为验算再读 A、B 的值，这时读出的值仍然是 A、B 原来的值，因此求和的结果也不会变，即可重复读。直到 T_1 释放了 A、B 上的锁，T_2 才能对 B 加 X 锁。

3 个封锁协议的主要区别在于读操作是否需要申请封锁，以及何时释放锁。3 个级别的封锁协议的总结如表 10-2 所示。

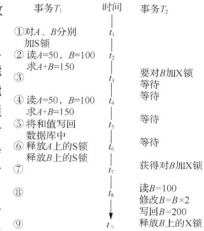

图 10-7　三级封锁协议下可重复读

表 10-2　不同级别的封锁协议

封锁协议	X 锁（对写数据）	S 锁（对只读数据）	不丢失数据修改（写）	不读"脏"数据（读）	可重复读（读）
一级	事务全程加锁	不加	√		
二级	事务全程加锁	事务开始时加锁，读完即释放锁	√	√	
三级	事务全程加锁	事务全程加锁	√	√	√

10.3.2　死锁

如果事务 T_1 封锁了数据 R_1，T_2 封锁了数据 R_2，然后 T_1 又请求封锁 R_2，由于 T_2 已经封锁了 R_2，因此 T_1 等待 T_2 释放 R_2 上的锁。然后 T_2 又请求封锁 R_1，由于 T_1 已经封锁了 R_1，因此 T_2 也只能等待 T_1 释放 R_1 上的锁。这样就会出现 T_1 等待 T_2 先释放 R_2 上的锁，而 T_2 又等待 T_1 先释放 R_1 上的锁的局面，此时 T_1 和 T_2 都在等待对方先释放锁，因而形成死锁，如图 10-8 所示。

对于死锁问题，这里不做过多阐述。目前在数据库中解决死锁问题的方法主要有两类：一类是采取一定的措施

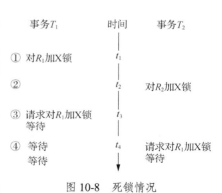

图 10-8　死锁情况

事务及并发控制／第 10 章

来预防死锁的发生；另一类是允许死锁的发生，但采用一定的手段定期诊断系统中有无死锁，若有则将其解除。

预防死锁的方法有多种，常用的方法有一次封锁法和顺序封锁法。一次封锁法指每个事务一次将所有要使用的数据全部加锁。这种方法带来的问题是封锁范围过大，降低了系统的并发性。而且，由于数据库中的数据不断变化，使原来可以不加锁的数据，在执行过程中可能变成了被封锁对象，进一步扩大了封锁范围，从而更进一步降低了并发性。顺序封锁法指预先对数据对象规定一个封锁顺序，所有事务都按这个顺序封锁。这种方法带来的问题是若封锁对象较多，则随着插入、删除等操作的不断变化，使维护这些资源的封锁顺序很困难，另外事务的封锁请求可随事务的执行而动态变化，因此很难事先确定每个事务的封锁事务及其封锁顺序。

10.3.3　并发调度的可串行性

计算机系统对并发事务中的操作的调度是随机的，而不同的调度会产生不同的结果，那么哪个结果是正确的，哪个结果是不正确的？直观地说，如果多个事务在某个调度下的执行结果与这些事务在某个串行调度下的执行结果相同，那么这个调度就一定是正确的。因为所有事务的串行调度策略一定是正确的调度策略。虽然以不同的顺序串行执行事务可能会产生不同的结果，但都不会将数据库置于不一致的状态，因此都是正确的。

多个事务的并发执行是正确的，当且仅当其结果与按某一顺序串行执行的结果相同，称这种调度为可串行化的调度。

可串行性是并发事务正确性的准则，根据这个准则可知，一个给定的并发调度，当且仅当它是可串行化的调度时，才认为它是正确的调度。

例如，假设有两个事务，分别包含如下操作。

事务 T_1：$A = B + 1$。

事务 T_2：$B = A + 1$。

假设 A、B 的初值均为 4，如果按 $T_1 \rightarrow T_2$ 的顺序执行，则结果为 $A = 5$、$B = 6$；如果按 $T_2 \rightarrow T_1$ 的顺序执行，则结果为 $A = 6$、$B = 5$。并发调度时，如果执行的结果是这两者之一，就认为是正确的结果。

图 10-9 所示为这两个并发事务的几种不同调度。

图 10-9　并发事务的不同调度

为了保证并发操作的正确性，数据库管理系统的并发控制机制必须使用一定的手段来保证调度是可串行化的。

从理论上讲，若在某一事务执行过程中禁止执行其他事务，则这种调度策略一定是可串行化的，但这种方法实际上是不可取的，因为这样不能让用户充分共享数据库资源，降低了事务的并发性。目前的数据库管理系统普遍采用封锁方法来实现并发操作的可串行性，从而保证调度的正确性。

两段锁（Two-Phase Locking，2PL）协议是保证并发调度的可串行性的封锁协议。除此之外，还可以采用一些其他方法，如乐观方法等，来保证调度的正确性。这里只介绍两段锁协议。

10.3.4　两段锁协议

两段锁协议是指所有的事务必须分为两个阶段对数据进行加锁和解锁，具体内容如下。

（1）在对任何数据进行读、写操作之前，首先要获得对该数据的封锁。

（2）在释放一个封锁之后，事务不再申请和获得任何其他锁。

两段锁协议是实现可串行化调度的充分条件。

两段锁的含义是，可以将每个事务分成两个时期——申请封锁期（开始对数据操作之前）和释放封锁期（结束对数据操作之后）。申请封锁期申请要进行的封锁，释放封锁期释放所占有的封锁。在申请封锁期不允许释放任何锁，在释放封锁期不允许申请任何锁，这就是两段式封锁。

若某事务遵守两段锁协议，则其封锁序列如图 10-10 所示。

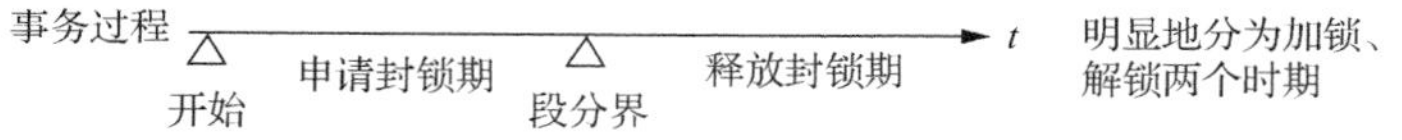

图 10-10　事务封锁序列

可以证明，事务遵守两段锁协议是可串行化调度的充分条件，而不是必要条件。也就是说，如果并发事务都遵守两段锁协议，则对这些事务的任何并发调度策略都是可串行化的；但若对并发事务的一个调度是可串行化的，并不意味着这些事务都遵守两段锁协议，如图 10-11 所示。遵守两段锁协议的可串行化调度如图 10-11（a）所示，不遵守两段锁协议的可串行化调度如图 10-11（b）所示。

T_1	T_2	T_1	T_2
对B加S锁 读B=4 对A加X锁		对B加S锁 读B=4 释放B上的S锁 对A加X锁	
	对A加S锁 等待 等待 等待 等待 等待 等待		
			对A加S锁 等待 等待 等待
A=B+1 写回A=5 释放B上的S锁 释放A上的X锁	对A加S锁 读A=5 对B加X锁 B=A+1 写回B=6 释放A上的S锁 释放B上的X锁	A=B+1 写回A=5 释放A上的X锁	读A=5 释放A上的S锁 对B加X锁 B=A+1 写回B=6 释放B上的X锁

（a）遵守两段锁协议　　　　　　　　　（b）不遵守两段锁协议

图 10-11　可串行化调度

本章小结

本章介绍了事务、并发控制、封锁协议和并发调度等概念。事务在数据库中是非常重要的概念，它保证了数据的并发性。事务的特点是其中的操作是作为完整的工作单元存在的，这些操作或者全部成功或者全部不成功。并发控制指当同时执行多个事务时，为了保证一个事务的执行不受其他事务的干扰所采取的措施。并发控制的主要方法是加锁，根据对数据操作的不同，锁分为共享锁和排他锁两种。为了保证并发事务的执行是正确的，一般要求事务遵守两段锁协议，即将事务明显地分为申请封锁期和释放封锁期，它是保证并发事务执行正确的充分条件。

习　题

1. 阐述事务的概念及 4 个特性。
2. 事务处理模型有哪两种？
3. 并发控制的措施是什么？
4. 设有 3 个事务：T_1 为 $B = A + 1$，T_2 为 $B = B \times 2$，T_3 为 $A = B + 1$。

（1）设 A 的初值为 2，B 的初值为 1，如果这 3 个事务并发执行，则可能的正确执行结果有哪些？

（2）给出一种遵守两段锁协议的并发调度策略。

5. 当某个事务对某数据加了 S 锁后，在此事务释放 S 锁之前，其他事务可以对此数据加什么锁？

6. 什么是死锁？如何预防死锁？

7. 3 个级别的封锁协议分别是什么？各级别封锁协议的主要区别是什么？每一级别的封锁协议能保证什么？

8. 什么是可串行化调度？如何判断一个并发执行的结果是否正确？

9. 两段锁的含义是什么？

第 **11** 章 数据库编程

内容导读

标准 SQL 是非过程化的查询语言，具有操作统一、面向集合、功能丰富、使用简单等多种优点。SQL 编程技术可以有效克服 SQL 实现复杂应用方面的不足，提高应用系统和数据库管理系统之间的互操作性。

本章将对存储过程、触发器以及游标的使用等内容进行介绍。通过本章的学习，读者可以学会创建、修改、删除和执行存储过程的方法，同时学会应用触发器，为开发数据库应用系统使用触发器做好技术的准备。此外，读者还可以了解游标的使用方法，进而对数据库编程有全面的了解。

本章学习目标

（1）了解数据库的存储过程。

（2）掌握使用图形化工具和代码创建、修改和删除存储过程的方法。

（3）了解触发器的功能和特点。

（4）熟练掌握创建和管理触发器的方法。

（5）了解游标的使用方法。

11.1 存储过程

存储过程是数据库系统中一种重要的对象，它比普通的 T-SQL 语句执行效率要高，而且可以多次被调用。SQL Server 2019 不仅允许用户自定义存储过程，而且提供了大量的可作为工具使用的系统存储过程。

11.1.1 存储过程概述

存储过程是一种为了完成特定功能的 T-SQL 语句集合，经编译后存储在数据库中，用户通过指定存储过程的名字并给出参数（如果相应存储过程带有参数）来调用它。

SQL Server 2019 支持以下 4 种类型的存储过程。

1．系统存储过程

SQL Server 2019 中的许多管理活动都是通过一种特殊的存储过程执行的，这种存储过程被称为系统存储过程。例如，sys.sp_changedbowner 就是一个系统存储过程。从物理意义上讲，系统存储过程带有"sp_"前缀，存储在源数据库中。从逻辑意义上讲，系统存储过程出现在每个系统定义数据库和用户定义数据库的 SYS 架构中。在 SQL Server 2019 中，用户可以将 GRANT、DENY 和 REVOKE 权限应用于系统存储过程。

2．用户自定义的存储过程

用户自定义的存储过程是指封装了可重用代码的模块或例程，其可接收输入参数，向客户端返回表格或标量的结果消息，调用 DDL 和 DML 语句，最后返回输出参数。在 SQL Server 2019 中，用户自定义的存储过程有两种类型：T-SQL 存储过程和公共语言运行库（Common Language Runtime，CLR）存储过程。

T-SQL 存储过程是指保存的 T-SQL 语句集合，它可以接收用户提供的参数并返回数据。例如，存储过程可能包含根据客户端应用程序提供的信息，在一个或多个数据表中插入新行所需的语句。存储过程也可能从数据库向客户端应用程序返回数据。例如，电子商务 Web 应用程序可以使用存储过程，根据用户指定的检索条件返回有关特定商品的信息。

CLR 存储过程是指对 Microsoft .NET Framework 的公共语言运行库的方法的引用，它可以接收用户提供的参数并返回数据，它在.NET Framework 程序集中是作为类的公共静态方法实现的。

3．扩展存储过程

扩展存储过程允许用户使用编程语言创建自己的外部例程。扩展存储过程是指 SQL Server 的实例动态加载和运行的 DLL。扩展存储过程直接在 SQL Server 的实例地址空间中运行，用户可以使用 SQL Server 扩展存储过程 API 完成编程，扩展存储过程一般使用 "XP_" 作前缀。

4．临时存储过程

临时存储过程又分为本地临时存储过程和全局临时存储过程，通过在存储过程名称前面加 "#" 和 "##" 来指定。与创建临时表、临时变量类似，在 SQL Server 数据库关闭后，这些临时存储过程也将不复存在。

存储过程有以下优点。

- 与其他应用程序共享应用程序逻辑，因而确保了数据访问和修改的一致性。存储过程可以封装业务功能，在存储过程中可以在同一位置改变封装的业务规则和策略，所有的客户端可以使用相同的存储过程来确保数据访问和修改的一致性。
- 能够保证数据的安全，防止把数据库中数据表的细节暴露给用户。如果一组存储过程支持用户需要执行的所有业务功能，用户就不必直接访问数据表。
- 提供了安全机制。即使是没有访问存储过程引用的数据表或视图的权限的用户，也可以被授权执行存储过程。
- 改进性能。如果某一操作包含大量的 T-SQL 语句或被多次执行，那么存储过程要比批处理的执行速度快很多。
- 减少网络通信流量。存储过程避免了相同的 T-SQL 语句在网络上的重复传输。

11.1.2 创建存储过程

创建存储过程可以使用 SSMS 或 CREATE PROCEDURE 语句来实现。

1．使用 SSMS 创建存储过程

使用 SSMS 创建存储过程的具体步骤如下。

Step1 打开 SSMS，并连接 "贷款" 数据库。

Step2 在 "对象资源管理器" 窗格中，依次展开 "数据库" →贷款→ "可编程性"，右击 "存储过程"，选择 "新建" → "存储过程"，如图 11-1 所示。

图 11-1　新建存储过程

Step3　系统将在查询编辑器中打开存储过程模板，如图 11-2 所示。在模板中输入存储过程的名称，设置相应的参数。也可以通过菜单"查询"→"指定模板参数的值"，打开"指定模板参数的值"对话框进行设置，如图 11-3 所示。

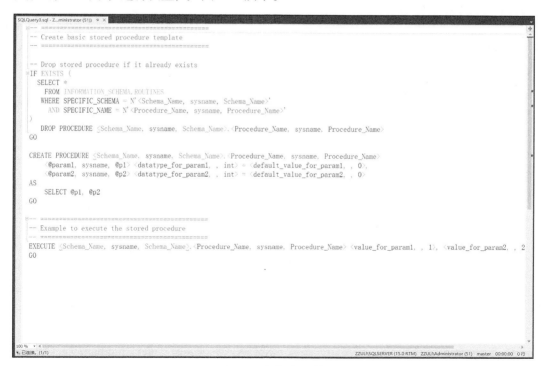

图 11-2　存储过程模板

数据库编程 / 第 11 章

图 11-3 "指定模板参数的值"对话框

Step4 "指定模板参数的值"对话框的前 3 行分别是创建人、创建时间、描述,是对存储过程的注释。从第四行开始,可分别指定存储过程名称、参数名称、数据类型、参数的默认值等。

Step5 单击"确定"按钮。

Step6 删除参数"@p2",并编写相应的 SQL 语句。

Step7 单击工具栏上的" ⚡ 执行(X)"按钮来创建存储过程,如果没有错误,消息框中将显示"命令已成功完成"。

2.用 CREATE PROCEDURE 语句创建存储过程

使用 CREATE PROCEDURE(可缩写为 PROC)语句创建存储过程的语法格式如下。

```
CREATE PROC [ EDURE ] procedure_name [ ; number ]
[ { @parameter data_type }
    [ VARYING ] [ = default ] [ OUTPUT ] ] [ ,...n ]
[ WITH { RECOMPILE | ENCRYPTION | RECOMPILE, ENCRYPTION } ]
[ FOR REPLICATION ]
AS sql_statement [ ...n ]
```

各参数说明如下。

- procedure_name:存储过程的名称,必须符合标识符命名规则,且对于数据库及其所有者必须唯一。要创建局部临时过程,可以在 procedure_name 前面加一个编号符(#procedure_name);要创建全局临时过程,可以在 procedure_name 前面加两个编号符(##procedure_name)。完整的名称(包括#或##)不能超过 128 个字符。

- ;number:可选的整数,用来对同名的过程分组,以便用一条 DROP PROC 语句即可将同组的存储过程一起删除。如果名称中包含定界标识符,则数字不应包含在标识符中,只应在 procedure_name 前后使用适当的定界标识符。

- @parameter:过程中的参数名称,用户必须在执行存储过程时提供每个声明参数的值(除非定义了该参数的默认值),存储过程最多可有 2100 个参数。

  使用@开头来指定参数名称。每个存储过程的参数仅用于该存储过程本身,相同的参数名称可以用在其他存储过程中。默认情况下,参数只能代替常量,而不允许使用表名、列名或其他数据库对象名称。

- data_type:参数的数据类型。大多数数据类型(包括 text、ntext 和 image 等)均可以用作存储过程的参数。不过,cursor 数据类型只能用于 OUTPUT 参数。如果指定的数据类型为 cursor，也必须同时指定 VARYING 和 OUTPUT 参数。

对于可以是 cursor 数据类型的输出参数，没有最大数目的限制。

- VARYING：指定作为 OUTPUT 参数支持的结果集，仅适用于 cursor 数据类型。
- default：参数的默认值。如果定义了默认值，不必指定该参数的值即可执行存储过程。默认值必须是常量或 NULL。如果存储过程将对该参数使用 LIKE 关键字，那么默认值中可以包含通配符%、_、[]或[^]。
- OUTPUT：表明参数是返回参数。该选项的值可以返回给 EXEC[UTE]，使用 OUTPUT 参数可将信息返回给调用过程，text、ntext 和 image 数据类型可用作 OUTPUT 参数，使用 OUTPUT 关键字的输出参数可以是游标占位符。
- n：最多可以指定 2100 个参数。
- { RECOMPILE | ENCRYPTION | RECOMPILE, ENCRYPTION }：RECOMPILE 表明 SQL Server 不会缓存该存储过程的计划，该存储过程将在运行时重新编译。在使用非典型值或临时值而不希望覆盖缓存在内存中的执行计划时，可使用 RECOMPILE 选项。ENCRYPTION 表示 SQL Server 加密 syscomments 表中包含 CREATE PROC 语句的条目。使用 ENCRYPTION 可防止将存储过程作为 SQL Server 复制的一部分发布。
- FOR REPLICATION：指定不能在订阅服务器上执行为复制创建的存储过程。使用 FOR REPLICATION 选项创建的存储过程可用作存储过程筛选，且只能在复制过程中执行。本选项不能和 WITH RECOMPILE 选项一起使用。
- AS：指定存储过程要执行的 T-SQL 操作。
- sql_statement：存储过程中要包含的任意数目和类型的 T-SQL 语句，但有一些限制。
- n：表示此过程可以包含多条 T-SQL 语句的占位符。

注意，存储过程最大可达 128 MB。创建临时存储过程时，在存储过程的名字前面若以 "#" 开头，则创建的是局部临时存储过程；若以 "##" 开头，则创建的是全局临时存储过程。

【例 11.1】创建一个在贷款数据库获取两个年龄之间的所有借款人信息的存储过程 Proc_JiekuanrenbyAge。

```
USE 贷款
GO
CREATE PROC Proc_JiekuanrenbyAge
    @Beginning_Age int,
    @Ending_Age int
AS
    IF @Beginning_Age IS NULL OR @Ending_Age IS NULL
    BEGIN
        RAISERROR ( 'NULL values are not allowed', 14, 1 )
        RETURN
    END
    SELECT 借款人编号, 姓名, 性别, 年龄, 工作单位
    FROM 借款人表
    WHERE 年龄 BETWEEN @Beginning_Age AND @Ending_Age
GO
```

单击 "执行" 按钮就会创建存储过程，如图 11-4 所示。

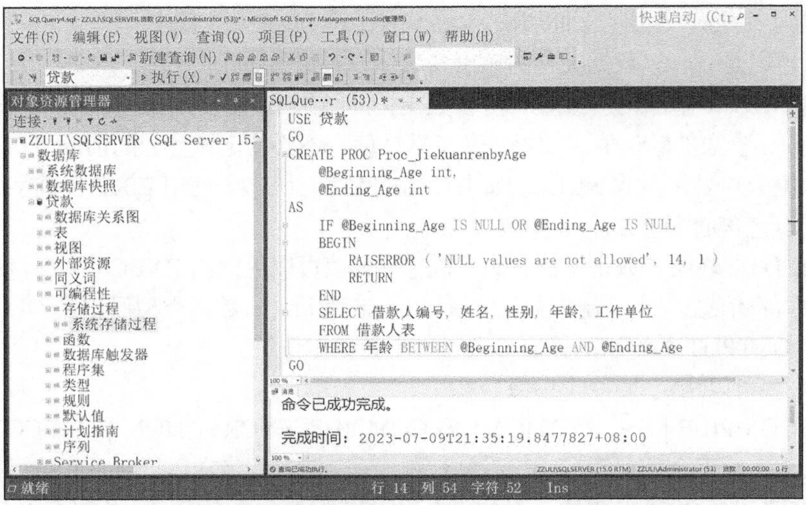

图 11-4 创建存储过程 Proc_JiekuanrenbyAge

11.1.3 执行存储过程

创建一个存储过程后，可以使用 EXECUTE 语句来执行该存储过程。EXECUTE 语句的语法格式如下。

```
[ { EXEC | EXECUTE } ]
{
  [ @return_status = ]
  { procedure_name [ ; number ] | @procedure_name }
  [ [ @parameter = ] { value | @variable [ OUTPUT ]|[ DEFAULT ]}]
  [ ,...n ]
  [ WITH RECOMPILE ]
}
```

参数说明如下。

- @return_status：用于保存存储过程的返回状态。使用 EXECUTE 语句之前，这个变量必须在批处理、存储过程或函数中声明过。当执行与其他项目存储过程处于同一分组中的存储过程时，应当指定此存储过程在组内的标识号。
- @procedure_name：给出在 CREATE PROC 语句中定义的存储过程参数。在以@parameter = 格式使用时，参数名称和常量不一定按照 CREATE PROC 语句中定义的顺序出现。
- @variable：用来保存参数或者返回参数的变量。
- OUTPUT：指定存储过程必须返回一个参数。
- DEFAULT：用于提供参数的默认值。
- WITH RECOMPILE：指定强制编译新的计划，建议尽量少使用该选项，因为它会消耗较多的系统资源。

在使用 EXECUTE 语句时应注意以下几点。

① EXECUTE 语句可以用于执行系统存储过程、用户自定义的存储过程、扩展存储过程，同时支持 T-SQL 批处理内的字符串的执行。

② 如果 EXECUTE 语句是批处理的第一条语句，那么省略 EXECUTE 关键字也可以执行该存储过程。

③ 向存储过程传递参数时，如果使用"@参数名=值"的格式，则可以按任何顺序来提供参数，还可以省略那些已经提供默认值的参数。一旦以"@参数名=值"格式提供了一个参数，就必须按这种格式提供后面所有的参数。如果不是以"@参数名=值"格式来提供参数，则必须按照 CREATE PROC 语句中定义的顺序提供参数。

④ 虽然可以省略已提供默认值的参数，但只能截断参数列表。例如，如果一个存储过程有 5 个参数，可以省略第四个和第五个参数，但不能跳过第四个参数而仍然包含第五个参数，除非以"@参数名=值"格式提供参数。

⑤ 如果在建立存储过程时定义了参数的默认值，那么在下列情况下将使用默认值：执行存储过程时未指定该参数的值，将 DEFAULT 关键字指定为该参数的值。

⑥ 如果在存储过程中使用了带 LIKE 关键字的参数名称，则提供的默认值必须是常量，并且可以包含%、_、[]、[^]等通配符。

【例 11.2】执行例 11.1 创建的存储过程 Proc_JiekuanrenbyAge。

```
USE 贷款;
GO
--通过参数名称传递值
EXEC dbo.Proc_JiekuanrenbyAge @Beginning_Age = 35, @Ending_Age = 52;
--或者按顺序传递值：EXEC dbo.Proc_JiekuanrenbyAge 35, 52;
GO
```

执行存储过程 Proc_JiekuanrenbyAge 的结果如图 11-5 所示。

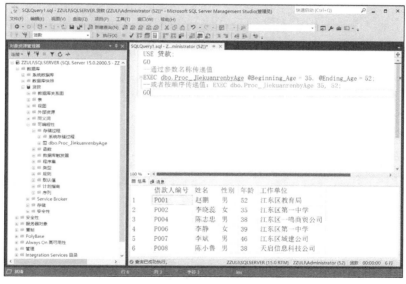

图 11-5　执行存储过程 Proc_JiekuanrenbyAge 的结果

11.1.4　查看存储过程

如果要查看数据库在当前状态下有哪些存储过程，可以在系统视图 SYS.SYSOBJECTS 或 SYS.PROCEDURES 中使用 SELECT 语句进行查询。

【例 11.3】使用系统视图 SYS.SYSOBJECTS 或 SYS.PROCEDURES 查看"贷款"数据库中的存储过程列表。

```
USE 贷款;
GO
--使用SYS.SYSOBJECTS 系统视图, TYPE = 'P'表示类型是存储过程, CATEGORY = 0 表示是用户创建的
SELECT * FROM SYS.SYSOBJECTS WHERE TYPE = 'P'
--或者使用SYS.PROCEDURES 系统视图
--SELECT * FROM SYS.PROCEDURES
GO
```

执行结果如图 11-6 所示。

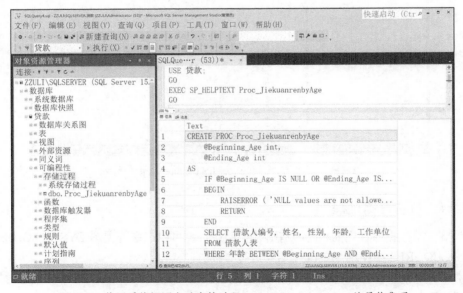

图 11-6　使用系统视图查看存储过程列表

也可以使用系统视图 SP_HELPTEXT 查看某一个存储过程的具体代码。

【例 11.4】使用系统视图 SP_HELPTEXT 查看存储过程 Proc_JiekuanrenbyAge 的具体代码。

```
USE 贷款;
GO
EXEC SP_HELPTEXT Proc_JiekuanrenbyAge
GO
```

执行结果如图 11-7 所示。

图 11-7　使用系统视图查看存储过程 Proc_JiekuanrenbyAge 的具体代码

11.1.5 修改存储过程

如果需要修改存储过程中的语句或参数，可以删除并重新创建该存储过程，也可以通过一个步骤更改该存储过程。删除并重新创建存储过程时，与该存储过程关联的所有权限都将丢失。更改存储过程时，将更改过程或参数定义，但为该存储过程定义的权限将保留，并且不会影响任何相关的存储过程或触发器，还可以修改存储过程以加密其定义或使该过程在每次执行时都被重新编译。

使用 ALTER PROCEDURE 语句可以修改存储过程的语法格式如下。

```
ALTER PROC [ EDURE ] procedure_name [ ; number ]
    [ { @parameter data_type }
        [ VARYING ] [ = default ] [ OUTPUT ]
    ] [ ,...n ]
[ WITH { RECOMPILE | ENCRYPTION | RECOMPILE, ENCRYPTION } ]
[ FOR REPLICATION ]
AS sql_statement [ ...n ]
```

11.1.6 重命名存储过程

在 SSMS 的"对象资源管理器"窗格中重命名存储过程时，右击要重命名的存储过程，在弹出的快捷菜单中选择"重命名"命令，就可以修改了。

还可以使用系统存储过程 sp_rename 来重命名用户自定义的存储过程，语法格式如下。

```
sp_rename 'object_name' , 'new_name' [ ,'object_type' ]
```

建议不要使用此语句来重命名存储过程，而是删除该存储过程，然后使用新名称重新创建该存储过程。

11.1.7 删除存储过程

当用户不再需要某个存储过程时可将其删除。如果另一个存储过程调用某个已被删除的存储过程，SQL Server 2019 将在执行调用进程时显示一条错误消息。但是，如果定义了具有相同名称和参数的新存储过程来替换已被删除的存储过程，那么引用该存储过程的其他存储过程仍能成功执行。例如，如果存储过程 proc1 引用存储过程 proc2，而 proc2 已被删除，但又创建了另一个名为 proc2 的存储过程，那么 proc1 将引用这一新存储过程。proc1 不必重新创建。

使用 DROP PROCEDURE 语句可以删除用户自定义的存储过程，语法如下。

```
DROP PROCEDURE { procedure } [ ,...n ]
```

【例 11.5】将贷款数据库中的存储过程 Proc_JiekuanrenbyAge 删除。

```
USE 贷款;
GO
DROP PROCEDURE dbo.Proc_JiekuanrenbyAge
GO
```

执行结果如图 11-8 所示，在"对象资源管理器"窗格中已经看不到存储过程 Proc_JiekuanrenbyAge 了。

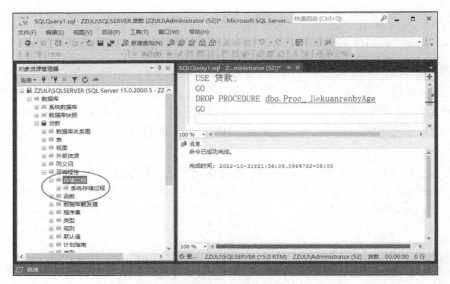

图 11-8　删除存储过程 Proc_JiekuanrenbyAge

11.1.8　系统存储过程

系统存储过程以"SP_"开头，都存放在 SYS 架构中。用户可以使用系统存储过程"SP_HELPTEXT"来查看定义的源代码信息，使用系统存储过程"SP_HELPFILE"来查看数据库文件信息，使用系统存储过程"SP_HELPFILEGROUP"来查看文件组信息，使用系统存储过程"SP_HELP"来查看数据库对象信息，使用系统存储过程"SP_HELPSORT"来查看排序及字符集信息。

【例 11.6】查看数据库文件信息。

```
USE 贷款;
GO
EXEC SP_HELPFILE
GO
```

执行结果如图 11-9 所示。

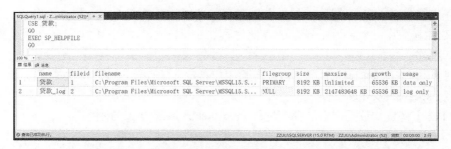

图 11-9　使用存储过程"SP_HELPFILE"来查看数据库文件信息

【例 11.7】查看文件组信息。

```
USE 贷款;
GO
EXEC SP_HELPFILEGROUP
GO
```

执行结果如图 11-10 所示。

图 11-10　使用存储过程"SP_HELPFILEGROUP"来查看文件组信息

【例 11.8】查看数据库对象信息。

```
USE 贷款;
GO
EXEC SP_HELP
GO
```

执行结果如图 11-11 所示。

图 11-11　使用存储过程"SP_HELP"来查看数据库对象信息

【例 11.9】查看排序及字符集信息。

```
EXEC SP_HELPSORT
```

执行结果如图 11-12 所示。

图 11-12　使用存储过程"SP_HELPSORT"来查看排序及字符集信息

数据库编程 / 第 11 章

11.2 触发器

11.2.1 触发器概述

触发器是一种特殊类型的存储过程，当某个触发事件发生时，触发器就会自动地被触发运行。触发器是数据库里独立存在的对象。

在 SQL Server 2019 中，有两种方法来保证数据的有效性和完整性：约束和触发器。约束是直接设置于数据表内的，只能实现一些比较简单的功能，如实现字段有效性和唯一性检查、自动填入默认值、确保字段数据不重复、确保数据表对应的完整性等功能。触发器是在指定的数据表中的数据（或数据表结构）发生改变时自动生效的，并可以包含复杂的 T-SQL 语句，用于实现各种复杂的操作。系统将触发器和触发它的语句作为可在触发器内回滚的单个事务对待，如果检测到错误（如磁盘空间不足），则整个事务自动回滚。

触发器相比约束，有以下优点。

- 实现更复杂的数据约束：触发器可以实现比约束更为复杂的数据约束。
- 检查所做的 SQL 操作是否被允许：如当执行 DELETE、INSERT、UPDATE 等操作时，触发器就会检查数据的处理是否符合定义的规则，从而决定所做的操作是否被允许。
- 修改其他数据表里的数据：当一个 SQL 语句对数据表进行操作的时候，触发器可以根据该 SQL 语句的操作情况来对另一个数据表进行操作。
- 调用更多的存储过程：约束不能调用存储过程，但触发器本身就是一种存储过程，而存储过程是可以嵌套使用的，所以触发器也可以调用一个或多个存储过程。
- 返回自定义的错误信息：约束只能通过标准的系统错误信息来传递错误信息，如果应用程序要求使用自定义信息和较为复杂的错误处理，则必须使用触发器。
- 更改原本要操作的 SQL 语句：触发器可以修改原本要操作的 SQL 语句，如原本的 SQL 语句是要删除数据表里的记录，但该数据表里的记录是重要记录，是不允许删除的，那么触发器可以不执行该语句。
- 防止数据表结构被更改或数据表被删除：为了保护已经建好的数据表，触发器可以在接收到以 DROP 或 ALTER 开头的 SQL 语句后，不进行对数据表结构的操作。

在 SQL Server 2019 中，根据激活触发器执行的 T-SQL 语句类型，可以把触发器分为 DML 触发器、DLL 触发器和登录触发器 3 类。

1．DML 触发器

DML 触发器是当数据库服务器中发生 DML 事件时执行的存储过程。它是一种特殊类型的存储过程，可在发生 DML 事件时自动生效，以便影响触发器中定义的数据表或视图。

2．DDL 触发器

DDL 触发器被触发后可以以响应各种 DDL 事件。这些事件主要与以关键字 CREATE、ALTER、DROP、GRANT、DENY、REVOKE 或 UPDATE STATISTICS 开头的 T-SQL 语句对应。执行 DDL 操作的系统存储过程也可以激发 DDL 触发器。DDL 触发器一般用于执行数据库管理任务，如审核和规范数据库操作、防止数据表结构被修改等。

3．登录触发器

登录触发器可为响应 LOGON 事件而激发存储过程，在与 SQL Server 实例建立用户会话时将引发此事件。

11.2.2　创建触发器

用户可以使用 CREATE TRIGGER 语句来创建触发器。

在 SQL Server 2019 中，根据触发的时机可以把 DML 触发器分为以下两种类型。

（1）AFTER 触发器：这类触发器在记录已经改变完之后（AFTER）才会被激活执行，它主要用于记录变更后的处理或检查，一旦发现错误，还可以用 ROLLBACK TRANSACTION 语句来回滚本次操作。

（2）INSTEAD OF 触发器：这类触发器一般用来取代原本要进行的操作，在记录变更之前发生，它并不去执行原来 SQL 语句里的操作（INSERT、UPDATE、DELETE），而去执行触发器本身所定义的操作。

创建 DML 触发器时应注意以下事项。

- CREATE TRIGGER 语句必须是批处理语句中的第一个语句，该语句后面的所有其他语句被解释为 CREATE TRIGGER 语句定义的一部分。
- 创建 DML 触发器的权限默认分配给数据表的所有者，且其不能将该权限转给其他用户。
- DML 触发器为数据库对象，其名称必须遵循标识符的命名规则。
- 虽然 DML 触发器可以引用当前数据库以外的对象，但只能在当前数据库中创建 DML 触发器。
- 虽然 DML 触发器可以引用临时表，但不能对临时表或系统表创建 DML 触发器。不应引用系统表，而应使用信息架构视图。
- 对于含有使用 DELETE 或 UPDATE 级联操作定义的外键的表，不能定义 INSTEAD OF DELETE 和 INSTEAD OF UPDATE 触发器。
- 虽然 TRUNCATE TABLE 语句类似于不带 WHERE 子句的 DELETE 语句（用于删除所有行），但它并不会触发 INSTEAD OF DELETE 触发器，因为 TRUNCATE TABLE 语句没有记录。
- WRITETEXT 语句不会触发 INSTEAD OF INSERT 或 INSTEAD OF UPDATE 触发器。

SQL Server 2019 为每个 DML 触发器都定义了两个特殊的数据表，分别是 INSERTED 表和 DELETED 表。这两个数据表是创建在数据库服务器内存中的，是由系统自动创建和维护的逻辑表，而不是真正存储在数据库中的物理表。对于这两个数据表，用户只有读取的权限，没有修改的权限。

这两个数据表的结构与触发器所在数据表的结构是完全一致的，当触发器的工作完成之后，这两个数据表也将被从内存中删除。

（1）INSERTED 表里存放的是更新前的记录：对插入记录操作来说，INSERTED 表里存放的是要插入的数据；对更新记录操作来说，INSERTED 表里存放的是要更新的记录。

（2）DELETED 表里存放的是更新后的记录：对更新记录操作来说，DELETED 表里存放的是更新前的记录；对删除记录操作来说，DELETED 表里存放的是被删除的旧记录。

下面介绍 DML 触发器的工作原理。

（1）AFTER 触发器的工作原理：AFTER 触发器是在记录更新之后才被激活执行的。以删除记录为例：当 SQL Server 接收到一个要执行删除操作的 SQL 语句时，SQL Server 先将要删除的记录存放在 DELETED 表里，然后把数据表里的记录删除，再激活 AFTER 触发器，执行 AFTER 触发器里的 SQL 语句。执行完毕之后，删除内存中的 DELETED 表，并退出整个操作。

（2）INSTEAD OF 触发器的工作原理：INSTEAD OF 触发器与 AFTER 触发器不同。AFTER 触发器是在 INSERT、UPDATE 和 DELETE 操作完成后才被激活的，而 INSTEAD OF 触发器在这些操作进行之前就被激活了，并且不再去执行原来的 SQL 操作，而是去运行触发器本身的 SQL 语句。

1．创建 AFTER 触发器

创建 AFTER 触发器的语法格式如下。

```
CREATE TRIGGER <trigge_name>
ON [ <schema name>. ] <table or view name>
[ WITH ENCRYPTION | EXECUTE AS <CALLER | SELF | <user>> ]
{ FOR | AFTER }
{ [ INSERT ] [ , ] [ UPDATE ] > [ , ] < [ DELETE ] }
[ WITH APPEND ]
[ NOT FOR REPLICATION ]
AS
<<sql statements> | EXTERNAL NAME <assembly method specifier>>
```

主要参数说明如下。

- trigger_name：触发器的名称，必须遵循标识符命名规则，且不能以“#”或“##”开头。schema name：触发器所属架构的名称。
- table or view name：指定触发器所在的数据表或视图。注意，只有 INSTEAD OF 触发器才能建立在视图上，并且设置为 WITH CHECK OPTION 的视图不允许建立 INSTEAD OF 触发器。
- WITH ENCRYPTION：对 CREATE TRIGGER 语句的文本进行加密。使用 WITH ENCRYPTION 可以防止将触发器作为 SQL Server 复制的一部分进行发布。
- EXECUTE AS：用于执行该触发器的安全上下文。
- AFTER：指定 DML 触发器仅在触发 SQL 语句中指定的所有操作都已成功执行时才被激发。若仅指定 FOR 关键字，则 AFTER 为默认值。
- { [INSERT] [,] [UPDATE] > [,] < [DELETE] }：指定数据修改语句，这些语句可在 DML 触发器对相应数据表或视图进行尝试时激活该触发器，并且必须至少指定一个选项。在触发器定义中允许使用上述选项的任意顺序组合。
- WITH APPEND：指定应该再添加一个现有类型的触发器。

下面通过实例来说明如何创建一个简单的触发器，该触发器的作用是在借款人表中插入一条记录后，发出“你已经成功添加了一个借款人信息！”的提示。分析该触发器的作用不难发现，我们要建立的触发器，其类型是 AFTER INSERT。

创建 AFTER 触发器的步骤如下。

Step1　启动 SSMS，在“对象资源管理器”窗格中选择“贷款”数据库，展开“dbo.借款人表”，并选中其中的“触发器”选项。

Step2　右击“触发器”，在弹出的快捷菜单中选择“新建触发器”，如图 11-13 所示。在弹出的查询编辑器的编辑区里，SQL Server 已经预写入一些建立触发器的 SQL 语句，如图 11-14 所示。

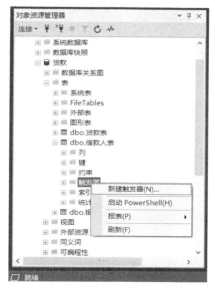

图 11-13　选择"新建触发器"

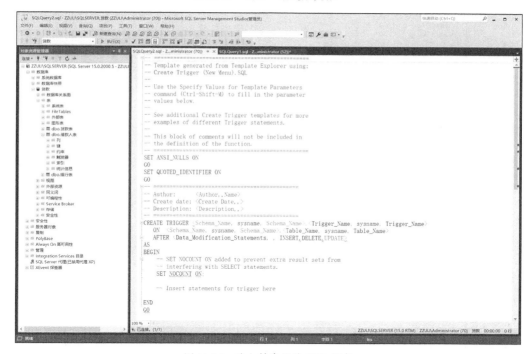

图 11-14　建立触发器的 SQL 语句

Step3　修改查询编辑器里的代码，将从"CREATE"开始到"GO"结束的代码改为以下代码。

```
CREATE TRIGGER Trig_InsertJiekuanren
ON [ 借款人表 ]
AFTER INSERT
AS
BEGIN
```

```
    PRINT '你已经成功添加了一个借款人信息!'
END
GO
```

Step4 单击工具栏中的"分析"按钮 ✓，检查语法是否有错误，如果在下面的"消息"窗格中出现"命令已成功完成。"，则表示语法没有错误，如图 11-15 所示。

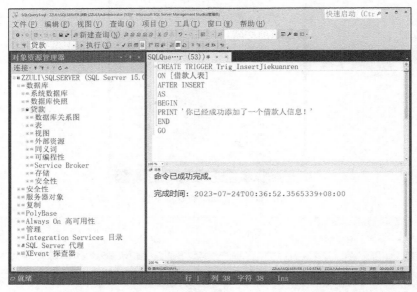

图 11-15　检查语法

Step5 语法检查无误后，单击"执行"按钮，生成触发器。

Step6 关掉查询编辑器，在"对象资源管理器"窗格中查看"dbo.借款人表"下的"触发器"选项，右击，在弹出的快捷菜单中选择"刷新"命令，展开"触发器"，可以看到刚创建的"Trig_InsertJiekuanren"触发器，如图 11-16 所示。

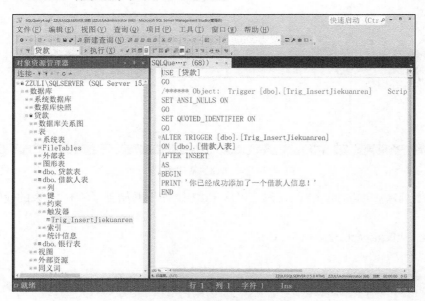

图 11-16　查看刚创建的触发器

建立 AFTER UPDATE 触发器、AFTER DELETE 触发器和建立 AFTER INSERT 触发器的步骤一致，只需把上面的 SQL 语句中的 INSERT 分别改为 UPDATE 和 DELETE 即可。

创建触发器后，需要测试其能否正常工作。可按照以下操作过程测试刚创建的 AFTER INSERT 触发器的功能。

Step1 新建一个查询，在弹出的查询编辑器里输入以下代码。

```
USE [贷款]
GO
INSERT INTO 借款人表 VALUES ('P011', '张皓宇', '男', 25, '86607005', '教师', '江东区第一小学')
GO
```

Step2 单击"执行"按钮，可以看到"消息"窗格里显示出提示信息"你已经成功添加了一个借款人信息!"，如图 11-17 所示。由此可见，刚创建的 AFTER INSERT 触发器已经被激活，并运行成功了。

图 11-17 触发器运行结果

【例 11.10】在修改借款人表中的数据时，触发器将向客户端发出提示。

```
CREATE TRIGGER Trig_UpdateJiekuanren
ON 借款人表
AFTER UPDATE
AS
BEGIN
    RAISERROR ('注意：有人修改借款人表的数据!', 16, 10)
END
GO
```

执行结果如图 11-18 所示。

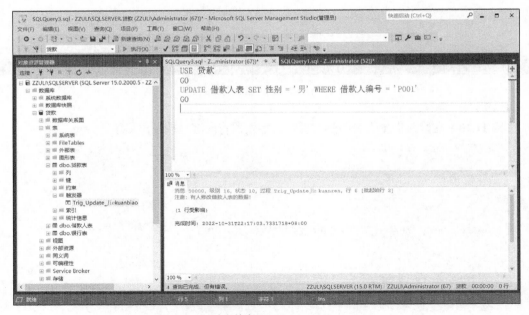

图 11-18　修改借款人表时触发器向客户端发出提示

执行一条修改语句进行测试。

```
USE 贷款
GO
UPDATE 借款人表 SET 性别 = '男' WHERE 借款人编号 = 'P001'
GO
```

执行结果如图 11-19 所示。

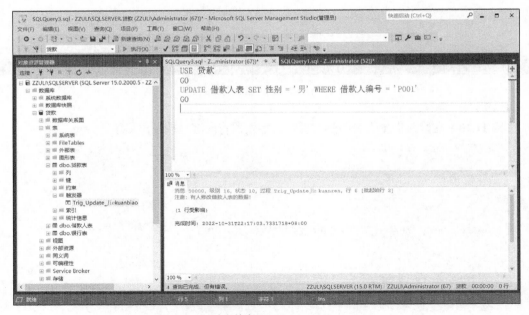

图 11-19　测试触发器 Trig_UpdateJiekuanren

2. 创建 INSTEAD OF 触发器

INSTEAD OF 触发器与 AFTER 触发器的工作流程是不一样的。AFTER 触发器是在 SQL Server 服务器接到执行 SQL 语句请求之后，先建立临时的 INSERTED 表和 DELETED 表，然后实际更改数据，最后才激活触发器。而 INSTEAD OF 触发器是在 SQL Server 服务器接到执行 SQL 语句请求后，先建立临时的 INSERTED 表和 DELETED 表，然后就触发 INSTEAD OF 触发器，至于该 SQL 语句是插入数据、更新数据还是删除数据一概不管，把执行权全权交给 INSTEAD OF 触发器，由它去完成之后的操作。

INSTEAD OF 触发器可以同时在数据表和视图中使用，通常在以下几种情况下，建议使用 INSTEAD OF 触发器。

- 数据禁止修改：数据库的某些数据是不允许修改的，为了防止这些数据被修改，可以用 INSTEAD OF 触发器来跳过修改数据的 SQL 语句。
- 数据修改后，有可能要回滚的 SQL 语句：可以使用 INSTEAD OF 触发器，在修改数据之前判断回滚条件是否成立，如果成立就不再进行修改数据操作，以避免在修改数据之后再进行回滚操作，从而减轻服务器负担。
- 在视图中使用触发器：因为 AFTER 触发器不能在视图中使用，如果想在视图中使用触发器，就只能用 INSTEAD OF 触发器。
- 用自己的方式去修改数据：如果不满意 SQL 直接修改数据的方式，可用 INSTEAD OF 触发器来控制数据的修改方式和流程。

创建 INSTEAD OF 触发器的语法与创建 AFTER 触发器的语法几乎一样，只需简单地把 AFTER 变为 INSTEAD OF 即可。

【例 11.11】创建触发器 Trig_Update_Daikuanbiao，实现当有人试图修改贷款表中的数据时，利用此触发器跳过修改数据的 SQL 语句（防止数据被修改），并向客户端发出提示。

```
USE 贷款
GO
CREATE TRIGGER Trig_Update_Daikuanbiao
ON 贷款表
INSTEAD OF UPDATE
AS
BEGIN
    RAISERROR ( '对不起，贷款表的贷款金额数据不允许修改! ', 16, 10 )
END
GO
```

执行结果如图 11-20 所示。

执行一条修改语句进行测试。

```
USE 贷款
GO
UPDATE 贷款表 SET 贷款金额 = 贷款金额 + 100000 WHERE 借款人编号 = ' P001'
GO
```

执行结果如图 11-21 所示。

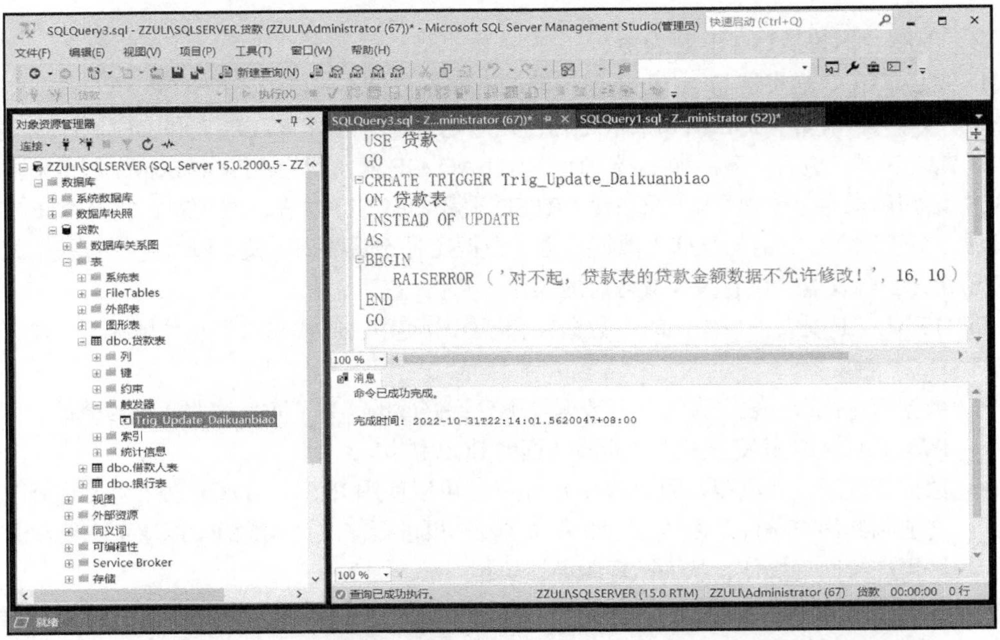

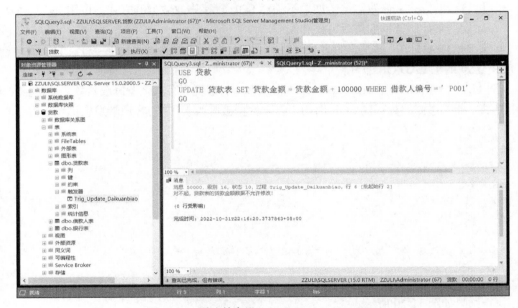

图 11-20 禁止修改贷款表的触发器

图 11-21 测试触发器 Trig_Update_Daikuanbiao

3．创建 DDL 触发器

DDL 触发器是 SQL Server 2019 新增的一个触发器类型。像常规触发器一样，DDL 触发器将触发存储过程以响应事件。但与 DML 触发器不同的是，DDL 触发器不会为响应针对数据表或视图的 UPDATE、INSERT 或 DELETE 语句而触发存储过程。相反，DDL 触发器会为响应多种 DDL 语句而触发存储过程，这些语句主要是以 CREATE、ALTER 和 DROP 开头的语句。DDL 触发器可用于管理任务，如审核和控制数据库操作。

一般来说，在以下几种情况下可以使用 DDL 触发器。

- 防止数据库架构被进行某些修改。
- 防止数据库或数据表被误操作删除。
- 希望在数据库发生某种情况时能够响应数据库架构中的更改。
- 要记录数据库架构中的更改或事件。

仅在运行能够触发 DDL 触发器的 DDL 语句后，DDL 触发器才会触发存储过程。DDL 触发器无法作为 INSTEAD OF 触发器使用。

创建 DDL 触发器的语法格式如下。

```
CREATE TRIGGER <trigge_name>
ON { ALL SERVER | DATABASE }
[ WITH <ddl_trigger_option> [ ,...n ] ]
{ FOR | AFTER } { event_type | event_group } [ ,...n ]
AS
{ sql_statement [ ; ] [ ...n ] | EXTERNAL NAME <method specifier > [ ; ] }
<ddl_trigger_option> ::=
[ ENCRYPTION ]
[ EXECUTE AS Clause ]
<method_specifier> ::=
assembly_name.class_name.method_name
```

主要参数说明如下。

- trigger_name：触发器的名称，必须遵循标识符命名规则，且不能以 "#" 或 "##" 开头。
- DATABASE：将 DDL 触发器的作用域设置为当前数据库。如果指定了此参数，则只要当前数据库中出现 event_type 或 event_group，就会触发该触发器。
- ALL SERVER：将 DDL 触发器的作用域设置为当前服务器。如果指定了此参数，则只要当前服务器中的任何位置上出现 event_type 或 event_group，就会触发该触发器。
- event_type：执行之后将导致触发 DDL 触发器的 T-SQL 语句的事件名称。
- event_group：预定义的 T-SQL 事件分组的名称。

其他参数在前面章节中已经说明，在此不赘述。

下面通过具体例子来说明如何建立 DDL 触发器。

【例 11.12】创建一个用于保护"贷款"数据库中的数据表不被删除的 DDL 触发器。

具体操作步骤如下。

Step1 启动 SSMS，在"对象资源管理器"窗格中展开"数据库"，右击"贷款"数据库。

Step2 在弹出的快捷菜单中选择"新建查询"，在弹出的查询编辑器的编辑区里输入以下代码。

```
CREATE TRIGGER disable_drop_table
ON DATABASE
FOR DROP_TABLE
AS
BEGIN
    RAISERROR ( '对不起，贷款数据库中的表不能删除！', 16, 10 )
END
GO
```

Step3 单击"执行"按钮，生成触发器。我们将发现在"数据库触发器"节点下有触发器 disable_drop_table，如图 11-22 所示。

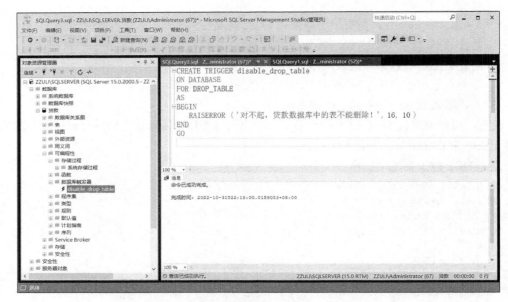

图 11-22　触发器 disable_drop_table

下面测试 DDL 触发器的功能，具体操作步骤如下。

Step1　启动 SSMS，在"对象资源管理器"窗格中展开"数据库"，右击"贷款"数据库。

Step2　在弹出的快捷菜单中选择"新建查询"，在弹出的查询编辑器的编辑区里输入以下代码。

```
USE 贷款
GO
DROP TABLE 贷款表
GO
```

Step3　单击"执行"按钮，结果如图 11-23 所示。

图 11-23　测试 DDL 触发器

实际上，贷款表已经被删除，如果不想删除，可以在 disable_drop_table 触发器的 RAISERROR 语句之后加上 ROLLBACK 语句。

4．创建登录触发器

登录触发器将在登录的身份验证阶段完成之后且用户会话实际建立之前被触发。因此，来自触发器内部且通常将送达用户的所有消息（如错误消息和来自 PRINT 语句的消息）会被传送到 SQL Server 错误日志。如果身份验证失败，将不触发登录触发器。

用户可以使用登录触发器来审核和控制服务器会话，如跟踪登录活动、限制 SQL Server 的登录名、限制特定登录名的会话数等。

【例 11.13】创建一个登录触发器 connection_limit_trigger，实现如果登录名 login_test 已经创建了 3 个用户会话，则登录触发器将拒绝由该登录名启动的 SQL Server 登录尝试。

```
USE master;
GO
CREATE LOGIN login_test WITH PASSWORD = '666666' MUST_CHANGE,
    CHECK_EXPIRATION = ON;
GO
GRANT VIEW SERVER STATE TO login_test;
GO
CREATE TRIGGER connection_limit_trigger
ON ALL SERVER WITH EXECUTE AS 'login_test'
FOR LOGON
AS
BEGIN
    IF ORIGINAL_LOGIN() = 'login_test' AND
    (  SELECT COUNT(*) FROM sys.dm_exec_sessions
       WHERE is_user_process = 1 AND
       original_login_name = 'login_test' ) > 3
       ROLLBACK;
END;
```

执行结果如图 11-24 所示。

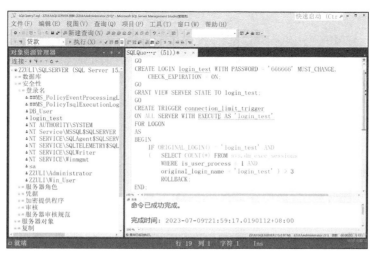

图 11-24　创建登录触发器

LOGON 事件对应于 AUDIT_LOGIN 事件，该事件可在事件通知中使用。触发器与事件通知的主要区别在于触发器是随事件同步引发的，而事件通知是异步的。也就是说，如果要停止建立会话，则必须使用登录触发器。AUDIT_LOGIN 事件的事件通知不能实现此功能。

11.2.3　修改触发器

对于已创建的触发器，用户可以进行查看、修改、重命名、禁用/启用、删除等管理操作。

在查询编辑器里修改触发器的代码，修改完代码之后，单击"执行"按钮即可。如果只修改触发器的名称，也可以使用存储过程 SP_RENAME，语法格式如下。

```
SP_RENAME '旧触发器名', '新触发器名'
```

修改触发器的语法格式如下。

```
ALTER TRIGGER <trigge_name>
ON { table | view }
[ WITH ENCRYPTION | EXECUTE AS <CALLER | SELF | <user>> ]
{ FOR | AFTER | INSTEAD OF }
{ [ INSERT ] [ , ] [ UPDATE ] [ , ] [ DELETE ] }
[ NOT FOR REPLICATION ]
AS
<<sql statements> | EXTERNAL NAME <assembly method specifier>>
```

分析上述语法可以发现，修改触发器语法中所涉及的主要参数和创建触发器的主要参数几乎一样，在此不赘述。

11.2.4　删除触发器

用 SQL 语句也可以删除触发器，删除触发器的语法格式如下。

```
DROP TRIGGER 触发器名
```

删除触发器也可以使用图形化工具来实现。

11.3　游标

在 SQL Server 2019 中，执行 SELECT 语句将进行查询并返回满足 WHERE 子句中条件的所有记录，这一完整的记录集称为结果集。由于应用程序并不总能将整个结果集作为一个单元来有效地处理，因此往往需要有一种机制，以便每次处理结果都能集中于一条或一部分记录。游标就能够提供这种机制，它可以对结果集中的部分记录进行处理，不但允许定位在结果集的特定记录上，还可以从结果集的当前位置检索若干条记录，并支持对结果集中当前记录进行数据修改。

11.3.1　游标概述

在 SQL Server 2019 中，游标是一个比较重要的概念，它总是与一条 T-SQL 查询语句相关联。游标是一种处理数据的方法，它可对结果集中的记录进行逐行处理。游标可视作一种指针，用于指向并处理结果集中任意位置的数据。就本质而言，游标提供了一种对从数据表中检索出的数据进行操作的灵活手段。由于游标由结果集和结果集中指向特定记录的游标位置组成，因此当决定对结果集进行处理时，必须声明一个指向该结果集的游标。

游标具有以下特点。

- 允许定位在结果集的特定行。
- 从结果集的当前位置检索一行或一部分行。
- 支持对结果集中当前位置的行进行数据修改。
- 为由其他用户对显示在结果集中的数据库数据所做的更改提供不同级别的可见性支持。
- 为脚本、存储过程和触发器提供用于访问结果集数据的 T-SQL 语句。

11.3.2 游标的类型

SQL Server 2019 中的游标可分为 3 类：T-SQL 游标、API 服务器游标和客户端游标。

1. T-SQL 游标

T-SQL 游标是由 SQL Server 服务器实现的游标，主要用于存储过程、触发器和 T-SQL 脚本，它们使结果集的内容可用于其他 T-SQL 语句。

在存储过程或触发器中使用 T-SQL 游标的过程如下。

Step1 声明 T-SQL 变量包含游标返回的数据，为每个结果集列声明一个变量，声明足够大的变量来保存列返回的值，并声明变量的类型为可从某一数据类型隐式转换得到的数据类型。

Step2 使用 DECLARE CURSOR 语句将 T-SQL 游标与 SELECT 语句相关联。还可以利用 DECLARE CURSOR 定义游标的只读、只进等特性。

Step3 使用 OPEN 语句执行 SELECT 语句填充游标。

Step4 使用 FETCH INTO 语句提取单行数据，并将每列中的数据移至指定的变量中。注意，其他 T-SQL 语句可以引用那些变量来访问提取的数据值。T-SQL 游标不支持提取多行数据。

Step5 使用 CLOSE 语句结束游标的使用。注意，关闭游标后，该游标还是存在，可以使用 OPEN 语句打开继续使用，只有调用 DEALLOCATE 语句才会完全释放游标。

2. API 服务器游标

API 服务器游标在服务器上实现，并由 API 游标函数进行管理。当应用程序调用 API 游标函数时，游标操作由 OLE DB 访问接口或 ODBC 驱动程序传送给服务器。

使用 API 游标函数可以实现以下功能。

- 打开一个连接。
- 设置定义游标特征的特性或属性，并自动将游标映射到每个结果集。
- 执行一个或多个 T-SQL 语句。
- 提取结果集中的行。

API 服务器游标包含 4 种：静态游标、动态游标、只进游标、键集驱动游标。

- 静态游标的完整结果集在打开游标时建立在 tempdb 数据库中，静态游标始终是只读的。
- 动态游标与静态游标相反，当滚动游标时，动态游标将反映结果集中的所有更改。结果集中的行数据值、顺序和成员在每次提取时都会改变。
- 只进游标不支持滚动，它只支持游标从头到尾按顺序提取数据行。注意，只进游标也反映对结果集所做的所有更改。
- 键集驱动游标同时具有静态游标和动态游标的特点。当打开键集驱动游标时，该游标中的成员以及行的顺序是固定的，键集在游标打开时也会被存储到临时工作表中。对非键集列的数据值的更改，在用户滚动游标的时候可以看见。在游标打开以后，对于数据库中插入的行，是不可见的，除非关闭并重新打开游标。

3. 客户端游标

客户端游标即在客户端实现的游标。在客户端游标中，将使用默认结果集把整个结果集高速缓存在客户端上，所有的游标操作都针对此客户端高速缓存来执行，将不使用 SQL Server 2019 的任何服务器游标功能。客户端游标仅支持只进游标（即不支持滚动，只支持游标从头到尾按顺序提取）和静态游标（即游标的完整结果集在游标打开时建立在 tempdb 数据库中，总是按照游标打开时的原样显示结果集，在滚动期间很少或根本检测不到变化），不支持其他游标。

由于 T-SQL 游标和 API 服务器游标用于服务器端，所以被称为服务器游标，也被称为后台游标。本章主要介绍服务器游标。

11.3.3 使用游标

游标的基本操作包括声明游标、打开游标、提游标中的数据、关闭游标和释放游标，这 5 个操作阶段构成了游标的生命周期。

1. 声明游标

声明游标是指为游标指定获取数据时所使用的 SELECT 语句。声明游标并不会检索任何数据，而只是为游标指明相应的 SELECT 语句。

SQL Server 2019 提供了两种声明游标的方式：一种是 ISO 标准语法（即 SQL-92 语法），另一种是 T-SQL 扩展的语法。但这两种声明方式不能混合使用，只能选择其中一种来进行游标的声明。当在 CURSOR 关键词之前指定 SCROLL 或 INSENSITIVE 关键词时，在 CURSOR 与 FOR select-statement 之间就不能使用任何关键词；若在 CURSOR 与 FOR select-statement 之间使用了关键词，就无法在 CURSOR 关键词之前指定 SCROLL 或 INSENSITIVE 关键词。

下面将分别针对这两种方式进行说明。

（1）使用 ISO 标准语法声明游标

使用 ISO 标准语法声明游标的语法格式如下。

```
DECLARE cursor_name [ INSENSITIVE ] [ SCROLL ] CURSOR
FOR select_statement
[ FOR { READ ONLY | UPDATE [ OF column_name [ ,...n ] ] } ]
```

主要参数说明如下。

- cursor_name：游标的名称。
- INSENSITIVE：定义一个游标，以创建将由该游标使用的数据的临时副本。对游标的所有请求都从 tempdb 数据库中的这一临时副本中得到应答，因此，在对该游标进行提取操作时，返回的数据不反映对基本表所做的修改，并且该游标不允许修改。如果省略 INSENSITIVE，则已提交的（任何用户）对基本表的删除和更新操作都将影响后面的提取。
- SCROLL：指定所有的提取选项（FIRST、LAST、PRIOR、NEXT、RELATIVE、ABSOLUTE）均可用。如果未指定 SCROLL，则 NEXT 是唯一支持的提取选项。
- select_statement：定义游标结果集的标准 SELECT 语句。在游标声明的 select_statement 内不允许使用关键字 COMPUTE、COMPUTE BY、FOR BROWSE 和 INTO。

- READ ONLY：禁止通过该游标进行更新。在 UPDATE 或 DELETE 语句的 WHERE CURRENT OF 子句中不能引用游标。该选项优于要更新的游标的默认功能。
- UPDATE [OF column_name [,...n]]定义游标可更新的列。如果指定了 OF column_name [,...n]，则只允许修改定义的列。如果指定了 UPDATE，但未定义列，则可以更新所有列。

（2）使用 T-SQL 扩展的语法声明游标

使用 T-SQL 扩展的语法声明游标的语法格式如下。

```
DECLARE cursor_name CURSOR
[ LOCAL | GLOBAL ]
[ FORWARD_ONLY | SCROLL ] [ STATIC | KEYSET | DYNAMIC | FAST_FORWARD ]
[ READ_ONLY | SCROLL_LOCKS | OPTIMISTIC ]
[ TYPE_WARNING ]
FOR select_statement
[ FOR UPDATE [ OF column_name [ ,...n ] ] ]
```

主要参数说明如下。

- cursor_name：游标的名称。
- LOCAL：表示游标的作用域仅限于其所在的存储过程、触发器以及批处理，执行完毕后游标自动释放。游标名称仅在这个作用域内有效，在存储过程、触发器、批处理或存储过程的 OUTPUT 参数中，该游标可由局部游标变量引用。OUTPUT 参数用于将局部游标传递回调用的存储过程、触发器或批处理，它们可在存储过程终止后给局部游标变量分配参数使其引用游标。除非 OUTPUT 参数将游标传递回来，否则游标将在批处理、存储过程或触发器终止时隐式释放。如果 OUTPUT 参数将游标传递回来，则游标在最后引用它的变量释放或离开作用域时释放。
- GLOBAL：指定该游标的作用域是全局的。全局的游标在连接激活时，在执行的任何存储过程或批处理中，都可以引用该游标名称。该游标仅在断开连接时隐式释放。
- FORWARD_ONLY：指定游标只能从第一行滚动到最后一行。FETCH NEXT 是唯一受支持的提取选项。SCROLL 表示可以随意定位。如果在指定 FORWARD_ONLY 时不指定 STATIC、KEYSET 和 DYNAMIC 关键字，则游标作为 DYNAMIC 游标进行操作。如果 FORWARD_ONLY 和 SCROLL 均未指定，则除非指定 STATIC、KEYSET 或 DYNAMIC 关键字，否则默认为 FORWARD_ONLY。STATIC、KEYSET 和 DYNAMIC 游标默认为 SCROLL。
- STATIC：定义一个游标，以创建将由该游标使用的数据的临时副本。对游标的所有请求都从 tempdb 数据库的这一临时副本中得到应答，因此，在对该游标进行提取操作时返回的数据不反映对基本表所做的修改，并且该游标不允许修改。
- KEYSET：指定当游标打开时，键集驱动游标中行的身份与顺序是固定的，并把其放到临时表中。游标中行的成员身份和顺序已经固定，对行进行唯一标识的键集内置在 tempdb 数据库内的 KEYSET 数据表中。
- DYNAMIC：定义一个游标，以反映在滚动游标时对结果集内的各行所做的所有数据更改。行的数据值、顺序和成员身份在每次提取时都会更改。动态游标不支持 ABSOLUTE 提取选项。
- FAST_FORWARD：指定启用性能优化的 FORWARD_ONLY、READ_ONLY 游标。如

果指定了 SCROLL 或 FOR_UPDATE，就不能指定 FAST_FORWARD。

- READ_ONLY：禁止通过该游标进行更新。在 UPDATE 或 DELETE 语句的 WHERE CURRENT OF 子句中不能引用游标。该选项优于要更新的游标的默认功能。

- SCROLL_LOCKS：指定通过游标进行的定位更新或删除保证会成功。当将行数据读取到游标中以确保它们对随后的修改可用时，SQL Server 2019 将锁定这些行数据。如果指定了 FAST_FORWARD，则不能指定 SCROLL_LOCKS。

- OPTIMISTIC：指定如果行数据自从被读入游标以来已得到更新，则通过游标进行的定位更新或删除不会成功。当将行数据读入游标时 SQL Server 2019 不会锁定行数据，相反，SQL Server 2019 会使用 timestamp 列值进行比较，如果数据表没有 timestamp 列，则使用校验和值，以确定将行数据读入游标后是否已修改该行数据。如果已修改该行数据，则尝试进行的定位更新或删除将失败。如果指定了 FAST_FORWARD，则不能指定 OPTIMISTIC。

- TYPE_WARNING：指定如果游标从所请求的类型隐式转换为另一种类型，则向客户端发送警告消息。

- select_statement：定义游标结果集的标准 SELECT 语句。在游标声明的 select_statement 内不允许使用关键字 COMPUTE、COMPUTE BY、FOR BROWSE 和 INTO。

- FOR UPDATE [OF column_name [,...n]]：定义游标中可更新的列。如果提供了 OF column_name [,...n]，则只允许修改定义的列。如果指定了 UPDATE，但未指定列的列表，则除非指定了 READ_ONLY 并发选项，否则可以更新所有的列。

【例 11.14】声明一个名称为 Jiekuanren_Cursor 的游标。

```
USE 贷款
GO
DECLARE Jiekuanren_Cursor CURSOR FOR
SELECT 借款人编号，姓名，性别，年龄，工作单位
FROM 借款人表；
GO
```

执行结果如图 11-25 所示。

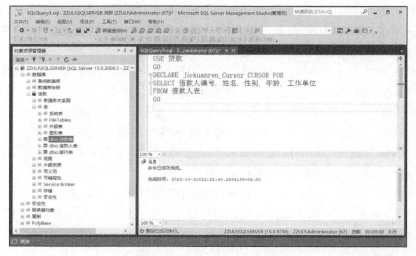

图 11-25　声明 Jiekuanren_Cursor 游标

我们在"对象资源管理器"窗格中看不到已创建的游标，这是因为游标在创建后包含在对象里面。

2．打开游标

打开游标时，会先执行 SELECT 语句，接着游标会跟着执行，直到其执行完毕。当游标执行完毕之后，此时游标的指针会指到第一条记录的前面。如果在游标内任意行的大小超过了 SQL Server 数据表最大行的大小，则执行 OPEN 语句会失败。如果以 KEYSET 选项声明了游标，则 OPEN 语句会创建临时表来存放索引键集，临时表将存放在 tempdb 数据库中。打开游标的语法格式如下。

```
OPEN { { [ GLOBAL ] cursor_name } | cursor_variable_name }
```

主要参数说明如下。

- GLOBAL：指定 cursor_name 是指全局游标。
- cursor_name：已声明的游标的名称。如果全局游标和局部游标都使用 cursor_name 作为其名称，那么如果指定了 GLOBAL，则 cursor_name 指的是全局游标；否则 cursor_name 指的是局部游标。
- cursor_variable_name：游标变量的名称，该游标变量引用一个游标。

【例 11.15】打开一个名称为 Jiekuanren_Cursor 的游标。

```
USE 贷款
OPEN Jiekuanren_Cursor;
GO
```

执行结果如图 11-26 所示。

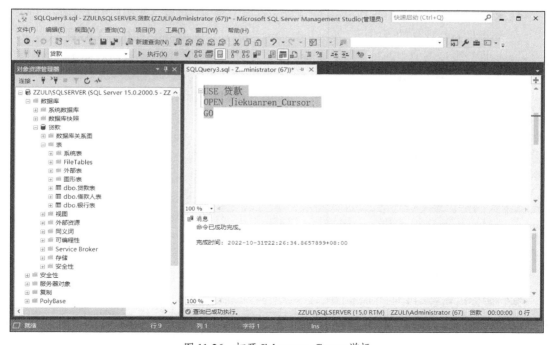

图 11-26　打开 Jiekuanren_Cursor 游标

3．提取游标中的数据

声明一个游标并成功地打开该游标之后，就可以使用 FETCH 语句从该游标中提取特定的数据，其语法格式如下。

```
FETCH
[ [ NEXT | PRIOR | FIRST | LAST
    | ABSOLUTE { n | @nvar }
    | RELATIVE { n | @nvar } ]
FROM
]
{ { [ GLOBAL ] cursor_name } | @cursor_variable_name }
[ INTO @variable_name [ ,...n ] ]
```

主要参数说明如下。

- NEXT：返回紧跟当前行的结果行，并且当前行递增为结果行。如果 FETCH NEXT 为对游标的第一次提取操作，则返回结果集中的第一行。NEXT 为默认的游标提取选项。
- PRIOR：返回当前行之前的结果行，并且当前行递减为结果行。如果 FETCH PRIOR 为对游标的第一次提取操作，则没有行返回，并且游标将置于第一行之前。
- FIRST：返回游标中的第一行并将其作为当前行。
- LAST：返回游标中的最后一行并将其作为当前行。
- ABSOLUTE { n | @nvar }：如果 n 或@nvar 为正数，则返回从游标头开始的第 n 行，并将返回行变成新的当前行。如果 n 或@nvar 为负数，则返回从游标尾开始的第 n 行，并将返回行变成新的当前行。如果 n 或@nvar 为 0，则不返回行。n 必须是整数常量，并且@nvar 的数据类型必须为 smallint、tinyint 或 int。
- RELATIVE { n | @nvar }：如果 n 或@nvar 为正数，则返回从当前行开始的第 n 行，并将返回行变成新的当前行。如果 n 或@nvar 为负数，则返回当前行之前的第 n 行，并将返回行变成新的当前行。如果 n 或@nvar 为 0，则返回当前行。在对游标完成第一次提取时，如果在将 n 或@nvar 设置为负数或 0 的情况下指定 RELATIVE，则不返回行。n 必须是整数常量，@nvar 的数据类型必须为 smallint、tinyint 或 int。
- GLOBAL：指定 cursor_name 是全局游标。
- cursor_name：要从中进行提取的已打开的游标的名称。如果同时有以 cursor_name 作为名称的全局和局部游标存在，若有指定 GLOBAL，则 cursor_name 指全局游标；若未指定 GLOBAL，则其指局部游标。
- @cursor_variable_name：游标变量名，引用要从中进行提取操作的已打开的游标。
- INTO @variable_name[,…n]：允许将提取操作的列数据放到局部变量中。列表中的各个变量从左到右与游标结果集中的相应列相关联，各变量的数据类型必须与相应的结果集列的数据类型匹配，或是结果集列数据类型所支持的隐式转换。变量的数目必须与游标结果集的列数一致。

执行游标语句后，可通过@@FETCH_STATUS 全局变量返回游标当前的状态。在每次使用 FETCH 从游标中读取数据时都应该检查该变量，以确定上次 FETCH 操作是否成功，进而决定如何进行下一步处理。@@FETCH_STATUS 全局变量有以下 3 个不同的返回值。

- 0：FETCH 语句执行成功。
- -1：FETCH 语句执行失败或者此行数据超出游标结果集的范围。
- -2：表示提取的数据不存在。

【例 11.16】从一个已经被打开的游标 Jiekuanren_Cursor 中逐行提取记录。

```
USE 贷款
FETCH NEXT FROM Jiekuanren_Cursor
WHILE @@FETCH_STATUS = 0
BEGIN
  FETCH NEXT FROM Jiekuanren_Cursor
END
GO
```

执行结果如图 11-27 所示。

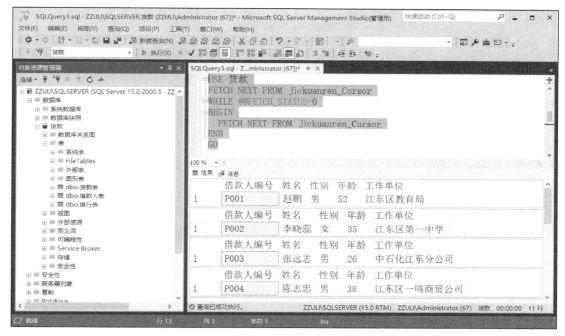

图 11-27　从 Jiekuanren_Cursor 游标中提取数据

4．关闭游标

通过一个游标完成提取记录或修改记录的操作后，应当使用 CLOSE 语句关闭该游标，以释放当前的结果集并解除定位于该游标的记录行上的游标锁定。使用 CLOSE 语句关闭该游标之后，该游标的数据结构仍然存储在系统中，可以通过 OPEN 语句重新打开，但不允许进行提取和定位更新，直到游标被重新打开。CLOSE 语句必须在一个打开的游标上执行，而不允许在一个仅声明的游标或一个已经关闭的游标上执行。关闭游标的语法格式如下。

```
CLOSE { { [ GLOBAL ] cursor_name } | cursor_variable_name }
```

主要参数说明如下。

- GLOBAL：指定 cursor_name 是全局游标。
- cursor_name：打开的游标的名称。

- cursor_variable_name：与打开的游标关联的游标变量的名称。

【例 11.17】关闭一个已经打开的游标 Jiekuanren_Cursor。

```
USE 贷款
GO
CLOSE Jiekuanren_Cursor;
GO
```

执行结果如图 11-28 所示。

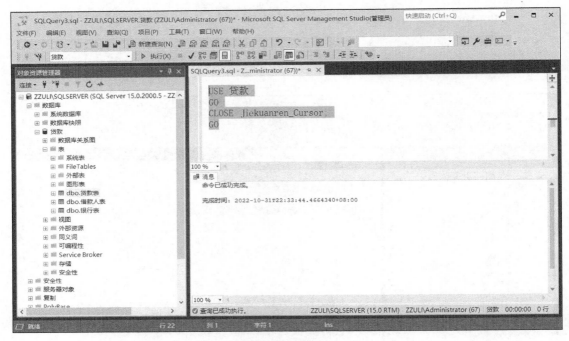

图 11-28　关闭游标 Jiekuanren_Cursor

5．释放游标

关闭一个游标以后，其数据结构仍然存储在系统中。为了将该游标占用的资源全部归还给系统，还需要使用 DEALLOCATE 语句删除游标引用，让 SQL Server 2019 释放组成该游标的数据结构。释放游标的语法格式如下。

```
DEALLOCATE { { [ GLOBAL ] cursor_name } | cursor_variable_name }
```

主要参数说明如下。

- GLOBAL：指定 cursor_name 是全局游标。
- cursor_name：游标的名称。
- cursor_variable_name：cursor 变量的名称。

【例 11.18】释放一个名称为 Jiekuanren_Cursor 的游标。

```
USE 贷款
GO
DEALLOCATE Jiekuanren_Cursor;
GO
```

执行结果如图 11-29 所示。

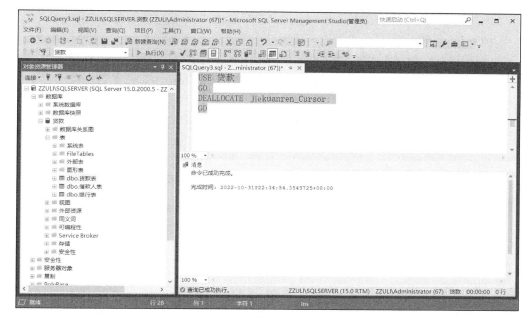

图 11-29　释放游标 Jiekuanren_Cursor

6. 使用系统存储过程查看游标

（1）sp_cursor_list

使用系统存储过程 sp_cursor_list 可以查看当前为连接打开的服务器游标的属性，语法格式如下。

```
sp_cursor_list cursor_variable_name OUTPUT , cursor_scope
```

主要参数说明如下。

- sp_cursor_list：返回的是 T-SQL 游标输出的参数，而不是结果集。这样，T-SQL 批处理、存储过程和触发器便可以按一次一行的方式处理输出。这还意味着无法直接从数据库 API 调用该系统存储过程。游标输出参数必须绑定程序变量，但是数据库 API 不支持绑定游标参数或变量。
- cursor_variable_name：游标变量名。
- cursor_scope：指定要查看的游标级别。cursor_scope 的数据类型为 int，无默认值，并且可为以下值之一：取 1，查看所有本地游标；取 2，查看所有全局游标；取 3，查看本地游标和全局游标。

（2）sp_describe_cursor

使用系统存储过程 sp_describe_cursor 可以查看服务器游标的属性，语法格式如下。

```
sp_describe_cursor [ @cursor_return = ] output_cursor_variable OUTPUT { [ , [ @cursor_
source = ] N'local', [ @cursor_identity = ] N'local_cursor_name' ] | [ , [ @cursor_source = ]
N'global', [ @cursor_identity = ] N'global_cursor_name' ] | [ , [ @cursor_source = ] N'variable',
[ @cursor_identity = ] N'input_cursor_variable' ] } [ ; ]
```

主要参数说明如下。

- [@cursor_return =] output_cursor_variable：声明用于接收游标输出的游标变量的名称。output_cursor_variable 是游标，没有默认值，并且在调用 sp_describe_cursor 时不能与任何游标相关联。返回的游标是可滚动的动态只读游标。

数据库编程 / 第 11 章

- [@cursor_source=] { N'local' | N'global' | N'variable' }：指定使用哪一名称来指定所查看的游标，包括本地游标、全局游标或游标变量的名称。该参数的数据类型为 nvarchar (30)。
- [@cursor_identity=] N'local_cursor_name'：由具有 LOCAL 关键字或默认设置为 LOCAL 的 DECLARE CURSOR 语句创建的游标名称。local_cursor_name 的数据类型为 nvarchar (128)。
- [@cursor_identity=] N'global_cursor_name'：由具有 GLOBAL 关键字或默认设置为 GLOBAL 的 DECLARE CURSOR 语句创建的游标名称。global_cursor_name 的数据类型为 nvarchar (128)。global_cursor_name 也可以是由 ODBC 应用程序打开，然后通过调用 SQLSetCursorName 对游标命名的 API 服务器游标的名称。
- [@cursor_identity=] N'input_cursor_variable'：与打开的游标关联的游标变量的名称。input_cursor_variable 的数据类型为 nvarchar (128)。

（3）sp_describe_cursor_columns

使用系统存储过程 sp_describe_cursor_columns 可以查看服务器游标结果集中的列属性，语法格式如下。

```
sp_describe_cursor_columns [ @cursor_return = ] output_cursor_variable OUTPUT { [ ,
[ @cursor_source = ] N'local', [ @cursor_identity = ] N'local_cursor_name' ] | [ ,
[ @cursor_source = ] N'global', [ @cursor_identity = ] N'global_cursor_name' ] | [ ,
[ @cursor_source = ] N'variable', [ @cursor_identity = ] N'input_cursor_variable' ] }
```

参数和前文介绍的 sp_describe_cursor 的参数一致。

（4）sp_describe_cursor_tables

使用系统存储过程 sp_describe_cursor_tables 可以查看服务器游标被引用的对象或基本表，语法格式如下。

```
sp_describe_cursor_tables [ @cursor_return = ] output_cursor_variable OUTPUT { [ ,
[ @cursor_source = ] N'local', [ @cursor_identity = ] N'local_cursor_name' ] | [ ,
[ @cursor_source = ] N'global', [ @cursor_identity = ] N'global_cursor_name' ] | [ ,
[ @cursor_source = ] N'variable', [ @cursor_identity = ] N'input_cursor_variable' ] } [ ; ]
```

参数和前文 sp_describe_cursor 的参数一致。

前文介绍了声明游标、打开游标、从游标中提取数据以及关闭和释放游标的方法，下面我们将通过一个应用实例来更深刻地理解游标的原理与应用。

【例 11.19】建立一个名称为 Jiekuanren_Cursor 的游标，通过该游标逐行浏览借款人表中的记录。操作过程如下。

Step1 启动 SSMS，在"对象资源管理器"窗格中选择"数据库"，右击"贷款"数据库。

Step2 在弹出的快捷菜单中选择"新建查询"，在弹出的查询编辑器的编辑区里输入以下代码。

```
USE 贷款
GO
--声明游标
DECLARE Jiekuanren_Cursor CURSOR FOR
SELECT 借款人编号, 姓名, 性别, 年龄, 工作单位 FROM 借款人表;
--打开游标
OPEN Jiekuanren_Cursor;
--提取数据
FETCH NEXT FROM Jiekuanren_Cursor
```

```
--判断FETCH是否成功
WHILE @@FETCH_STATUS = 0
BEGIN
    --提取下一行
    FETCH NEXT FROM Jiekuanren_Cursor
END
--关闭游标
CLOSE Jiekuanren_Cursor;
--释放游标
DEALLOCATE Jiekuanren_Cursor;
GO
```

Step3 单击"执行"按钮，结果如图 11-30 所示。

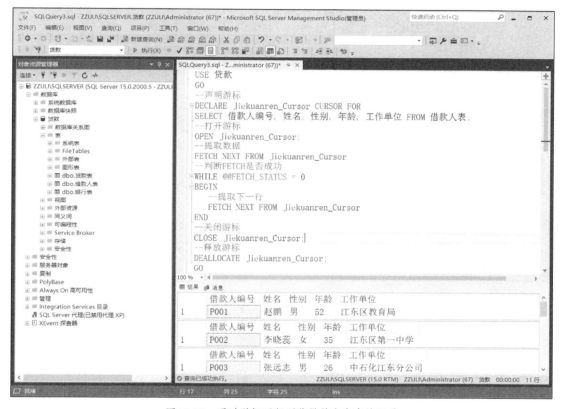

图 11-30　通过游标逐行浏览借款人表中的记录

本章小结

本章首先向读者介绍了存储过程对象，并介绍了使用 SSMS 和 SQL 语句创建、修改和删除存储过程的具体方法；接着介绍了一种特殊类型的存储过程——触发器，它是在执行某些特定的 T-SQL 语句时可以自动执行的一种存储过程；最后介绍了一种处理数据的方法——游标，它可对结果集中的记录进行逐行处理，提供了一种对数据进行操作的灵活手段。除了掌握本章所讲内容，读者还要加强练习，为将来进行数据库编程打下坚实的基础。

习　题

一、选择题

1. 修改用户自定义存储过程的命令是（　　）。
   - A. ALTER TABLE
   - B. ALTER PROC
   - C. ALTER FUNCTION
   - D. ALTER VIEW

2. 删除存储过程的命令是（　　）。
   - A. DROP VIEW
   - B. DROP FUNCTION
   - C. DROP DATABASE
   - D. DROP PROCEDURE

3. 下面不属于数据定义功能的 SQL 语句是（　　）。
   - A. CREATE TABLE
   - B. CREATE CURSOR
   - C. UPDATE
   - D. ALTER TABLE

4. 数据库应用系统通常会提供开发接口，但出于安全考虑，对于只读数据，通常提供（　　）供外部程序访问。
   - A. 基本表
   - B. 视图
   - C. 索引
   - D. 触发器

5. 数据库应用系统通常会提供开发接口，但对于需要更新的数据，则以（　　）的方式供外部调用，并由提供者完成对系统中数据表的更新。
   - A. 基本表
   - B. 存储过程
   - C. 视图
   - D. 触发器

二、填空题

1. 创建存储过程可以使用 SSMS 或 SQL 语句_____。
2. 对创建过的触发器，可以进行_____、_____、_____、_____等管理。
3. 如果要查看数据库当前状态下有哪些存储过程，则可以从系统视图 SYS.SYSOBJECTS 或 SYS.PROCEDURES 中使用_____进行查询。

三、简答题

1. 在 SQL Server 2019 中，有哪两种方法可保证数据的有效性和完整性？
2. 触发器相比约束有哪些优点？
3. 游标的基本操作包括哪些阶段？
4. 请简述游标的特点。

四、实践题

1. 创建一个带参数的存储过程 bor_info，该存储过程根据传入的借款人编号在 borrower 表中查询此借款人的信息。

2. 创建一个带参数的存储过程 BorMoneyInfo2，该存储过程根据传入的借款人编号和银行编号查询以下信息：借款人编号、年龄、性别、贷款金额。

第12章 数据库安全管理

内容导读

在当今时代，随着大数据、"互联网+"的应用不断深入，数据库系统在现实生活中的应用越来越广泛，地位也越来越重要。数据库中保存着用户的各类应用数据，特别是存储在军工、银行以及保险等行业数据库中的数据相对比较敏感，这使数据库安全性越发显得重要。为了提高数据库的安全性，数据库管理系统必须设计各类安全性机制，通过各种防范措施防止用户越权使用数据库，从而保证后台数据库及整个系统的正常运行，防止数据被意外丢失和破坏，并且保证数据库一旦遭受破坏后，能利用冗余数据快速地恢复数据库，这就是数据库的安全性控制。

本章首先介绍数据库安全性的相关概念及通用的安全性控制机制，然后重点讲解 SQL Server 2019 中的各类安全性控制机制，并通过一些实例介绍用户、权限及角色的管理操作，从而实现针对服务器、数据库以及数据库对象的安全性控制。

本章学习目标

（1）熟悉数据库的安全性控制机制。

（2）掌握数据库的登录和用户管理。

（3）掌握数据库的权限管理和控制。

（4）理解并掌握数据库的角色管理。

12.1 数据库安全性概述

12.1.1 数据库安全性的概念

数据库安全性是指保护数据库以防止不合法的使用造成数据泄露、更改或破坏。数据库的安全性主要包括两方面：一方面是指系统运行的安全性，防止一些非法用户通过网络入侵使数据库系统无法正常运行；另一方面是指数据库中信息的安全性，防止非法用户入侵数据库之后盗取、修改或者破坏相关数据。

造成数据库不安全的主要因素如下。

（1）非授权用户对数据库的恶意访问和破坏，如黑客入侵数据库对数据库进行更改或破坏。

（2）数据库中重要或敏感的数据被泄露，如权限管理不完善导致非法用户获取到敏感数据导致数据泄露。

（3）数据库环境不安全导致数据被泄露或破坏，如操作系统漏洞或防火墙问题导致数据库数据被泄露或破坏。

12.1.2　数据库的安全标准

目前，美国、欧洲部分国家及我国均颁布了有关数据库安全的等级标准。最早的标准是美国国防部于 1985 年颁布的《可信计算机系统评估标准》（Trusted Computer System Evaluation Criteria，TCSEC）。1991 年美国国家计算机安全中心（National Computer Security Center，NCSC）颁布了《可信计算机系统评估标准关于可信数据库系统的解释》（Trusted Database Interpretation，TDI，也称为紫皮书），将 TCSEC 扩展到数据库管理系统，TCSEC/TDI 定义了数据库管理系统进行安全性级别评估的标准。1991 年英国、法国、德国和荷兰等国家颁布了欧洲信息技术安全评估准则（Information Technology Security Evaluation Criteria，ITSEC），其较美国军方制定的 TCSEC 在功能的灵活性和有关的评估技术方面均有很大的进步。1993 年 6 月，在美国的 TCSEC 和欧洲的 ITSEC 等信息安全准则的基础上，6 国 7 方（美国国家安全局、美国国家技术标准研究所、加、英、法、德、荷）共同提出了《信息技术安全评价通用准则》（The Common Criteria for Information Technology Security Evaluation），简称 CC 标准，它综合了已有的信息安全的准则和标准，形成了一个更全面的框架，并成为国际标准。制定 CC 标准的目的是建立一个各国都能接受的通用的信息安全产品和系统的安全性评估准则，目前 CC 标准已经基本取代了 TCSEC，成为评估信息产品安全性的主要标准。我国政府于 1999 年颁布了《计算机信息系统安全保护等级划分准则》。

目前国际上广泛采用的是美国标准 TCSEC/TDI 和国际标准 CC。TCSEC/TDI 将数据库安全划分为 4 大类，如表 12-1 所示，由低到高依次为 D、C、B、A。其中 C 级由低到高分为 C1 和 C2，B 级由低到高分为 B1、B2 和 B3。CC 标准提出了评估保证等级（Evaluation Assurance Level，EAL），从低到高分为 EAL1 至 EAL7 共 7 级，如表 12-2 所示。

表 12-1　TCSEC/TDI 标准

级别	定义	解释
A1	验证设计（Verified Design）	提供 B3 级保护的同时给出系统的形式化设计说明和验证，以确保各安全保护真正实现
B3	安全域（Security Domains）	满足访问监控器的要求，审计跟踪能力更强，并提供系统恢复过程
B2	结构化保护（Structural Protection）	建立形式化的安全策略模型并对系统内的所有主体和客体实施自主访问控制（Discretionary Access Control，DAC）和强制访问控制（Mandatory Access Control，MAC）
B1	标记安全保护（Labeled Security Protection）	对系统的数据加以标记，并对标记的主体和客体实施 MAC 以及审计等安全机制
C2	受控的存取保护（Controlled Access Protection）	将 C1 级的 DAC 进一步细化，以个人身份注册负责，并实施审计和资源隔离。很多商业产品已得到该级别的验证
C1	自主安全保护（Discretionary Security Protection）	只提供非常初级的自主安全保护。能实现对用户和数据的分离，进行 DAC，保护或限制用户权限的传播
D	最小保护（Minimal Protection）	无安全保护的系统

> 💡提示
> 如果一个数据库系统符合 B1 级标准，我们称之为安全数据库系统或可信数据库系统。

表 12-2　CC 标准

级别	定义	TCSEC 安全级别（近似相当）
EAL1	功能测试（Functionally Tested）	—
EAL2	结构测试（Structurally Tested）	C1
EAL3	系统地测试和检查（Methodically Tested And Checked）	C2
EAL4	系统地设计、测试和复查（Methodically Designed, Tested, and Reviewed）	B1
EAL5	半形式化设计和测试（Semiformally Designed and Tested）	B2
EAL6	半形式化验证的设计和测试（Semiformally Verified Design and Tested）	B3
EAL7	形式化验证的设计和测试（Formally Verified Design and Tested）	A1

我国的国家标准与 TCSEC/TDI 标准相似，共分为 5 级，从第 1 级到第 5 级依次与 TCSEC/TDI 标准的 C1、C2、B1、B2 和 B3 一致。

12.2 数据库的安全性控制机制

在一般的数据库系统中，其安全性控制机制是层层设卡的，通过在数据库系统的各个环节设置安全性控制机制实现安全性控制，如图 12-1 所示。

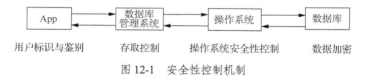

图 12-1　安全性控制机制

在图 12-1 所示的数据库安全性控制机制中，用户要进入数据库系统需要经过多层关卡。第一层关卡是用户标识与鉴别，系统首先根据输入的用户标识进行用户身份鉴定，只有合法的用户才允许进入数据库系统。第二层关卡是数据库管理系统的存取控制，对于已经进入系统的用户，数据库管理系统要进行存取控制检查，只有拥有相关权限的授权用户才可以执行权限内的操作。第三层关卡是操作系统安全性控制，操作系统会提供对应的安全保护措施以保障数据安全。第四层关卡是数据加密，将数据以密文形式存储在数据库中，即使非法用户突破前面所有关卡拿到数据也难以破解。

12.2.1　用户标识与鉴别

用户标识与鉴别即用户验证，它是系统提供的最外层安全保护措施。其实现方法是由系统提供一定的方式让用户标识自己的名字或身份，每次用户要求进入系统时，由系统进行核对，通过鉴定后才能进入系统。

用户标识与鉴别的方法有很多种，而且在一个系统中往往多种方法并用，以获得更强的安全性。目前常用的方法是用户名和口令，通过用户名和口令来鉴定用户的方法简单易行，但其可靠程度极差，容易被他人猜出或通过暴力破解。近年来一些更加有效的身份验证技术迅速发展起来，如通行字验证、数字证书验证、智能卡验证和个人特征识别等。在个人特征识别技术中，目前已得到应用的个人特征包括指纹、语音、DNA、视网膜、虹膜、脸形和手形等，并取得了不少应用成果，为将来用户标识与鉴别达到更高的安全性打下了坚实的基础。

12.2.2 存取控制

存取控制是数据库系统中十分关键的安全性控制机制，它是数据库系统内部对已经进入系统的用户的访问控制，是数据库安全的前沿屏障，更是数据库安全系统中的核心技术和有效的安全手段。存取控制的目的是确保只有被授权的用户才能对数据库进行在权限范围内的有关操作，同时禁止所有未被授权的用户访问数据库。

在存取控制机制中，数据库管理系统所管理的全体实体分为主体（Subject）和客体（Object）两类。主体是系统中的活动实体，包括数据库管理系统所管理的实际用户以及代表用户的各种进程。客体是存储数据的被动实体，是受主体操作的，包括文件、基本表、索引和视图等。

数据库存取控制机制包括以下两部分。

（1）定义用户权限，并将用户权限登记到数据字典中。用户权限是指不同的用户对不同的数据对象允许执行的操作权限。系统必须提供适当的语言定义用户权限，这些定义经过编译后存放在数据字典中，被称作系统的安全规则或授权规则。

（2）合法权限检查。当用户发出存取数据库的操作请求后（请求一般应包括操作类型、操作对象、操作用户等信息），数据库管理系统将查找数据字典，并根据安全规则进行合法权限检查，若用户的操作请求超出了权限范围，系统将拒绝执行相应操作。

定义用户权限和合法权限检查机制一起组成了数据库管理系统的安全子系统。

传统的存取控制机制有两种，即自主存取控制（Discretionary Access Control，DAC）和强制存取控制（Mandatory Access Control，MAC）。

1．DAC

DAC 是用户访问数据库的一种常用安全控制方法，大型数据库管理系统几乎都支持 DAC。在 DAC 中，用户对不同的数据对象有不同的存取权限，不同的用户对同一对象也有不同的权限，而且用户还可将其拥有的存取权限转授给其他用户。

定义一个用户的存取权限就是定义这个用户可在哪些数据对象上进行哪些类型的操作。在数据库系统中，定义存取权限称为授予权限，撤销用户的相关权限称为收回权限。目前在标准 SQL 中主要通过 GRANT 语句和 REVOKE 语句来实现权限的授予和收回，GRANT 语句可以给用户授予各种不同对象（数据表、视图、存储过程等）的不同使用权限（如 SELECT、UPDATE、INSERT、DELETE 等），这部分内容将在后续章节中做详细介绍。

DAC 能够通过授权机制有效地控制其他用户对敏感数据的存取，但是这种机制仅通过对数据的存取权限来进行安全控制，而数据本身并无安全性标记，由于用户对数据的存取权限是"自主"的，用户可以自由地决定是否将数据的存取权限授予别的用户，而无须系统确认。这样，系统的权限可以不受约束地进行授予和传递，可能导致数据被"无意泄露"，给数据库系统带来不安全因素。要解决这一问题，就需要对系统控制下的所有主体、客体实施 MAC 策略。

2．MAC

所谓 MAC 是指系统为保证更高程度的安全性，按照 TCSEC/TDI 标准中安全策略的要求，所采取的强制存取检查手段，对网络中的数据库安全实体实施统一的、强制性的访问管理。

MAC 系统主要通过对主体和客体已分配的安全属性进行匹配判断，从而决定主体是否有权对客体进行进一步的访问操作。

对于主体和客体，数据库管理系统为它们的每个实例指派一个安全性标识（Security Label），安全性标识被分为若干级别：绝密（Top Secret）、机密（Secret）、秘密（Confidential）、公开（Public）。客体的标识称为密级（Security Classification），主体的标识称为许可证级别（Security Clearance）。

MAC 策略基于以下两条规则。

- 仅当主体的许可证级别大于等于客体的密级时，主体对客体具有读权限。
- 仅当客体的密级小于等于主体的许可证级别时，主体对客体具有写权限。

第一条规则指的是"当且仅当用户的许可证级别大于等于数据的密级时，该用户才能对该数据进行读操作"。第二条规则指的是"当且仅当用户的许可证级别小于等于数据的密级时，该用户才能对该数据进行写操作"。

第二条规则表明用户可以为其写入的数据对象赋予高于自己许可证级别的密级，这样的数据被写入后用户自己就不能再读该数据对象了。这两条规则的共同点在于它们禁止了拥有高级许可证级别的主体更新低密级的数据对象，从而防止了敏感数据被泄露。

虽然 MAC 具有更高的安全性，但是这种机制可能在用户使用自己的数据时给其带来诸多的不便，原因是这些限制过于严格。但是对任何一个严谨的数据库系统而言，MAC 是必要的，可以防止对数据库的大多数恶意侵害。

较高安全性级别提供的安全保护要包含较低级别的所有保护，因此在实现 MAC 时要首先实现 DAC，即 DAC 与 MAC 共同构成数据库管理系统的安全机制。系统首先进行 DAC 检查，再对通过检查的允许存取的主体与客体进行 MAC 检查，只有通过检查的数据对象方可进行存取。

12.2.3　数据加密

由于数据库在操作系统中以文件形式存储，所以一方面入侵者可以直接利用操作系统的漏洞窃取或篡改数据库文件，而且数据在通信线路传输过程中可能被监听或窃取；另一方面，数据库管理员可以访问所有数据，如果管理不善可能会造成安全隐患。因此，为了保障数据库的安全性，特别是对于高度敏感性的数据，如财务数据、军事数据、国家机密，必须采用数据加密技术。数据加密技术基于主动防御机制，可以防止明文存储引起的数据泄密、突破边界防护的外部黑客攻击、来自内部高权限用户的数据窃取、绕开合法应用系统直接访问数据库等行为，从根本上解决数据库敏感数据泄露问题。

1．加密的基本思想

加密的基本思想是使用一定的算法将原始明文数据转换为不可直接识别的密文，只有知道加密算法的人才能通过解析密文获取原始数据，从而达到保护数据的目的。数据解密是加密的逆过程，即将密文数据转变成可见的明文数据。数据加密的主要方法有 MD5 加密算法和哈希加盐加密算法。

一般情况下，密码系统由明文集合、密文集合、密钥集合和算法组成，其中密钥和算法构成了密码系统的基本单元。数据加密机制如图 12-2 所示。算法规定了明文与密文之间的变换方法，一般是一些公式、法则或程序，而密钥可以看作算法中的参数。

在加密系统中，加密方法可分为对称加密与非对称加密。对称加密中加密所用的密钥与解密所用的密钥相同，典型的对称加密算法是数据加密标准（Data Encryption Standard，DES）。非对称加密中加密所用的密钥与解密所用的密钥不相同，其中加密的密钥可以公开，而解密的密钥不可以公开。

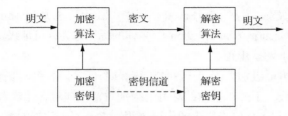

图 12-2　数据加密机制

数据加密和解密是相当费时的操作，其运行程序会占用大量系统资源，因此数据加密功能通常是可选的，允许用户自由选择，一般只对机密数据加密。

2．加密的影响

数据库加密技术在保证安全性的同时，也给数据库系统的可用性带来一些影响。

（1）严重影响系统的访问运行效率。数据库加密技术会显著地降低系统的访问与运行效率，一般采用对加密的范围做一些约束的方法来降低这种影响，如不加密索引字段和关系运算的比较字段等。

（2）难以实现对数据完整性的约束。数据一旦加密，数据库管理系统将难以实现对这些被加密数据的各类完整性约束，如主外键约束及值域的定义等。

（3）SQL 及 SQL 函数的使用受到制约。SQL 中的 GROUP BY、ORDER BY 等子句的执行效率受索引的影响巨大，如果这些子句的操作对象是加密数据，索引将失效；另外，数据库管理系统扩展的 SQL 内部函数一般也不能直接作用于密文数据。

（4）加密数据容易成为攻击目标。加密技术把明文转换为看上去没有实际意义的密文信息，但密文的随机性同时也暴露了消息的重要性，容易引起攻击者的注意和破坏，从而造成一种新的不安全性。

3．加密系统应满足的要求

一个好的数据库加密系统，应该在保证数据安全的基础上，尽可能地提高工作效率，在工作效率和安全性之间取得平衡。总的来说，一个好的加密系统应满足以下要求。

（1）加、解密速度足够快，尽可能减少对数据操作响应时间的影响。

（2）加密强度足够大，保证大部分数据长时间无法被破译或者破解密文的代价远大于获取其中数据的收益。

（3）对数据库的合法用户来说，加、解密操作是透明的，用户不用关心数据如何完成加、解密，这不影响用户的合理操作。

（4）数据库加密后，存储量不能有较大程度的增加。

（5）密钥管理方案灵活、高效，密钥安全存储，使用方便可靠。

12.2.4　视图机制

视图机制是数据库管理系统中常用的安全机制。视图是数据库系统提供给用户以多种角度观察数据库中数据的重要机制，是从一个或几个基本表（或视图）导出的表，它与基本表不同，是一种虚拟表，它本身不存储实际数据，数据存储在基本表中，数据库中只存放视图的定义。从某种意义上讲，视图就像窗口，透过它，用户可以看到数据库中自己感兴趣的数据及其变化。系统在进行存取控制时，可以为不同的用户定义不同的视图，把访问数据的对象限制在一定的范围内，也就是说，通过视图机制把保密的数据对无权存取的用户隐藏起来，从而对数据提供一定程度的安全保护。

需要指出的是，视图机制主要的功能在于提供数据独立性。在实际应用中，常常将视图机制与存取控制机制结合起来使用，把要保密的数据对无权存取这些数据的用户隐藏起来，对数据提供一定程度的安全保护，一般是先使用视图机制屏蔽一部分保密数据，再在视图上进一步定义存取权限。通过定义不同的视图及有选择地授予视图上的权限，可以将用户、组或角色限制在不同的数据子集内。

【例 12.1】建立一个在"B001"银行贷款的借款人编号、贷款时间和还款时间的视图，把对该视图的 SELECT 权限授予该银行职员"Liming"。

先建立视图"银行贷款信息_B001"，代码如下。

```
CREATE VIEW 银行贷款信息_B001
AS
SELECT 借款人编号, 贷款时间, 还款时间
FROM [ dbo ].[ 贷款表 ]
WHERE 银行编号 = 'B001'
```

然后将该视图的 SELECT 权限授予"Liming"，代码如下。

```
GRANT SELECT ON 银行贷款信息_B001
TO Liming
```

12.2.5 数据库审计

数据库审计（DataBase Audit，DBAudit）是数据库安全技术之一，如黑客的 SQL 注入攻击行为，可以通过数据库审计发现。数据库审计功能是数据库管理系统达到 C2 级以上安全级别必不可少的指标，这是数据库系统的最后一道安全防线。数据库审计以安全事件为中心，把用户对数据库的所有操作自动记录下来，存放在事故日志文件中，通过对用户访问数据库行为的记录、分析和汇报，来帮助用户在事故发生后对事故追根溯源。数据库管理员可以利用审计跟踪的信息，重现导致数据库现有状况的一系列事件，找出非法访问数据库的人、时间、地点以及所有访问数据库的对象及其所执行的操作，定位事件原因，以便日后查询、分析、过滤，实现对数据库操作行为的监控，提高数据资产安全。

数据库审计功能把用户对数据库的所有操作自动记录下来放入审计日志（Audit Log）中。审计日志一般包括下列内容。

- 操作类型（如修改、查询等）。
- 操作日期和时间。
- 操作的数据对象（如数据表、视图、记录、属性等）。
- 操作终端标识与操作人员标识。
- 数据修改前后的值。

数据库审计主要应用于以下场景。

- 审查可疑的活动，如非授权用户访问、删除或篡改数据库。
- 统计哪些数据表经常被修改，调查最"繁忙"的数据表是哪些。
- 统计用户执行了多少次逻辑 I/O 操作。
- 统计数据库的使用情况（如每天/周连接了多少用户、每月进行了多少次查询操作、上周添加或删除了多少条记录等）。

- 如果怀疑有黑客活动，记录并审查企图闯入数据库的失败尝试。

目前主要有两种审计方式：用户审计和系统审计。

（1）用户审计：数据库管理系统的数据库审计系统记录下所有对数据表或视图进行访问的企图（包括成功的和不成功的）及每次操作的用户名、时间、操作代码等信息。这些信息一般被记录在数据字典（系统表）中，利用这些信息用户可以进行审计分析。

（2）系统审计：由系统管理员进行，其审计内容主要是系统一级命令以及数据库客体的使用情况。

数据库审计通常是很费时间和空间的，所以数据库管理系统往往将其作为可选项，一般主要用于安全性要求较高的部门。

12.3 SQL Server 安全验证管理

SQL Server 的安全性管理是建立在验证（Authentication）和访问许可（Permission）这两种机制上的。验证是指确定登录 SQL Server 的用户的登录账号和密码是否正确，以此来验证其是否具有连接 SQL Server 的权限。但是，通过验证阶段并不代表能够访问 SQL Server 中的数据，用户只有在获取访问数据库的权限之后，才能够对服务器上的数据库进行权限许可下的各种操作。

本节主要介绍 SQL Server 安全验证管理。安全验证方式属于服务器安全机制，用来控制用户是否具有 SQL Server 系统的访问权限，SQL Server 只有在验证了指定的登录 ID 及密码有效后，才会完成连接，这种登录验证称为身份验证。

12.3.1 身份验证简介

SQL Server 提供了两种身份验证：Windows 身份验证和 SQL Server 身份验证。由这两种身份验证派生出两种身份验证模式：Windows 身份验证模式和混合模式。

（1）Windows 身份验证模式。

Windows 身份验证模式使用 Windows 操作系统的内置安全机制，也就是使用 Windows 的用户或组账号控制用户对 SQL Server 的访问。在这种模式下，用户只需通过 Windows 的验证，就可以连接到 SQL Server，而 SQL Server 本身不再需要管理一套登录数据。Windows 身份验证采用了 Windows 安全特性的许多优点，包括加密口令、口令期限、域范围的用户账号及基于 Windows 的用户管理等，从而实现 SQL Server 与 Windows 登录安全的紧密集成。

（2）混合模式。

在混合验证模式下，Windows 身份验证和 SQL Server 身份验证这两种验证都是可用的。对于 SQL Server 身份验证，用户在连接 SQL Server 时必须提供登录名和登录密码。系统使用哪种模式可以在安装过程中指定或使用 SQL Server 的企业管理器指定，SQL Server 的默认身份验证模式是 Windows 身份验证模式，这也是建议使用的一种模式。

Windows 身份验证相比 SQL Server 身份验证有许多优点。Windows 身份验证比 SQL Server 身份验证更加安全，使用 Windows 身份验证的登录账户更易于管理，用户只需登录 Windows 之后就可以使用 SQL Server，只需要登录一次。

12.3.2　身份验证模式的修改

在安装 SQL Server 时，用户可以选择 SQL Server 的身份验证模式。在安装完成之后，可以修改身份验证模式，修改步骤如下。

（1）启动 SSMS，在"对象资源管理器"窗格中，右击要更改的服务器，在快捷菜单中选择"属性"，弹出"服务器属性"窗口。

（2）单击"服务器属性"窗口左侧列表中的"安全性"选项，进入"安全性"选项卡，如图 12-3 所示，在选项卡中修改身份验证模式。

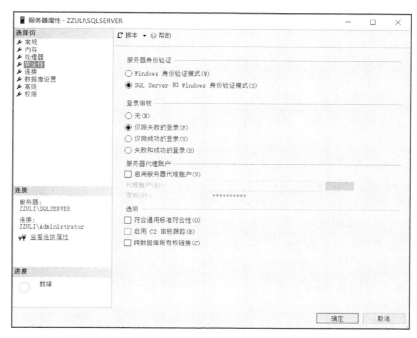

图 12-3　"安全性"选项卡

用户通过验证并不代表能够访问 SQL Server 中的数据，用户只有在获取访问数据库的权限之后，才能够对服务器上的数据库进行权限许可下的各种操作。用户访问数据库权限的设置是通过用户账号来实现的，而角色可以简化安全性管理，所以 SQL Server 的安全模型包括以下 3 部分。

- 用户管理。
- 角色管理。
- 权限管理。

本章接下来的 3 节将对用户管理、权限管理和角色管理进行详细介绍。

12.4　用户管理

SQL Server 的用户分为登录用户和数据库用户，在"对象资源管理器"窗格中，登录用户对应的是登录名，如图 12-4 所示；而数据库用户对应的是用户，如图 12-5 所示。那么二者到底是什么关系呢？

图 12-4 登录用户位置

图 12-5 数据库用户位置

登录名：服务器方的实体，使用登录名只能进入服务器，但是不能访问服务器中的数据库资源。

用户：一个或多个登录对象在数据库中的映射，可以对登录对象进行授权，以便为登录对象提供对数据库的访问权限。

用登录名登录 SQL Server 后，在访问各个数据库时，SQL Server 会自动查询此数据库中是否存在与此登录名关联的用户，若存在就使用相应用户的权限访问数据库，若不存在就使用 guest 用户访问数据库。SQL Server 有一个默认登录名 sa，它拥有 SQL Server 系统的全部权限，可以执行所有的操作。此外，Windows 系统的管理员（Administrator）也拥有 SQL Server 系统的全部权限，其对应的登录名为"计算机名\Administrator"。这两个登录名经常用到，登录后都映射到数据库用户 dbo。

一个登录名可以被授权访问多个数据库，但一个登录名在每个数据库中只能映射一次。即一个登录名可对应多个用户，一个用户也可以被多个登录名使用。SQL Server 就像一栋大楼，一个数据库相当于大楼里面的一个房间。登录名只是进入大楼的钥匙，而用户则是进入房间的钥匙。一个登录名可以有多个房间的钥匙，但一个登录名对于一个房间只能拥有此房间的一把钥匙。

12.4.1 登录用户管理

登录用户管理主要包括登录名的新建、更改和删除，可以使用 SSMS 和 T-SQL 来管理登录名，下面将分别进行介绍。

1. 使用 SSMS 管理 Windows 登录用户

登录用户包括 Windows 登录用户和 SQL Server 登录用户。

（1）创建 Windows 登录用户

① 单击"开始"菜单，找到并打开"运行"对话框，在"运行"对话框输入"compmgmt.msc"，单击"确定"按钮，打开"计算机管理"窗口，依次展开"系统工具"→"本地用户和组"，右击"用户"节点，在弹出的快捷键菜单中选择"新用户"命令，如图 12-6 所示。

② 在弹出的"新用户"对话框中输入用户名并设置密码，如图 12-7 所示，单击"创建"按钮完成用户的创建。

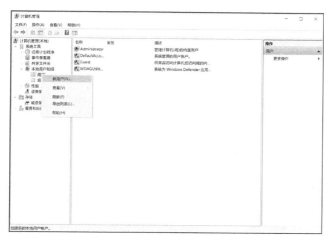

图 12-6 "计算机管理"窗口

图 12-7 "新用户"对话框

③ 在"对象资源管理器"窗格中,展开服务器的"安全性"节点。

④ 右击"安全性"子节点"登录名",在弹出的快捷菜单中选择"新建登录名",打开"登录名-新建"窗口,如图 12-8 所示。

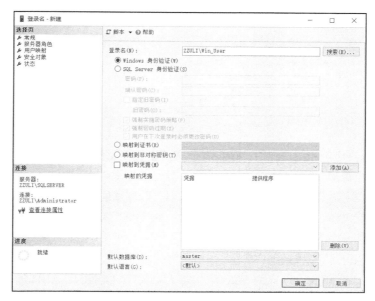

图 12-8 "登录名-新建"窗口

⑤ 在"登录名-新建"窗口中输入登录名,输入的登录名必须是已存在的 Windows 登录用户。也可以单击"搜索"按钮,从搜索结果中选择用户。

⑥ 确认选择的是"Windows 身份验证"。指定用户登录的默认数据库。

⑦ 单击窗口左侧列表中的"服务器角色"节点,指定用户所属服务器角色。

⑧ 单击窗口左侧列表中的"用户映射"节点,右侧出现"用户映射"选项卡,可以查看或修改 SQL Server 登录用户到数据库用户的映射。选择此登录用户可以访问的数据库,对具体的数据库指定要映射到登录名的数据库用户(默认情况下,数据库用户名与登录名相同),并指定用户的默认架构。首次创建用户时,其默认架构是 dbo。

⑨ 设置完之后单击"确定"按钮提交更改。

（2）创建 SQL Server 登录用户

要创建的 SQL Server 登录用户是一个新的登录用户，该用户和 Windows 操作系统的登录用户没有关系。

① 打开"登录名-新建"窗口，选择"SQL Server 身份验证"，输入登录名、密码并确认密码，选择默认数据库，如图 12-9 所示。

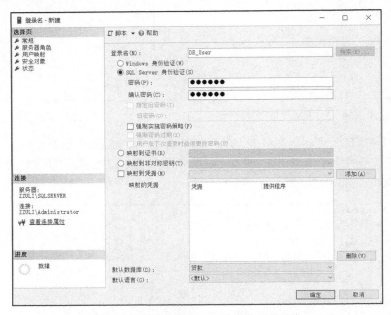

图 12-9　创建 SQL Server 身份验证登录名

② 设置服务器角色和用户映射，请参考前文"创建 Windows 登录用户"的步骤⑦、⑧。

（3）登录用户管理

创建登录用户之后，在图 12-4 所示的"登录名"节点里面即可看到新创建的登录名，在其上右击，打开快捷菜单，如果要修改该登录用户，则选择"属性"命令；如果要删除该登录用户，则选择"删除"命令。

2. 使用 T-SQL 管理登录用户

在 T-SQL 中，管理登录用户的 SQL 语句有 CREATE LOGIN、ALTER LOGIN 和 DROP LOGIN，下面简要说明如何使用 T-SQL 来管理登录用户。

（1）使用 CREATE LOGIN 语句创建登录用户

使用 CREATE LOGIN 语句创建登录用户的语法格式如下。

```
CREATE LOGIN login_name
{ WITH <option_list1> | FROM <sources> }
```

【例 12.2】创建带密码的 DB_User1 登录名。如果加上 MUST_CHANGE 选项，则需要用户首次连接服务器时更改密码。

```
USE master
GO
CREATE LOGIN DB_User1
WITH PASSWORD = '123456' MUST_CHANGE
```

【例 12.3】从 Windows 域账户创建[ZZULI\Win_User1]登录名，并指定默认数据库为"贷款"。

```
USE master
GO
CREATE LOGIN [ZZULI\Win_User1]
FROM Windows
WITH DEFAULT_DATABASE = 贷款
```

（2）使用 ALTER LOGIN 语句更改登录用户

使用 ALTER LOGIN 语句更改登录用户的语法格式如下。

```
ALTER LOGIN login_name
{
    <status_option>
    | WITH <set_option> [ ,... n]
}
<status_option> ::= ENABLE | DISABLE
```

【例 12.4】启用禁用的登录用户。

```
USE master
GO
ALTER LOGIN DB_User1 ENABLE;
```

【例 12.5】将 DB_User1 的登录密码更改为"ZZULI"。

```
USE master
GO
ALTER LOGIN DB_User1
WITH PASSWORD = 'ZZULI'
```

【例 12.6】将 DB_User1 的登录名更改为"DB_User2"。

```
USE master
GO
ALTER LOGIN DB_User1
WITH NAME = DB_User2
```

（3）使用 DROP LOGIN 语句删除登录用户

使用 DROP LOGIN 语句删除登录用户的语法格式如下。

```
DROP LOGIN login_name
```

【例 12.7】删除登录用户 DB_User1。

```
USE master
GO
DROP LOGIN DB_User1
```

12.4.2　数据库用户管理

数据库用户管理主要包括用户的新建、更改和删除，可以使用 SSMS 和 T-SQL 来管理数据库用户，下面分别进行介绍。

💡提示

　　用户名称需要与登录名对应。虽然用户可以与登录名拥有不一样的名称，但在一般情况下，建议用户名称和登录名保持一致。

1．使用 SSMS 管理数据库用账户

① 在 SSMS "对象资源管理器"窗格中，展开指定的数据库节点，直到看到用户节点，如图 12-5 所示。

② 右击"用户"节点，在弹出的快捷菜单中选择"新建用户"，打开"数据库用户-新建"窗口，如图 12-10 所示。在"用户名"文本框中输入用户名。

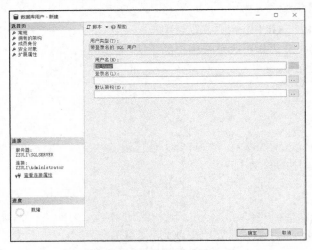

图 12-10 "数据库用户-新建"窗口

③ 在"登录名"文本框中输入登录名或单击右侧的"…"按钮，打开"选择登录名"对话框，如图 12-11 所示。输入登录名，或单击"浏览"按钮打开"查找对象"对话框，如图 12-12 所示。

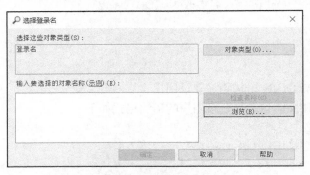

图 12-11 "选择登录名"对话框

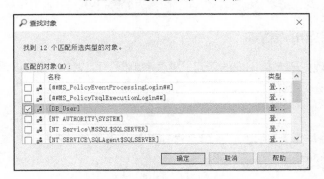

图 12-12 "查找对象"对话框

④ 选中需要添加的登录名，单击"确定"按钮关闭"查找对象"对话框，再关闭"选择登录名"对话框。

⑤ 为该用户选择用户类型和默认架构，然后关闭"数据库用户-新建"窗口。

2. 使用 T-SQL 管理数据库用户

在 T-SQL 中，管理数据库用户的 SQL 语句有 CREATE USER、ALTER USER 和 DROP USER，下面简要说明如何使用 T-SQL 来管理数据库用户。

（1）使用 CREATE USER 语句创建用户

使用 CREATE USER 语句创建用户的语法格式如下。

```
CREATE USER user_name
[
    { FOR | FROM } LOGIN login_name
]
[ WITH DEFAULT_SCHEMA = schema_name ]
[ ; ]
```

各参数简要说明如下。

- user_name：指定在此数据库中用于识别该用户的名称。
- LOGIN login_name：指定要创建的数据库用户的 SQL Server 登录名。login_name 必须是服务器中有效的登录名。如果已忽略 LOGIN，则新的数据库用户将被映射到同名的 SQL Server 登录名。
- 如果未定义 DEFAULT_SCHEMA，则数据库用户将使用 dbo 作为默认架构。

【例 12.8】 在贷款数据库中创建数据库用户"Win_User1"，登录名为"[ZZULI\Win_User1]"。

```
USE 贷款
GO
CREATE USER Win_User1
FOR LOGIN [ZZULI\Win_User1]
```

【例 12.9】 在贷款数据库中创建数据库用户"DB_User1"，登录名为"DB_User1"。

```
USE 贷款
GO
CREATE USER DB_User1
FOR LOGIN DB_User1
```

（2）使用 ALTER USER 语句更改数据库用户的名称或更改其登录的默认架构

使用 ALTER USER 语句可以更改数据库用户的名称及其登录的默认架构，语法格式如下。

```
ALTER USER user_name  WITH <set_item> [ ,...n ]
<set_item> ::=  NAME = new_user_name
| DEFAULT_SCHEMA = schema_name
```

【例 12.10】 将数据库用户的名称由 DB_User1 更改为 DB_User2。

```
USE 贷款
GO
ALTER USER DB_User1
WITH NAME = DB_User2
```

（3）使用 DROP USER 语句删除用户

使用 DROP USER 语句删除用户的语法格式如下。

```
DROP USER user_name
```

【例 12.11】删除用户 DB_User2。

```
USE 贷款
GO
DROP USER DB_User2
```

12.5 权限管理

权限管理指授予、取消或禁止主体对安全对象的权限。SQL Server 通过验证是否已获得适当的权限来控制对安全对象执行的操作。

12.5.1 权限的概念

权限是连接主体和安全对象的纽带。在 SQL Server 2019 中，权限分为权利与限制，分别对应 GRANT 和 REVOKE 语句。GRANT 语句表示允许主体对安全对象做某些操作，REVOKE 语句用于收回先前对主体开放的权限。

1. 主体

主体是可以请求 SQL Server 资源的实体。主体可以是个体、组或进程。主体可以按照作用范围被分为 3 类，如表 12-3 所示。

表 12-3　主体

主体	对应内容
Windows 级别的主体	Windows 域登录名、Windows 本地登录名
SQL Server 级别的主体	SQL Server 登录名、服务器角色
数据库级别的主体	数据库用户、数据库角色、应用程序角色

2. 安全对象

安全对象是 SQL Server 数据库引擎授权系统控制对其进行访问的资源。每个 SQL Server 安全对象都有可以授予主体的关联权限，如表 12-4 所示。

表 12-4　安全对象及其常用权限

安全对象	常用权限
服务器	端点、登录账户、数据库
数据库	用户、角色、应用程序角色、程序集、消息类型、路由、服务、远程服务绑定、全文目录、证书、非对称密钥、对称密钥、约定、架构
架构	类型、XML 架构集合、对象
对象	聚合、约束、函数、过程、队列、统计信息、同义词、数据表、视图

3. 架构

架构是形成单个命名空间的数据库实体的集合。命名空间是一个集合，其中每个元素的名称都是唯一的。在 SQL Server 2019 中，架构独立于创建它们的数据库用户而存在。

完全限定的对象名称包含 4 个部分，其形式为 server.database.schema.object。

SQL Server 2019 引入了"默认架构"的概念，用于解析未使用其完全限定名称引用的对象的名称。在 SQL Server 2019 中，每个用户都有一个默认架构，用于指定服务器在解析对象的名称时将要搜索的第一个架构。可以使用 CREATE USER 和 ALTER USER 的 DEFAULT_SCHEMA 选项设置和更改默认架构。如果未定义默认架构，则数据库用户将把 dbo 作为其默认架构。

4．权限

在 SQL Server 2019 中，主要安全对象及其权限如表 12-5 所示。

表 12-5　主要安全对象及其权限

安全对象	权限
数据库	BACKUP DATABASE、BACKUP LOG、CREATE DATABASE、CREATE DEFAULT、CREATE FUNCTION、CREATE PROCEDURE、CREATE RULE、CREATE TABLE 和 CREATE VIEW
标量函数	EXECUTE 和 REFERENCES
表值函数、数据表、视图	INSERT、DELETE、UPDATE 和 SELECT
存储过程	EXECUTE

12.5.2　使用 SSMS 管理权限

我们可以从对象和主体两个方面来管理对象权限，下面讲述通过对象来设置权限。为贷款数据库中的借款人表设置相关权限的步骤如下。

（1）右击"借款人表"，在弹出的快捷菜单中选择"属性"，打开"表属性-借款人表"窗口。

（2）单击左侧"选择页"中的"权限"，打开"权限"选项卡，如图 12-13 所示，在此可以指定该对象的用户或角色的权限。

图 12-13　"权限"选项卡

（3）单击"搜索"按钮，打开"选择用户或角色"对话框，如图 12-14 所示。

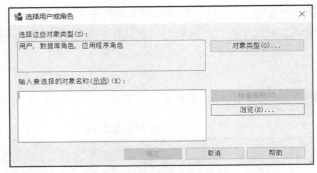

图 12-14 "选择用户或角色"对话框

（4）输入用户或角色名称，或单击"浏览"按钮，打开"查找对象"对话框，选择需要添加授权的用户或角色，如图 12-15 所示。

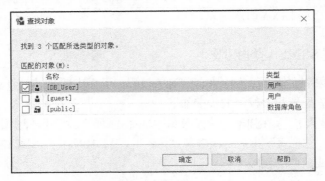

图 12-15 "查找对象"对话框

（5）单击"确定"按钮关闭"查找对象"对话框，再关闭"选择用户或角色"对话框，回到"权限"选项卡，如图 12-16 所示。

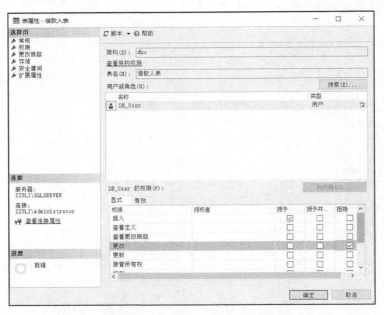

图 12-16 选择用户或角色之后的"权限"选项卡

（6）选择需要设置权限的用户或角色，为该用户设置具体权限。如图 12-16 所示，用户 DB_User 被授予对该数据表的插入权限，但被拒绝对该数据表数据的更改权限。

（7）如果允许用户具有选择权限，则列权限可用。单击"列权限"按钮，打开"列权限"对话框，如图 12-17 所示。

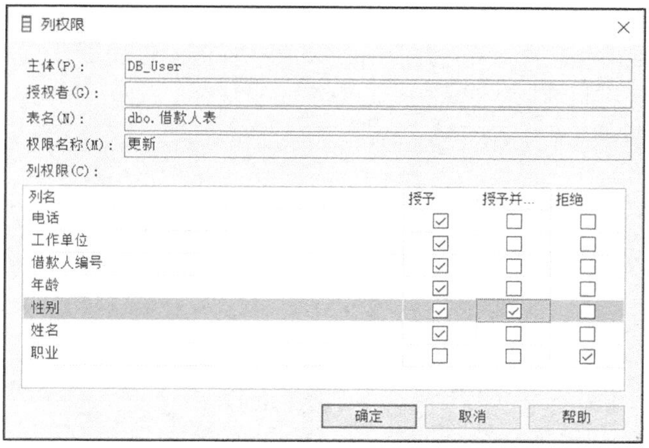

图 12-17 "列权限"对话框

如果不进行设置，则用户从其所属角色中继承权限。设置完列权限之后，单击"确定"按钮，关闭"列权限"对话框。

（8）设置完权限之后，单击"确定"按钮，关闭"表属性-借款人表"窗口。

另一种方法是通过设置用户或角色的权限来设置权限，请参考 12.6.3 小节中的相关内容。

12.5.3 使用 T-SQL 管理权限

在 SQL Server 中可使用 GRANT、REVOKE 和 DENY 语句来管理权限。

1．GRANT

GRANT 用于把权限授予某一用户，以允许该用户执行针对相应对象的操作，如 UPDATE、SELECT、DELETE、EXECUTE 或允许其运行某些语句（如 CREATE TABLE、CRETAE DATABASE。）

其简化的语法格式如下。

```
GRANT { ALL [ PRIVILEGES ] }
    | permission [ ( column [ ,...n ] ) ] [ ,...n ]
    [ ON securable ]
TO principal [ ,...n ]
[ WITH GRANT OPTION ] [ AS principal ]
```

各参数简要说明如下。

- permission：权限的名称。
- column：指定数据表中将授予其权限的列的名称。需要使用括号"()"。
- securable：指定将授予其权限的安全对象。
- TO principal：主体的名称。可为其授予安全对象权限的主体随安全对象而异。
- AS principal：指定一个主体可将该权限授予别人。

【例 12.12】授予用户 DB_User1 对数据库的 CREATE TABLE、DROP TABLE 权限。

```
USE 贷款
GO
GRANT CREATE TABLE, DROP TABLE
TO DB_User1
```

【例 12.13】 授予用户 DB_User1 对贷款表的查询、修改和删除权限，同时授予该用户将获取的权限再次授予其他主体的权限。

```
USE 贷款
GO
GRANT SELECT, UPDATE, DELETE ON 贷款表
TO DB_User1
WITH GRANT OPTION
```

【例 12.14】 授予用户 DB_User1、角色 R1 对借款人表的 SELECT 权限和对姓名、性别列的更新权限。

```
USE 贷款
GO
GRANT SELECT, UPDATE(姓名, 性别) ON 借款人表
TO DB_User1, R1
```

【例 12.15】 授予所有用户对借款人表的 INSERT 权限。

```
USE 贷款
GO
GRANT INSERT ON 借款人表
TO PUBLIC
```

2. REVOKE

REVOKE 用于取消用户对某一对象或语句的权限，这些权限是经过 GRANT 语句授予的。其语法格式和 GRANT 类似。

```
REVOKE { ALL [ PRIVILEGES ] }
    | permission [ ( column [ ,...n ] ) ] [ ,...n ]
    [ ON securable ]
FROM principal [ ,...n ]
```

【例 12.16】 撤销用户 DB_User1 对数据库的 DROP TABLE 权限。

```
USE 贷款
GO
REVOKE DROP TABLE
FROM DB_User1
```

【例 12.17】 撤销用户 DB_User1 对贷款表的修改和删除权限，同时级联收回该用户获取该权限后再次授予其他主体的权限。

```
USE 贷款
GO
REVOKE UPDATE, DELETE ON 贷款表
FROM DB_User1 CASCADE
```

【例 12.18】 撤销用户 DB_User1、角色 R1 对借款人表的 SELECT 权限和对姓名、性别列的更新权限。

```
USE 贷款
GO
```

```
REVOKE SELECT, UPDATE(姓名, 性别) ON 借款人表
FROM DB_User1, R1
```

3. DENY

DENY 用于拒绝用户对某一对象或语句的权限，明确禁止其对某一对象或语句执行某些操作。其语法格式和 GRANT 的类似。

```
DENY { ALL [ PRIVILEGES ] }
    | permission [ ( column [ ,...n ] ) ] [ ,...n ]
    [ ON securable ]
TO principal [ ,...n ]
```

【例 12.19】拒绝用户 DB_User1 对数据库中借款人表的 SELECT 权限。

```
USE 贷款
GO
DENY SELECT ON 借款人表
TO DB_User1
```

12.6 角色管理

角色是为管理具有相同权限的用户而设置的用户组，也就是说，同一角色下的用户，其权限都是相同的。在 SQL Server 数据库中，把相同权限的一组用户设置为某一角色后，当对该角色进行权限设置时，这些用户就自动获得修改后的权限。这样，只要对角色进行权限管理，就可以实现对属于该角色的所有用户进行权限管理，从而极大地减少了工作量。

在 SQL Server 中，角色可分为以下类型。

- 服务器角色：固定服务器角色，用户自定义服务器角色。
- 数据库角色：固定数据库角色，用户自定义数据库角色。

12.6.1 服务器角色管理

服务器角色属于服务器级别，仅用于执行管理任务，主要用来给登录名授权。其分为固定服务器角色和用户自定义服务器角色，但是一般情况下我们很少用到用户自定义服务器角色。

SQL Server 2019 提供了 9 种固定服务器角色，固定服务器角色的权限无法更改。每一个固定服务器角色拥有一定级别的数据库管理职能，如图 12-18 所示。

图 12-18　固定服务器角色

- bulkadmin：大容量插入管理员，可以运行 BULK INSERT 语句。

- dbcreator：创建管理员，可以创建、更改、删除和还原任何数据库。
- diskadmin：磁盘管理员，管理存储数据库的磁盘文件。
- processadmin：进程管理员，可以管理 SQL Server 实例中运行的进程。
- public：该角色成员可以查看任何数据库
- securityadmin：安全管理员，管理登录名及其属性。它们可以使用 GRANT、DENY 和 REVOKE 语句管理服务器级和数据库级权限，可以重置 SQL Server 登录名的密码。
- serveradmin：服务器管理员，可以更改服务器范围的配置选项和关闭服务器。
- setupadmin：设置管理员，可以添加和删除链接服务器，并且可以执行某些系统存储过程。
- sysadmin：系统管理员，可以在服务器中执行任何活动。sysadmin 的用户可以做任何事情，所以很有必要限制 sysadmin 的用户数量，只给那些需要并且可以信任的用户赋予该角色。

1．使用 SSMS 为服务器角色添加登录用户

为服务器角色 dbcreator 添加登录用户 DB_User，操作步骤如下。

（1）在图 12-18 所示界面中选中"dbcreator"并右击，选择"属性"命令，打开"服务器角色属性-dbcreator"窗口，如图 12-19 所示。

图 12-19 "服务器角色属性-dbcreator"窗口

（2）单击"添加"按钮，打开"选择服务器登录名或角色"对话框，如图 12-20 所示。

（3）单击"浏览"按钮，弹出"查找对象"对话框，选中需要添加的对象。

（4）单击每个对话框中的"确定"按钮关闭相应对话框。

也可以先选中登录名 DB_User 并右击，选择"属性"命令，打开"登录属性-DB_User"窗口，进入"服务器角色"选项卡，选中服务器角色"dbcreator"，单击"确定"按钮即可，如图 12-21 所示。

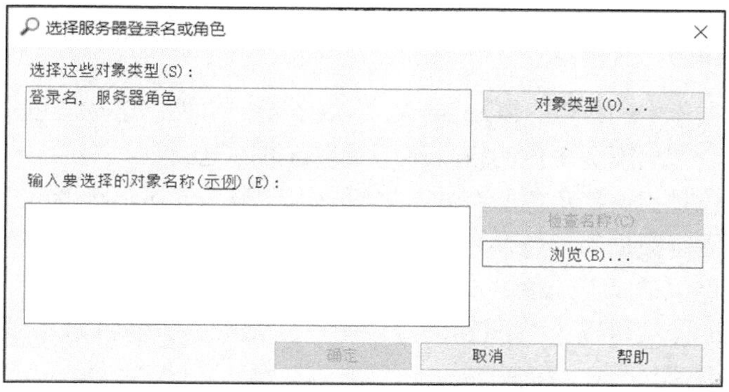

图 12-20 "选择服务器登录名或角色"对话框

图 12-21 "登录属性-DB_User"窗口

2. 使用 T-SQL 语句为服务器角色添加登录用户

在 SQL Server 中管理服务器角色的存储过程主要有两个: sp_addsrvrolemember 和 sp_dropsrvrrolemember。

sp_addsrvrolemember 用来添加登录用户到服务器角色, 使其成为该角色的成员。

其语法格式如下。

```
sp_addsrvrolemember [ @loginame = ] 'login', [ @rolename = ] 'role'
```

sp_dropsrvrrolemember 用来删除某一服务器角色中的成员, 当从服务器角色中删除该成员后, 它便不再具有该服务器角色所拥有的权限。

其语法格式如下。

```
sp_dropsrvrrolemember [ @loginame = ] 'login', [ @rolename = ] 'role'
```

【例 12.20】将登录用户 DB_User1 加入 sysadmin 角色。

```
USE master
GO
EXEC sp_addsrvrolemember 'DB_User1', 'sysadmin';
```

12.6.2　数据库角色管理

为便于管理数据库中的权限，SQL Server 提供了若干角色，这些角色是用于对其他主体进行分组的安全主体。数据库级角色的权限作用域为数据库范围。

固定数据库角色是指这些角色所有的数据库权限已被 SQL Server 预定义，不能对其权限进行任何修改，并且固定数据库角色存在于每个数据库中，如图 12-22 所示。

固定数据库角色包括以下几种。

- db_accessadmin：可以为 Windows 登录用户、Windows 组和 SQL Server 登录用户添加或删除访问权限。
- db_backupoperator：可以备份该数据库。
- db_datareader：可以读取所有用户表中的所有数据。
- db_datawriter：可以在所有用户表中添加、删除或更改数据。
- db_ddladmin：可以在数据库中运行任何 DDL 命令。
- db_denydatareader：不能读取数据库内用户表中的任何数据。
- db_denydatawriter：不能添加、修改或删除数据库内用户表中的任何数据。
- db_owner：可以执行数据库的所有配置和维护活动。
- db_securityadmin：可以修改角色成员身份和管理权限。
- public：当添加一个数据库用户时，它自动成为该角色成员，该角色不能删除，指定给该角色的权限会自动授予所有数据库用户。

图 12-22　固定数据库角色

db_owner 和 db_securityadmin 数据库角色的成员可以管理固定数据库角色成员身份，但是只有 db_owner 数据库角色的成员可以向 db_owner 固定数据库角色添加成员。

1. 使用 SSMS 为数据库角色添加成员

为数据库角色 db_ddladmin 添加用户 DB_User，操作步骤如下。

（1）在图 12-22 所示界面中选中"db_ddladmin"并右击，选择"属性"命令，打开"数据库角色属性-db_ddladmin"窗口，如图 12-23 所示。

（2）单击"添加"按钮，打开"选择数据库用户或角色"对话框，如图 12-24 所示。

图 12-23　"数据库角色属性–db_ddladmin"窗口

图 12-24　"选择数据库用户或角色"对话框

（3）单击"浏览"按钮，弹出"查找对象"对话框，选中需要添加的对象。

（4）单击每个对话框中的"确定"按钮关闭相应对话框。

也可以先选中数据库用户 DB_User 并右击，选择"属性"命令，打开"数据库用户–DB_User"窗口，选择"选择页"中的"成员身份"，如图 12-25 所示，选中角色成员"db_ddladmin"，单击"确定"按钮即可。

图 12-25　"数据库用户–DB_User"窗口

2．使用 T-SQL 语句为数据库角色添加成员

在 SQL Server 中管理数据库角色的存储过程主要有两个：sp_addrolemember 和 sp_droprolemember。

sp_addrolemember 用来添加数据库用户到数据库角色，使其成为该角色的成员。

其语法格式如下。

```
sp_addrolemember [ @rolename = ] 'role',
    [ @membername = ] 'security_account'
```

sp_dropsvrrolemember 用来删除某一数据库角色中的成员，当从数据库角色中删除该成员后，它便不再具有该数据库角色所拥有的权限。

其语法格式如下。

```
sp_droprolemember [ @rolename = ] 'role',
    [ @membername = ] 'security_account'
```

【例 12.21】将数据库用户 DB_User1 添加到贷款数据库的 db_ddladmin 数据库角色中。

```
USE 贷款
GO
sp_addrolemember 'db_ddladmin', 'DB_User1'
GO
```

12.6.3　用户自定义数据库角色

当打算为某些数据库用户设置相同的权限，但是这些权限不等同于预定义的数据库角色所具有的权限时，就可以定义新的数据库角色来满足这一要求，从而使这些数据库用户能够在数据库中实现某一特定功能。用户自定义数据库角色包含以下两种类型。

- 标准角色：为完成某项任务而指定的具有某些权限和数据库用户的角色。
- 应用角色：与固定数据库角色不同的是，应用角色默认情况下不包含任何成员，而且是非活动的。应首先将权限赋予应用角色，然后将逻辑加入某一特定的应用程序中，从而激活应用角色，进而实现对应用程序存取数据的可控性。

1．使用 SSMS 创建用户自定义数据库角色

（1）展开要创建的数据库节点，右击"数据库角色"，选择"新建数据库角色"，打开"数据库角色-新建"窗口，如图 12-26 所示。

图 12-26　"数据库角色-新建"窗口

（2）在"角色名称"文本框中输入角色名称，在"所有者"文本框中输入该角色的所有者。

（3）设置"此角色拥有的构架"，单击"添加"按钮添加"角色成员"，打开"选择数据库用户或角色"对话框。

（4）输入用户（如果需要寻找用户，单击"浏览"按钮），单击"确定"按钮，添加用户到"角色成员"，如图 12-27 所示。

图 12-27 添加用户到"角色成员"

（5）单击图 12-27 所示窗口左侧"选择页"中的"安全对象"，打开"安全对象"选项卡，如图 12-28 所示。在此可以设置角色访问数据库的权限。

图 12-28 "安全对象"选项卡

（6）单击"搜索"按钮，打开"添加对象"对话框，如图 12-29 所示。

数据库安全管理 / 第 12 章

（7）选择对象类型，如选择"特定类型的所有对象"，并单击"确定"按钮，则打开"选择对象类型"对话框，如图 12-30 所示。

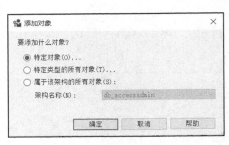

图 12-29 "添加对象"对话框

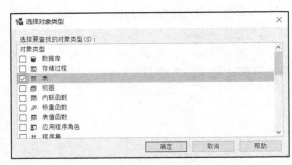

图 12-30 "选择对象类型"对话框

（8）在图 12-30 所示对话框中选择需要设置权限的对象类型，如选中"表"，单击"确定"按钮关闭对话框，则"安全对象"中将显示所有表的权限设置，如图 12-31 所示。在其中设置具体数据表的权限。针对具体的数据表，还可以设置对应的列权限。

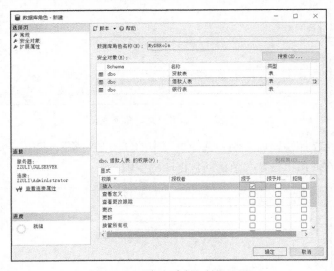

图 12-31 "安全对象"权限设置

（9）单击"确定"按钮完成角色的创建。

2. 使用 T-SQL 语句创建用户自定义数据库角色

管理数据库角色的语句有 CREATE ROLE、DROP ROLE、ALTER ROLE。其中 CREATE ROLE 语句用于新建数据库角色，其语法格式如下。

```
CREATE ROLE role_name [ AUTHORIZATION owner_name ]
```

AUTHORIZATION owner_name 表示将拥有新角色的数据库用户或数据库角色。如果未指定用户，则执行 CREATE ROLE 的用户将拥有该角色。

【例 12.22】创建用户 DB_User1 隶属的数据库角色 MyDBRole1。

```
USE 贷款
GO
CREATE ROLE MyDBRole1 AUTHORIZATION DB_User1;
```

【例 12.23】创建 db_securityadmin 固定数据库角色隶属的数据库角色 MyDBRole2。

```
USE 贷款
GO
CREATE ROLE MyDBRole2 AUTHORIZATION db_securityadmin;
```

查看角色信息的存储过程可使用 sp_helprolemember、sp_helprole。

sp_helprolemember 用于返回某个角色的成员的信息，其语法格式如下。

```
sp_helprolemember [ [ @rolename = ] 'role' ]
```

sp_helprole 用于返回当前数据库中有关角色的信息，其语法格式如下。

```
sp_helprole [ [ @rolename = ] 'role' ]
```

【例 12.24】显示 db_ddladmin 角色的成员。

```
USE 贷款
GO
EXEC sp_helprolemember 'db_ddladmin'
```

【例 12.25】返回当前数据库中的所有角色。

```
USE 贷款
GO
EXEC sp_helprole
```

本章小结

本章首先介绍了数据库安全性的基础知识，让读者了解安全性的相关概念及安全标准；接着介绍了数据库的 5 种安全性控制机制；然后详细讲述了 SQL Server 的安全验证管理、用户管理、权限管理和角色管理，通过实例讲解了相关基本理论、操作方法及操作步骤，让读者对数据库的安全性控制机制和操作方法有全面、系统的了解。通过本章的学习，读者能够掌握数据库安全性的基本原理，并使用 SSMS 和 T-SQL 熟练地进行数据库安全性配置。

习　题

一、填空题

1. 对于数据库安全标准，目前国际上广泛采用的是 TCSEC/TDI 标准和_____标准。在 TCSEC/TDI 标准中，如果一个数据库系统符合_____级标准，我们称之为安全数据库系统或可信数据库系统。

2. SQL Server 支持两种模式的身份验证：_____和_____。

3. 完全限定的对象名称包含 4 部分，其形式为_____._____._____._____。

4. 在 SQL Server 中使用_____和_____语句来管理权限。

二、简答题

1. 什么是数据库的安全性，其与数据库的完整性有何区别和联系？

2. 简述 SQL Server 安全性控制机制。

3. 什么是登录名和用户，二者有什么区别？

4. 什么是角色，它有什么作用？

三、实践题

1. 创建以下登录名。

（1）创建使用 Windows 身份验证的登录名"WinLogin"。

（2）创建使用 SQL Server 身份验证的登录名"SQLLogin"。

2. 为登录名"SQLLogin"创建访问当前实例中贷款数据库的用户名"SQLUser"。

3. 权限设置。

（1）授予用户 SQLUser 在贷款数据库中的建表权限。

（2）授予用户 SQLUser 对贷款数据库中借款人表的 INSERT、UPDATE 及 SELECT 权限。

（3）收回用户 SQLUser 对借款人表"姓名"列的 UPDATE 权限。

（4）将贷款数据库中贷款表的贷款日期及贷款金额这两列的 SELECT 权限授予所有用户。

4. 使用 SSMS 和 T-SQL 分别进行以下操作：创建自定义数据库角色 DB_Role，让 SQLUser 成为该角色的成员，允许其拥有对贷款数据库中借款人表和贷款表进行查询、更新和删除的权限。

5. 思考如何实现将单位为"江东区第一中学"的所有借款人信息的查询权授予用户 SQLUser。

第 **13** 章 数据库备份与还原

内容导读

数据库系统长期运行，避免不了会发生故障。在一些对数据可靠性要求很高的行业，如银行、证券、电信等，如果发生意外停机或数据丢失，损失将十分惨重。为了保障数据的安全，需要定期对数据库进行备份，以便能够在系统发生故障时利用已有的数据备份，将数据库还原到原来的状态，并保证数据的完整性和一致性。SQL Server 数据库提供了数据库备份与还原组件，它们是数据库管理员维护数据库的重要工具，对系统的安全性与可靠性起着重要作用。

本章主要介绍数据库的备份与还原基础、分离和附加，以及还原模式与备份类型，并通过一些实例来介绍如何创建备份和还原数据库，使读者对其有全面的了解和认识，能够自主制订自己的备份和还原计划。

本章学习目标

（1）了解数据库备份与还原的基础知识。

（2）掌握数据库的分离和附加方法。

（3）熟练掌握数据库的备份方法。

（4）熟练掌握数据库的还原方法。

13.1 备份与还原基础

13.1.1 数据库常见故障

导致数据库中的数据被破坏的常见故障有以下几种。

（1）存储介质故障。保存有数据库文件的存储介质（如磁盘驱动器）出现故障或彻底崩溃，而用户又未曾进行过数据库备份，则有可能造成数据丢失。

（2）服务器故障。数据库服务器彻底瘫痪可能导致数据丢失或者损坏，如果用户事先进行了完善的备份，则可迅速地完成系统的还原性重建工作，并将服务器故障造成的损失降到最低程度。

（3）用户错误操作。用户有意或无意地在数据库上进行大量错误操作导致数据丢失或损坏，如误删除某些重要的数据库或数据表，这种情况可能导致数据库系统无法使用。

（4）计算机病毒。某些计算机病毒会恶意破坏系统软件、硬件和数据，导致数据被破坏或不可用。

（5）自然灾害。火灾、洪水或地震等自然灾害会造成极大的破坏，可能会损坏计算机系统及其数据，导致数据库系统不能正常工作或造成数据丢失。

13.1.2　数据库还原的基本原理

数据库还原的基本原理就是建立冗余，也就是备份，利用存储在系统其他地方的冗余数据来重建数据库中已被破坏或不正确的那部分数据。SQL Server 的备份是对数据库或事务日志进行复制，数据库备份记录了在进行备份这一操作时数据库中所有数据的状态，如果数据库受损，这些备份文件将被用来还原数据库。

在数据库正常运行时，用户应该考虑到数据库可能出现故障，而对数据库实施有效的备份，保证故障时可以快速还原数据库。数据库还原是基于数据库备份的，数据库还原的方法取决于故障类型、备份方法，在不同条件下需要使用不同的备份与还原方法，某种条件下的备份信息只能用对应方法进行还原。

备份与还原主要有两种方法：冷备份与还原、热备份与还原。

（1）冷备份与还原。冷备份与还原指在关闭数据库的情况下，通过分离和附加数据库的物理文件实现备份和还原。这是最简单、最直接的方法。

（2）热备份与还原。热备份与还原指在数据库处于打开状态时将数据库转存为备份文件，从而实现对数据库的备份与还原。热备份与还原数据库可以在不停机的情况下完成。

13.1.3　数据库的状态

在 SQL Server 中，数据库常见的状态有以下 3 种。

（1）脱机（off line）。在脱机状态下，用户可以在 SSMS 中看到数据库，但该数据库名称旁边有"脱机"字样，这说明该数据库现在虽然存在于数据库引擎实例中，但是不可以执行任何有效的数据操作，如新增、修改、删除等。

（2）联机（on line）。该状态为数据库的正常状态，也就是我们常看到的数据库的状态，此时数据库处于可操作的状态，用户可以对数据库进行任何权限内的操作。

（3）可疑。和"脱机"状态一样，我们可以在 SSMS 中看到该数据库，但该数据库名称旁边有"可疑"字样，这说明主文件组可疑或可能已损坏。

可以使用图形化工具来查看、修改数据库的状态，也可以使用 SQL 语句来查看和修改数据库的状态。使用图形化工具这种方式比较简单，即在 SSMS 中打开某个数据库，在该数据库上右击，在弹出的快捷菜单中选择"任务"，再选择"脱机"或"联机"即可。

我们也可以使用 sys.databases 表来查看数据库的状态，该表的 state_desc 列中保存有数据库的状态描述。语法格式如下。

```
SELECT name, state_desc FROM sys.databases
```

【例 13.1】查看贷款数据库的状态。

```
SELECT name, state_desc
FROM sys.databases
WHERE name = '贷款'
GO
```

执行结果如图 13-1 所示。

图 13-1　查看贷款数据库状态

13.2　分离和附加数据库

数据库是由数据文件和事务日志文件组成的，将物理文件进行备份后，后期可以通过附加数据库的数据文件和事务日志文件实现还原数据库。SQL Server 允许分离数据库的数据文件和事务日志文件，然后将其重新附加到另一台服务器甚至同一台服务器上。

💡 **提示**

不能分离 master、model、tempdb 等系统数据库。另外，分离数据库之前，请先确定数据库对应的数据文件及事务日志文件的存放目录，以便分离后能找到分离出来的文件。

13.2.1　分离数据库

分离数据库是指将数据库从 SQL Server 实例中剔除，分离后的数据文件和事务日志不会被删除，而是保留在文件系统中。分离之后就可以使用这些文件将数据库附加到任何 SQL Server 实例上，包括分离该数据库的服务器。

如果存在下列任何情况，则不能分离数据库。这时数据库的使用状态与它分离时的状态完全相同。

- 数据库为系统数据库。
- 已复制并发布数据库。若数据库中存在数据库快照，则必须先删除所有数据库快照，然后才能分离数据库。
- 数据库正在某个数据库镜像会话中进行镜像。除非终止该会话，否则无法分离该数据库。
- 数据库处于可疑状态。无法分离可疑数据库，除非将数据库设置为紧急模式，才能对其进行分离。

以分离贷款数据库为例，分离数据库的操作步骤如下。

（1）启动 SSMS，在"对象资源管理器"窗格中展开"数据库"节点，右击"贷款"，在弹出的快捷菜单里选择"任务"→"分离"，如图 13-2 所示。

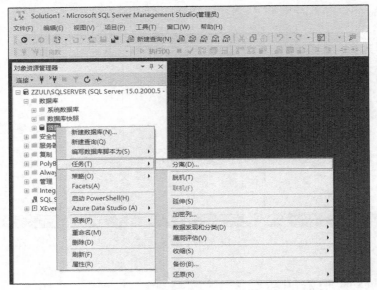

图 13-2　选择"任务"→"分离"

（2）此时将弹出"分离数据库"窗口，贷款数据库的状态为就绪，表示可以分离，如图 13-3 所示。

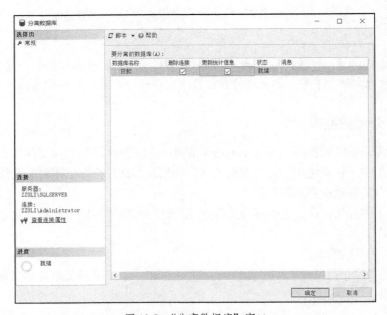

图 13-3　"分离数据库"窗口

（3）单击"确定"按钮，开始执行分离数据库操作，在系统提示分离成功后即可去数据文件及事务日志文件存放目录找到对应文件，根据需要进行文件复制或迁移。

13.2.2 附加数据库

附加数据库的先决条件如下。

- 首先必须分离数据库，尝试附加未分离的数据库将返回错误。
- 附加数据库时，所有数据文件（MDF 文件和 LDF 文件）都必须可用。对于任何数据文件，如果其路径不同于首次创建数据库或上次附加数据库时的路径，则必须指定其当前路径。

附加数据库的操作步骤如下。

（1）启动 SSMS，在"对象资源管理器"窗格中右击"数据库"节点，在弹出的快捷菜单中选择"附加"命令，如图 13-4 所示，弹出图 13-5 所示的"附加数据库"窗口。

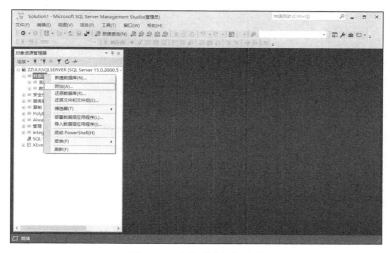

图 13-4　选择"附加"命令

图 13-5　"附加数据库"窗口

（2）单击"添加"按钮，弹出图 13-6 所示的"定位数据库文件"窗口。

图 13-6 "定位数据库文件"窗口

（3）选择要附加的数据库的 MDF 文件，本例选择"贷款.mdf"，然后单击"确定"按钮，返回"附加数据库"窗口，如图 13-7 所示，此时可以在"附加为"文本框中修改附加后的数据库名称，系统默认为分离时的数据库名称。

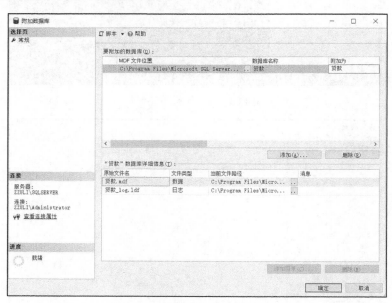

图 13-7 返回"附加数据库"窗口

（4）单击"附加数据库"窗口中的"确定"按钮，开始执行附加数据库操作。

附加完成后，展开"数据库"节点，可以查看刚才附加的数据库，如图 13-8 所示。

💡提示

附加数据库时，版本是向下兼容的，也就是说待进行附加操作的数据库服务器的版本不能低于分离时数据库服务器的版本。

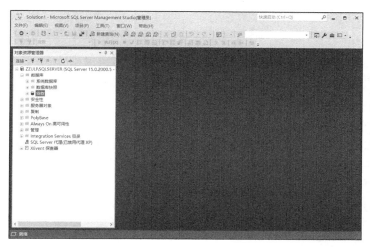

图 13-8　查看附加的数据库

13.3　还原模式与备份类型

SQL Server 提供了多种内置的还原模式和备份类型供用户选择，分别适用于不同的应用场景。

13.3.1　还原模式

SQL Server 的数据库还原模式分为 3 种：完整还原模式、大容量日志还原模式、简单还原模式。在 SSMS 的"对象资源管理器"窗格右击要备份的数据库，选择"数据库属性"，打开"数据库属性-贷款"窗口，单击"选项"，可以看到"还原模式"，如图 13-9 所示，用户可根据具体的应用场景选择对应的还原模式。

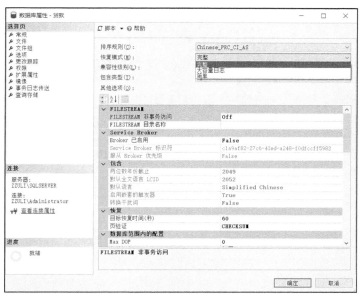

图 13-9　还原模式

1．完整还原模式

该还原模式为默认还原模式，它会完整记录下操作数据库的每一个步骤。使用完整还原模式可以将整个数据库还原到一个特定的时间点，这个时间点可以是最近一次备份的时间点，可以是一个特定的日期和时间，还可以是标记的事务发生的时间点。

2．大容量日志还原模式

该还原模式简单地说就是对大容量操作（如导入数据、批量更新、SELECT INTO 等操作）进行最小的日志记录，以节省事务日志文件的存储空间。比如在数据库中一次插入数十万条记录时，在完整还原模式下每一个插入记录的动作都会记录在日志中，这会使事务日志文件变得非常大。在大容量日志还原模式下，只记录必要的操作，不记录所有日志，这样一来，可以大大提高数据库的性能，但是由于日志不完整，一旦出现问题，数据可能无法还原。因此，一般只有在需要进行大量数据操作时才将还原模式改为大容量日志还原模式，数据处理完毕之后，马上将还原模式改为完整还原模式。

3．简单还原模式

在该还原模式下，数据库会自动把不活动的日志删除，因此简化了备份的还原，但因为没有事务日志备份，所以不能还原到故障的时间点。通常，此还原模式只用于对数据安全要求不太高的数据库，并且在该还原模式下，数据库只能做完整或差异备份。

我们可以看出，3 种还原模式的区别在于对日志的处理方式不同。就事务日志文件大小来看，完全还原模式 > 大容量日志还原模式 > 简单还原模式。

13.3.2　备份类型

SQL Server 提供了 4 种备份类型，即完整备份、差异备份、事务日志备份、文件和文件组备份，如图 13-10 所示。

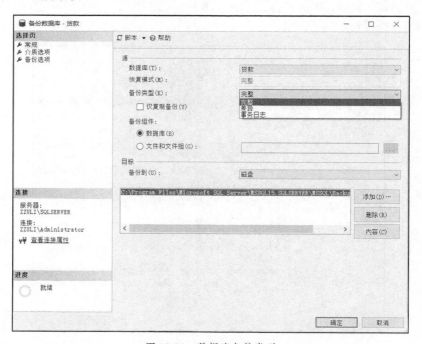

图 13-10　数据库备份类型

1．完整备份

备份整个数据库的所有内容，包括事务日志。该备份类型需要比较大的存储空间来存储备份文件，备份时间也比较长，但在还原数据时，也只需还原一个备份文件。

2．差异备份

差异备份是完整备份的补充，只备份上次完整备份后更改的数据。相对完整备份来说，差异备份的数据量比完整备份的小，备份的速度比完整备份要快。因此，差异备份通常作为优先选择的备份类型。在还原数据时，要先还原前一次做的完整备份，然后还原最后一次所做的差异备份，这样才能将数据库里的数据还原到最后一次差异备份时的状态。

3．事务日志备份

事务日志备份只备份事务日志里的内容。事务日志记录了上一次完整备份或事务日志备份后数据库的所有变动过程。事务日志记录的是某一段时间内数据库的变动情况，因此在进行事务日志备份之前，必须进行完整备份。与差异备份类似，事务日志备份生成的文件较小、占用时间较短，但是在还原数据时，除了要先还原完整备份，还要依次还原每个事务日志备份，而不是只还原最后一个事务日志备份（这是与差异备份的区别）。

4．文件和文件组备份

如果在创建数据库时为数据库创建了多个数据文件或文件组，则可以使用该备份类型。使用文件和文件组备份类型可以只备份数据库中的某些数据文件，该备份类型在数据文件非常庞大时十分有效，由于每次只备份一个或几个数据文件或文件组，因此可以分多次来备份数据库，避免了大型数据库备份的时间过长。另外，由于文件和文件组备份只备份数据中一个或多个数据文件，因此当数据库里的某个或某些数据文件损坏时，可只还原损坏的数据文件或文件组的备份。

13.3.3　备份类型的选择

用户在了解了数据库备份类型后，便可以为自己的数据库制订合理的备份方案。合理备份数据库需要考虑几个方面，首先是数据变动量，其次是备份文件大小，最后是做备份和还原能承受的时间成本等。

1．数据变动量较小的情况

如果数据库里每天变动的数据量很小，可以每周（如周日）做一次完整备份，以后每天（如下班前）做一次事务日志备份，那么一旦数据库发生问题，就可以将数据库还原到前一天（下班前）的状态。

当然，也可以每周（如周日）做一次完整备份，以后每天（如下班前）做一次差异备份，这样一旦数据库发生问题，同样可以将数据库还原到前一天（下班前）的状态。只是每次做差异备份时，备份的时间和备份的文件大小都会跟着增加。但这也有一个好处，就是在数据损坏时，只要还原完整备份的数据和前一天差异备份的数据即可，不需要去还原每一天的事务日志备份数据，还原的时间会比较短。

2．数据变动量较大的情况

如果数据库里的数据变动量较大，损失 1h 的数据都十分严重，那么用上面的办法来备份数据就不可行了，此时可以交替使用不同的备份类型来备份数据库。

例如，每天下班时做一次完整备份，在两次完整备份之间每隔 8h 做一次差异备份，在两次差异备份之间每隔 1h 做一次事务日志备份。如此一来，一旦数据损坏就可以将数据还原到最近 1h 以内的状态，同时又能缩减数据库备份数据的时间和备份数据文件的大小。

3．数据文件较大的情况

在前面我们提到过当数据文件过大、不易备份时，可以分多次备份数据文件或文件组，将一个数据库分多次备份。在现实操作中，还有一种情况可以使用文件和文件组备份。如在一个数据库中，某些数据表里的数据变动得很少，而某些数据表里的数据却经常改变，那么可以考虑将这些数据表分别存储在不同的文件或文件组里，然后通过不同的备份频率来备份这些文件或文件组。但使用文件和文件组来进行备份，还原数据时也要分多次才能将整个数据库还原完毕，所以除非数据文件大到备份困难，否则不建议使用该备份类型。

13.4　数据库备份

SQL Server 数据库备份的本质是将数据文件和事务日志文件转存到以.bak 为扩展名的备份文件中，该备份文件可以直接存储到磁盘的某个目录下，也可以存储到某个备份设备中。

SQL Server 提供了以下 4 种数据库备份方法。

（1）完整备份。

（2）差异备份。

（3）事务日志备份。

（4）文件和文件组备份。

13.4.1　备份设备

在进行数据库备份之前可以先创建备份设备。备份设备是用来存储数据库事务日志、文件和文件组的存储介质，可以是硬盘或磁带等物理备份设备，也可以是逻辑备份设备，逻辑备份设备与物理备份设备相对应。

SQL Server 使用物理设备名称或逻辑设备名称标识备份设备。物理设备名称是操作系统用来标识备份设备的名称，如磁盘设备名称 D:\backup\daikuan.bak、磁带设备名称\\TAPE0。逻辑设备名称是用来标识物理备份设备的别名或公用名称，逻辑设备名称永久地存储在 SQL Server 内的系统表中。使用逻辑设备名称的优点是引用它比引用物理设备名称简单。例如，逻辑设备名称可以是 daikuan_Backup，而物理设备名称则是 D:\backup\daikuan.bak。

1．创建备份设备

使用 SSMS 创建备份设备的操作步骤如下。

（1）在"对象资源管理器"窗格中，单击服务器名称以展开服务器节点。

（2）展开"服务器对象"节点，然后右击"备份设备"，如图 13-11 所示。

（3）在弹出的快捷菜单中选择"新建备份设备"命令，打开"备份设备"窗口，如图 13-12 所示。

（4）在"备份设备"窗口，输入设备名称并且指定文件的完整路径，这里创建一个名称为"DaikuanBackup"的备份设备。

（5）单击"确定"按钮，完成备份设备的创建。展开"备份设备"节点，就可以看到刚创建的名称为"DaikuanBackup"的备份设备。

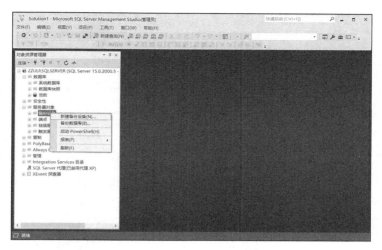

图 13-11　右击"备份设备"

图 13-12　"备份设备"窗口

> **💡提示**
>
> 　　指定存放备份设备的物理路径必须真实存在，否则系统会提示"系统找不到指定的路径"，因为 SQL Server 不会自动为用户创建文件夹。

2．查看备份设备

在 SQL Server 中，创建了备份设备以后就可以查看备份设备的信息，或者把不用的备份设备删除等。

在 SSMS 中查看所有备份设备的操作步骤如下。

（1）在"对象资源管理器"窗格中，单击服务器名称以展开服务器节点。

（2）展开"服务器对象"→"备份设备"节点，就可以看到当前服务器上已经创建的所有备份设备，如图 13-13 所示。

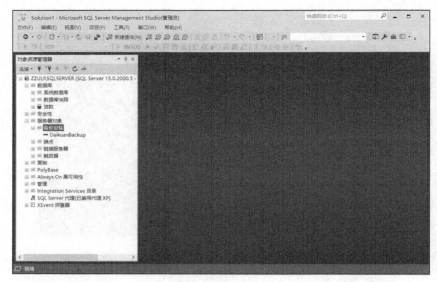

图 13-13　查看备份设备

3．删除备份设备

如果有不再需要的备份设备，可以将其删除，删除备份设备后，备份设备中的数据都将丢失。使用 SSMS 删除备份设备的操作步骤如下。

（1）在"对象资源管理器"窗格中，单击服务器名称以展开服务器节点。

（2）展开"服务器对象"→"备份设备"节点，右击要删除的备份设备，在弹出的快捷菜单中选择"删除"命令，如图 13-14 所示，打开"删除对象"对话框。

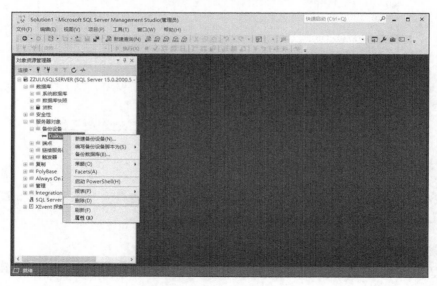

图 13-14　选择"删除"命令

（3）在"删除对象"对话框中，单击"确定"按钮，即完成对该备份设备的删除操作。

13.4.2　完整备份

完整备份是所有备份方法中，还原数据库最简单的方法。正是由于完整备份与还原的简单性，所以在实际应用中，完整备份的使用范围相当广泛。

下面以备份贷款数据库为例，介绍数据库完整备份的实现方法。

1. 通过 SSMS 实现完整备份

（1）在"对象资源管理器"窗格中展开"数据库"节点，右击"贷款"数据库，在弹出的
快捷菜单中选择"任务"→"备份"命令，如图 13-15 所示，弹出图 13-16 所示的"备份数据
库-贷款"窗口。

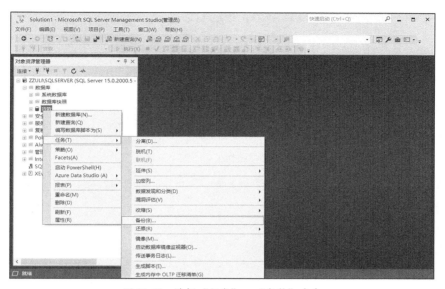

图 13-15　选择"任务"→"备份"命令

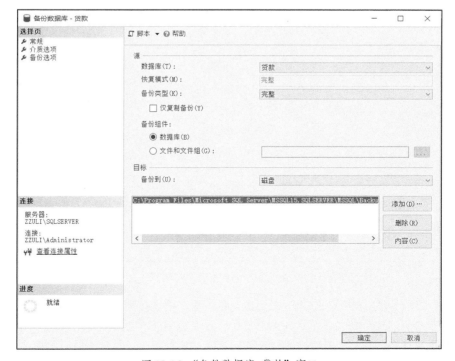

图 13-16　"备份数据库-贷款"窗口

（2）在"源"区域的"备份类型"下拉列表中选择"完整"。在"目标"区域，系统默认将数据库备份到系统安装目录中的"Backup"文件夹，用户也可以指定备份文件夹或备份设备，本例将数据库备份到指定位置。首先单击"删除"按钮，删除系统默认的备份文件夹，然后单击"添加"按钮，打开"选择备份目标"对话框，如图 13-17 所示，选中"备份设备"单选按钮，使用前面创建的"DaikuanBackup"备份设备。

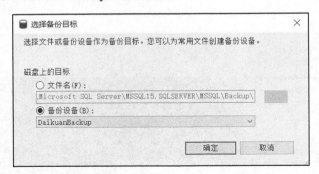

图 13-17 "选择备份目标"对话框

（3）在图 13-16 所示窗口里单击"介质选项"，打开图 13-18 所示的"介质选项"选项卡，根据需要设置各种选项。

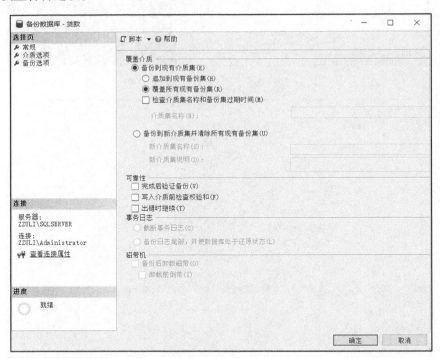

图 13-18 "介质选项"选项卡

- 是否覆盖介质：如果选中"追加到现有备份集"单选按钮，则不覆盖现有备份集，将数据库备份追加到备份集里，同一个备份集里可以有多个数据库备份信息。如果选中"覆盖所有现有备份集"单选按钮，则将覆盖现有备份集，以前在该备份集里的备份信息将无法重新读取。

- 是否使用新介质集：选中"备份到新介质集并清除所有现有备份集"单选按钮，可以清除以前的备份集，并使用新的介质集备份数据库。在"新介质集名称"文本框里可输入新介质集的名称，在"新介质集说明"文本框里可输入对新介质集的说明。
- 设置数据库备份的可靠性：选中"完成后验证备份"复选框将会验证备份集是否完整以及所有卷是否都可读；选中"写入介质前检查校验和"复选框会在将备份数据写入介质前验证校验和，选中此项后，可能会增大工作负荷，并降低备份操作的备份吞吐量。

（4）在图 13-16 所示窗口里单击"备份选项"，打开图 13-19 所示的"备份选项"选项卡，可以在"备份集过期时间"区域设置备份集的过期时间，默认的"晚于 0 天"指永不过期。

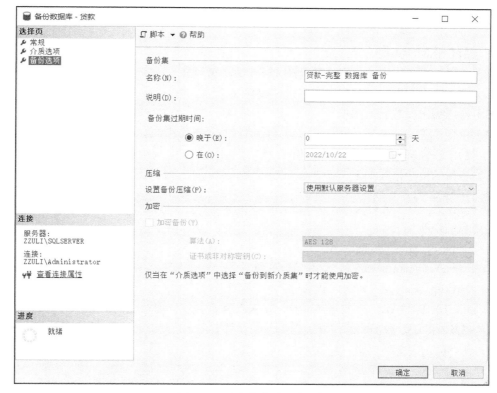

图 13-19 "备份选项"选项卡

（5）单击"确定"按钮，SQL Server 开始执行完整备份操作。

2．使用 T-SQL 语句进行完整备份

完整备份的语法格式如下。

```
BACKUP DATABASE { database_name | @database_name_var }
TO <backup_device> [ ,...n ]
```

主要参数说明如下。

- database_name：数据库名。
- @database_name_var：数据库名称变量。
- <backup_device>：备份设备名称。

【例 13.2】将贷款数据库的数据完整备份到文件 D:\Backup\daikuanfull.bak 中。

```
USE master
```

```
GO
BACKUP DATABASE 贷款
TO DISK = 'D:\Backup\daikuanfull.bak'
GO
```

【例 13.3】将贷款数据库的数据完整备份到名为"DaikuanBackup"的备份设备上。

```
USE master
GO
BACKUP DATABASE 贷款
TO DaikuanBackup
GO
```

13.4.3 差异备份

1．通过 SSMS 实现差异备份

（1）按照完整备份中的步骤，打开图 13-16 所示窗口。

（2）在"备份类型"下拉列表中选择"差异"。

（3）根据需求设置其他选项。

（4）单击"确定"按钮，SQL Server 开始执行差异备份操作。

2．使用 T-SQL 语句进行差异备份

差异备份的语法格式如下。

```
BACKUP DATABASE { database_name | @database_name_var }
TO <backup_device> [ ,...n ] [ with DIFFERENTIAL ]
```

主要参数说明如下。

● database_name：数据库名。

● @database_name_var：数据库名称变量。

● <backup_device>：备份设备名称。

● DIFFERENTIAL：只做差异备份，如果没有该参数，则做完整备份。

【例 13.4】将贷款数据库的差异数据备份到文件 D:\Backup\daikuandiff.bak 中。

```
USE master
GO
BACKUP DATABASE 贷款
TO DISK = 'D:\Backup\daikuandiff.bak'
with DIFFERENTIAL
GO
```

【例 13.5】将贷款数据库的差异数据备份到名为"DaikuanBackup"的备份设备上。

```
USE master
GO
BACKUP DATABASE 贷款
TO DaikuanBackup
with DIFFERENTIAL
GO
```

13.4.4 事务日志备份

事务日志备份是指备份自上次备份后对数据库执行的事务日志记录，上次备份可以是完整备份、差异备份或事务日志备份。在进行事务日志备份前，至少要有一次完整备份。还原事务

日志备份的时候，必须先还原完整备份，如果进行完整备份后，在需要被还原的事务日志备份前还做过差异备份，则还要还原差异备份，然后按照事务日志备份的先后顺序，依次还原各事务日志备份。

由于事务日志备份仅备份自上次备份后对数据库执行的事务日志记录，所以它生成的备份文件小，备份需要的时间也短，对 SQL Server 服务性能的影响也小，适宜经常备份。但是其还原过程烦琐，不但要先还原事务日志备份之前做的完整备份和差异备份（如果有的话），在还原事务日志备份时，还必须依照事务日志备份的时间顺序依次还原所有的事务日志备份。

1. 通过 SSMS 实现事务日志备份

（1）按照完整备份中的步骤，打开图 13-16 所示窗口。

（2）在"备份类型"下拉列表中选择"事务日志"。

（3）根据需求设置其他选项。

（4）单击"确定"按钮，SQL Server 开始执行事务日志备份操作。

2. 使用 T-SQL 语句进行事务日志备份

事务日志备份的语法格式如下。

```
BACKUP LOG { database_name | @database_name_var }
TO <backup_device> [ ,...n ]
```

从以上代码可以看出，事务日志备份的代码与完整备份的代码大同小异，只是将 BACKUP BATABASE 改为了 BACKUP LOG。

【例 13.6】将贷款数据库的事务日志备份到文件 D:\Backup\daikuanlog.trn 中。

```
USE master
GO
BACKUP LOG 贷款
TO DISK = 'D:\Backup\daikuanlog.trn'
GO
```

【例 13.7】将贷款数据库的事务日志备份到名为"DaikuanBackup"的备份设备上。

```
USE master
GO
BACKUP LOG 贷款
TO DaikuanBackup
GO
```

13.4.5 文件和文件组备份

文件和文件组备份的还原操作在 4 种备份方法的还原操作中是最麻烦的。对操作者而言，不但要熟练掌握数据库的备份和还原方法，还必须清楚数据库的文件结构，否则还原操作往往会失败。

以下是通过 SSMS 实现文件和文件组备份的步骤。

（1）按照完整备份中的步骤，打开图 13-16 所示窗口。

（2）选中"文件和文件组"单选按钮，此时会弹出图 13-20 所示的"选择文件和文件组"窗口。在该窗口里可以选择要备份的文件和文件组，选择完毕后单击"确定"按钮即可。

（3）所有选项设置完毕后单击"确定"按钮，开始执行文件和文件组备份操作。

图 13-20 "选择文件和文件组"窗口

13.5 数据库还原

还原数据库的本质就是重建数据库的数据文件和事务日志文件,它是数据库备份的逆过程。数据库还原方式有 4 种:完整备份的还原、差异备份的还原、事务日志备份的还原,以及文件和文件组备份的还原。

13.5.1 完整备份的还原

无论是完整备份、差异备份还是事务日志备份的还原,在第一步都要先做完整备份的还原。完整备份的还原只需要还原完整备份文件即可。

我们在还原数据库时,经常会遇到"因为数据库正在使用,无法获得对数据库的独占访问权"的错误,此时我们可以在数据库属性窗口中,将"限制访问"属性修改为"SINGLE_USER",即"单用户",如图 13-21 所示。

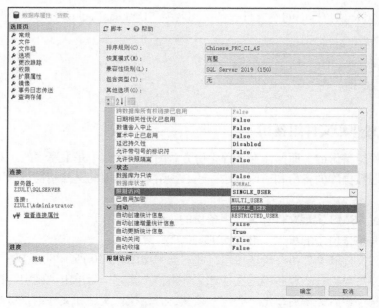

图 13-21 "限制访问"设置

1. 通过 SSMS 实现完整备份的还原

本节以例 13.2 所做的完整备份为例，介绍完整备份的还原过程。

（1）启动 SSMS，在"对象资源管理器"窗格中，右击"数据库"，在弹出的快捷菜单里选择"还原数据库"，打开图 13-22 所示的还原数据库窗口。

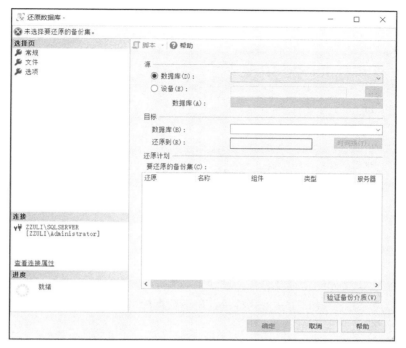

图 13-22　还原数据库窗口

（2）在"源"区域里，选中"设备"单选按钮，单击右侧的"..."按钮，打开"选择备份设备"窗口，如图 13-23 所示。

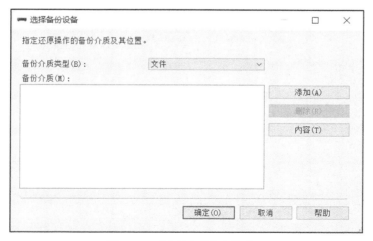

图 13-23　"选择备份设备"窗口

（3）单击"添加"按钮，添加备份文件 D:\Backup\daikuanfull.bak，单击"确定"按钮返回还原数据库窗口，如图 13-24 所示。

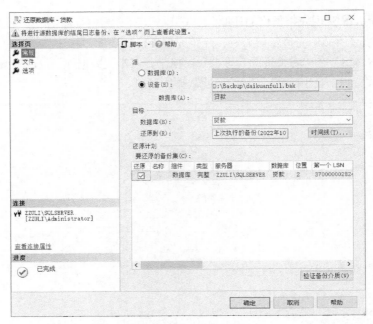

图 13-24　返回还原数据库窗口

（4）在图 13-24 所示窗口中，单击左侧的"文件"，在打开的"文件"选项卡中可以指定还原后数据文件和日志文件的路径及名称，如图 13-25 所示，默认路径是 SQL Server 数据库的安装路径，默认的数据文件及日志文件名称是备份前数据库的数据文件及日志文件名称，用户可以根据需求进行修改。

图 13-25　"文件"选项卡

（5）在图 13-24 所示窗口中，单击左侧的"选项"，在打开的"选项"选项卡中可以设置"还原选项"，如图 13-26 所示。在"还原选项"区域选中"覆盖现有数据库"复选框，在"结尾日志备份"区域取消选中"还原前进行结尾日志备份"复选框。

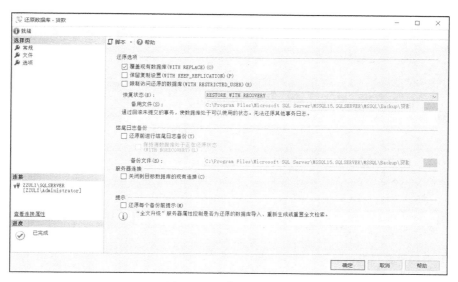

图 13-26 "选项"选项卡

"还原选项"区域中 3 个复选框的相关说明如下。

- "覆盖现有数据库"复选框：若选中此复选框，则在还原备份时会覆盖所有现有数据库及相关文件，包括已存在的同名其他数据库或文件。
- "保留复制设置"复选框：若选中此复选框，将已发布的数据库还原到创建该数据库的服务器之外的服务器时，将保留复制设置。不过该复选框只有在选中了"通过回滚未提交的事务，使数据库处于可以使用的状态。无法还原其他事务日志。"之后才可以使用。
- "限制访问还原的数据库"复选框：使还原的数据库仅供 db_owner、dbcreator 或 sysadmin 的成员使用。

"恢复状态"下拉列表中各选项说明如下。

- RESTORE WITH RECOVERY，即"回滚未提交的事务，使数据库处于可以使用状态，但无法还原其他事务日志"。数据库在还原后进入可正常使用状态，并自动还原尚未完成的事务。如果本次还原是最后一次还原操作，则可以选择该选项。
- RESTORE WITH NORECOVERY，即"不对数据库执行任何操作，不回滚未提交的事务，可以还原其他事务日志"。在还原后数据库仍然无法正常使用，也不还原未完成的事务操作，但可再继续还原事务日志备份或差异备份，让数据库能还原到最接近最后一次备份时的状态。
- RESTORE WITH STANDBY，即"使数据库处于只读模式，撤销未提交的事务，但将撤销操作保存在备用文件中，以便使还原效果逆转"。在还原后还原未完成事务的操作，并使数据库处于只读状态。为了可以继续还原事务日志备份，还必须指定一个还原文件来存放被还原的事务内容。

（6）设置完成后单击"确定"按钮，即可开始还原。

2. 使用 T-SQL 语句进行完整备份的还原

T-SQL 提供了 RESTORE DATABASE 语句来还原数据库备份，用该语句可以还原完整备份、差异备份、文件和文件组备份。

还原完整备份的语法格式如下。

```
RESTORE DATABASE { database_name | @database_name_var }
[ FROM <backup_device> [ ,...n ] ]
[ WITH
    [ [ , ] FILE = { file_number | @file_number } ]
    [ [ , ] { RECOVERY | NORECOVERY | STANDBY = { standby_file_name
    | @standby_file_name_var | REPLACE }
    } ]
]
[ ; ]
<backup_device>
::=
{
    { logical_backup_device_name | @logical_backup_device_name_var }
    | { DISK | TAPE } = { 'physical_backup_device_name' |
    @physical_backup_device_name_var }
}
```

主要参数说明如下。
- RECOVERY：回滚未提交的事务，使数据库处于可以使用状态。无法还原其他事务日志。
- NORECOVERY：不对数据库执行任何操作，不回滚未提交的事务。可以还原其他事务日志。
- STANDBY：使数据库处于只读模式。撤销未提交的事务，但将撤销操作保存在备用文件中，以便使还原效果逆转。
- standby_file_name | @standby_file_name_var：指定一个允许撤销还原效果的备用文件或变量。
- REPLACE：覆盖所有现有数据库以及相关文件，包括已存在的同名的其他数据库或文件。

【例13.8】用名为 "D:\Backup\daikuanfull.bak" 的完整备份文件来还原贷款数据库。

```
USE master
RESTORE DATABASE 贷款
FROM DISK = 'D:\Backup\daikuanfull.bak'
WITH REPLACE
GO
```

💡 提示

我们在还原数据库时，经常会遇到"因为数据库正在使用，无法获得对数据库的独占访问权"的错误，需要将"限制访问"属性修改为"SINGLE_USER"，也可以使用如下语句修改。

```
USE master ALTER DATABASE 贷款 SET SINGLE_USER WITH ROLLBACK IMMEDIATE
```

【例13.9】用名为 "DaikuanBackup" 的备份设备来还原贷款数据库的完整备份。

在13.4节中，我们在 DaikuanBackup 备份设备中做了完整备份、差异备份和事务日志备份，在"对象资源管理器"窗格中双击备份设备 "DaikuanBackup"，打开"备份设备 DaikuanBackup"窗口，选择"介质内容"，可以查看备份设备中的备份集，如图13-27所示。本例的代码如下。

```
USE master
RESTORE DATABASE 贷款 FROM DaikuanBackup WITH REPLACE, FILE=1
```

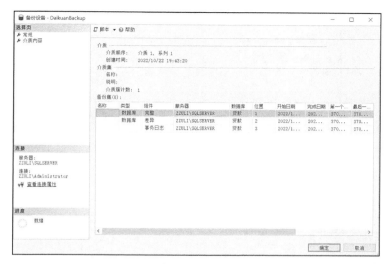

图 13-27　查看备份设备中的备份集

参数说明如下。

- REPLACE：覆盖所有现有数据库以及相关文件，包括已存在的同名的其他数据库或文件。
- FILE=1：还原位置为 1 的备份文件。如图 13-27 所示，位置为 1 的是完整备份。

13.5.2　差异备份的还原

差异备份的还原必须依赖于完整备份的还原，因为差异备份是基于完整备份的，差异备份的还原需要选择最近一次的完整备份和最近一次的差异备份。差异备份的还原可以一次性进行还原，同时选择完整备份和差异备份；也可以分两步完成，第一步先还原完整备份，第二步再还原差异备份。

1．通过 SSMS 实现差异备份的还原

本节使用备份设备 DaikuanBackup 中的完整备份和差异备份作为示例，介绍差异备份的还原过程。

（1）启动 SSMS，在"对象资源管理器"窗格右击"数据库"，在弹出的快捷菜单里选择"还原数据库"，打开图 13-28 所示的还原数据库窗口。

（2）在"源"区域里选中"设备"单选按钮，单击右侧的"…"按钮，打开"选择备份设备"窗口，如图 13-29 所示，在"备份介质类型"下拉列表中选中"备份设备"。

（3）点击"添加"按钮，添加备份设备 DaikuanBackup，单击"确定"按钮，返回还原数据库窗口，如图 13-30 所示，在该窗口中选择最近一次的完整备份和最近一次的差异备份。

图 13-28　还原数据库窗口

图 13-29　"选择备份设备"窗口

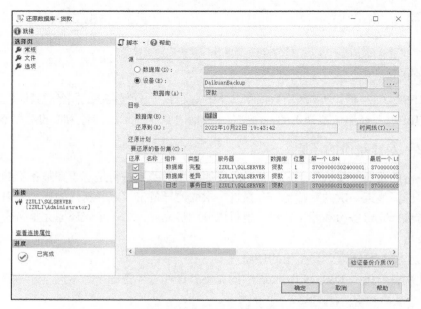

图 13-30　返回还原数据库窗口

（4）在图 13-30 所示窗口中，与完整备份的还原过程一样，单击左侧的"文件"打开"文件"选项卡，在该选项卡中指定还原后数据文件和日志文件的路径及名称；单击左侧的"选项"打开"选项"选项卡，在该选项卡中设置"还原选项"。

（5）设置完成后单击"确定"按钮，即可开始还原。

2．使用 T-SQL 语句进行差异备份的还原

还原差异备份的语法与还原完整备份的语法是一样的，都是使用 RESTORE DATABASE 语句完成，只是在还原差异备份时，必须先还原完整备份再还原差异备份，因此，还原差异备份必须分两步完成。完整备份与差异备份数据可能在同一个备份文件或备份设备中，也有可能在不同的备份文件或备份设备中。如果在同一个备份文件或备份设备中，则必须用 FILE 参数来指定备份集。无论备份集是不是在同一个备份文件（备份设备）中，除了最后一个还原操作，其他所有还原操作都必须加上 NORECOVERY 或 STANDBY 参数。

【例 13.10】用名为"D:\Backup\daikuanfull.bak"的完整备份文件来还原贷款数据库的完整备份，再用名为"D:\Backup\daikuandiff.bak"的差异备份文件来还原差异备份。

```
USE master
GO
RESTORE DATABASE 贷款
FROM DISK = 'D:\Backup\daikuanfull.bak' WITH NORECOVERY, REPLACE
GO
RESTORE DATABASE 贷款
FROM DISK = 'D:\Backup\daikuandiff.bak'
GO
```

【例 13.11】用名为"DaikuanBackup"的备份设备来还原贷款数据库的完整备份和差异备份。

```
USE master
RESTORE DATABASE 贷款
FROM DaikuanBackup WITH NORECOVERY, REPLACE, FILE=1
GO
RESTORE DATABASE 贷款
FROM DaikuanBackup WITH FILE=2
GO
```

13.5.3　事务日志备份的还原

还原事务日志备份的步骤较多一些，因为事务日志备份相对而言进行得比较频繁。还原步骤是先还原最近一次的完整备份，然后还原最近一次的差异备份，最后按时间顺序依次还原所有的事务日志备份。

1．通过 SSMS 实现事务日志备份的还原

本小节使用备份设备 DaikuanBackup 中的完整备份、差异备份和事务日志备份作为示例，介绍事务日志备份的还原过程。

（1）启动 SSMS，在"对象资源管理器"窗格中右击"数据库"，在弹出的快捷菜单里选择"还原数据库"，打开图 13-31 所示的还原数据库窗口。

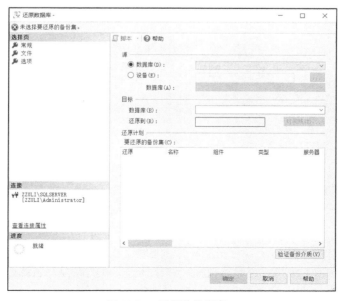

图 13-31　还原数据库窗口

（2）在"源"区域里选中"设备"单选按钮，单击右侧的"..."按钮，打开"选择备份设备"窗口，如图 13-32 所示，在"备份介质类型"下拉列表中选择"备份设备"。

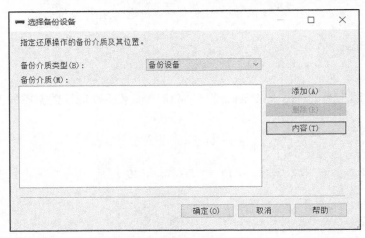

图 13-32 "选择备份设备"窗口

（3）单击"添加"按钮，添加备份设备 DaikuanBackup，单击"确定"按钮返回还原数据库窗口，如图 13-33 所示，在该窗口中选择最近一次的完整备份、最近一次的差异备份和需要还原的事务日志备份。

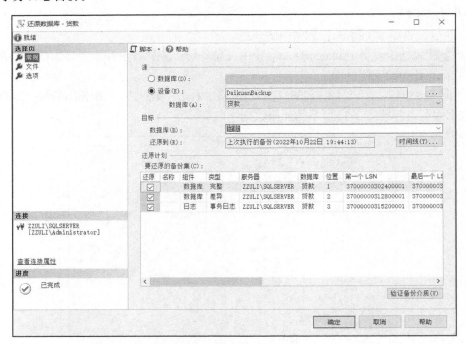

图 13-33 返回还原数据库窗口

（4）在图 13-33 所示窗口中，与完整备份的还原过程一样，单击左侧的"文件"打开"文件"选项卡，在该选项卡中指定还原后数据文件和日志文件的路径及名称；单击左侧的"选项"打开"选项"选项卡，在该选项卡中设置"还原选项"。

（5）设置完成后单击"确定"按钮，即可开始还原。

2．使用 T-SQL 语句进行事务日志备份的还原

SQL Server 已经将事务日志备份看成和完整备份、差异备份一样的备份集，因此，还原事务日志备份的操作也可以和还原差异备份的一样，只要知道事务日志备份在备份文件或备份设备里是第几个备份集即可。

与还原差异备份相同，还原事务日志备份必须先还原在其之前的完整备份，除了最后一个还原操作，其他所有还原操作都必须加上 NORECOVERY 或 STANDBY 参数。

【例 13.12】用名为 "D:\Backup\daikuanfull.bak" 的完整备份文件来还原贷款数据库的完整备份，再用名为 "D:\Backup\daikuandiff.bak" 的差异备份文件来还原差异备份，最后用名为 "D:\Backup\daikuanlog.trn" 的事务日志备份文件来还原事务日志备份。

```
USE master
GO
RESTORE DATABASE 贷款
FROM DISK = 'D:\Backup\daikuanfull.bak' WITH NORECOVERY, REPLACE
GO
RESTORE DATABASE 贷款
FROM DISK = 'D:\Backup\daikuandiff.bak' WITH NORECOVERY
GO
RESTORE LOG 贷款 FROM DISK = 'D:\Backup\daikuanlog.trn'
GO
```

【例 13.13】用名为 "DaikuanBackup" 的备份设备来还原贷款数据库的完整备份、差异备份和事务日志备份。

```
USE master
GO
RESTORE DATABASE 贷款
FROM DaikuanBackup WITH NORECOVERY, REPLACE, FILE=1
GO
RESTORE DATABASE 贷款
FROM DaikuanBackup WITH NORECOVERY, FILE=2
GO
RESTORE LOG 贷款 FROM DaikuanBackup WITH FILE=3
GO
```

13.5.4　文件和文件组备份的还原

通常只有数据库中某个文件或文件组损坏了，才会使用文件和文件组备份的还原模式。

还原数据库的文件和文件组的步骤如下。

（1）启动 SSMS，在"对象资源管理器"窗格中右击"数据库"，在弹出的快捷菜单里选择"还原文件和文件组"，打开图 13-34 所示的"还原文件和文件组"窗口。

（2）在图 13-34 所示的"还原文件和文件组"窗口里，可以设置以下选项。

- 目标数据库：在该下拉列表里可以选择或输入要还原的数据库名。
- 还原的源：在该区域里可以选择要用来还原的备份文件或备份设备，选择方法与还原数据库完整备份时的操作一样，在此不赘述。
- 选择用于还原的备份集：在该区域里可以选择要还原的备份集。

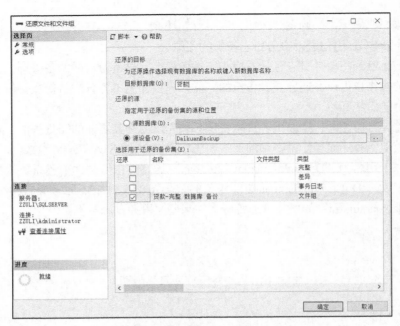

图 13-34 "还原文件和文件组"窗口

（3）选择完毕后可以单击"确定"按钮开始执行还原操作，也可以选择"选项"打开"选项"选项卡，进行进一步设置，如图 13-35 所示。

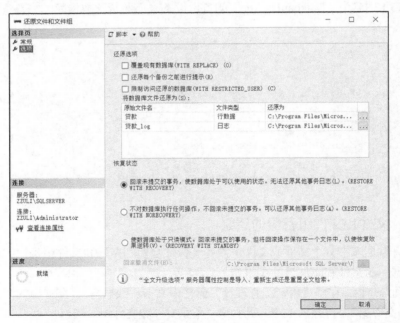

图 13-35 "选项"选项卡

💡提示

在进行完文件和文件组备份之后，还必须进行一次事务日志备份，否则无法还原文件和文件组备份。

本章小结

本章首先介绍了数据库备份的基础知识，让读者了解了冷备份和热备份；接着详细介绍了在 SSMS 中怎样分离与附加数据库；然后重点介绍了数据库的备份和还原，详细描述了完整备份与还原、差异备份与还原、事务日志备份与还原、文件和文件组备份与还原的基本原理和操作方法，且通过实例对各个操作步骤进行了详细描述。通过本章的学习，读者不仅可以掌握数据库的分离和附加方法，而且可以掌握通过 SSMS 和 T-SQL 备份与还原数据库的方法。

习　题

一、填空题

1. 数据库发生故障后进行还原的基本原理是_____，利用存储在系统其他地方的冗余数据来重建数据库中已被破坏或不正确的那部分数据。

2. SQL Server 数据库还原模式分为 3 种：完整还原模式、_____、_____。

3. SQL Server 提供了 4 种数据库备份类型，分别是_____备份、_____备份、_____备份、文件和文件组备份。

二、简答题

1. 什么是数据库的分离和附加？

2. 请对 SQL Server 提供的 4 种备份方式做出解释。

3. 什么是备份设备，使用备份设备的好处是什么？

4. 某企业的数据库每周六凌晨 1 点进行一次完整备份，每天凌晨 3 点进行一次差异备份，每隔 2h 进行一次事务日志备份，假如数据库在 2022 年 9 月 30 日（星期五）6:30 崩溃，请问需要怎样进行还原？

三、实践题

1. 创建一个名为"DaikuanDevice"的备份设备，并将其映射到磁盘文件"D:\DaikuanDevice.bak"。

2. 将贷款数据库完整备份到备份设备 DaikuanDevice 中。

3. 在贷款数据库中添加几条记录，将数据差异备份到备份设备 DaikuanDevice 中。

4. 在贷款数据库中修改几条记录，备份事务日志到备份设备 DaikuanDevice 中。

5. 依次还原完整备份、差异备份和事务日志备份，观察数据库数据的变化。

第 14 章　数据库技术发展

内容导读

数据库技术从诞生到现在，经过不断发展，打下了坚实的理论基础、推出了成熟的商业产品、具有广泛的应用领域，并吸引了越来越多的研究者加入。数据库的诞生和发展给计算机信息管理带来了一场巨大的革命，目前数据库技术也是计算机科学技术领域发展最快、应用范围最广的技术之一。推动战略性新兴产业融合集群发展，构建新一代信息技术、人工智能等一批新的增长引擎是当今时代的要求。为了让读者紧跟数据库技术前沿，本章将介绍面向对象数据库（Object-Oriented DataBase，OODB）、空间数据库、数据仓库等新的数据库及其拓展技术。

本章首先概述数据库技术的发展情况，然后介绍新的数据库技术的特征和优势，最后介绍数据库技术的发展趋势。

本章学习目标

（1）了解数据模型发展的 3 个阶段。

（2）了解数据库新技术的特征和优势。

（3）了解数据库技术的发展趋势。

14.1　数据库技术发展概述

当今数据库技术包罗万象，包括面向对象数据模型、查询优化、数据集成、数据分析与数据挖掘、分布式数据库、并行数据库等各个方面。

数据库是管理数据的技术，而数据模型是信息表示和操作的形式化框架，因此，数据模型是数据库系统的核心和基础，数据库系统均是基于某种数据模型的。数据模型的发展经历了 3 个阶段，一般称第一代为网状、层次数据库时代，第二代为关系数据库时代，第三代为后关系时代。可见早期数据库系统的发展是以数据模型的发展为核心的，数据库系统发展的前两个阶段也都是以所使用的数据模型来命名的。当今数据库发展阶段被称为后关系时代，这个阶段没有以一种数据模型来命名，原因在于这个阶段并不像前两个阶段一样拥有一个处于绝对主导地位的数据模型，而呈现"百花齐放，百家争鸣"的态势。这个阶段的数据库技术以拥有更丰富的数据模型和更强大的数据管理能力为特征，可以满足更广泛和复杂的应用需求。目前已涌现而且还在不断涌现大量的、新的数据模型，如面向对象数据模型、时态数据模型、空间数据模型、语义数据模型和 XML 数据模型等。

数据库与其他计算机新技术互相渗透、互相结合是当前数据库技术发展的新特征。例如，数据库技术与分布式计算、网络通信技术、并行计算技术、人工智能技术等结合，产生了分布式数据库系统、并行数据库系统、多媒体数据库系统、模糊数据库系统、移动数据库系统和Web 数据库系统等一系列数据库系统。这些数据库系统共同组成数据库大家庭，它们的发展使数据库领域中新技术层出不穷，新的学科分支不断涌现。

为适应数据库应用多元化的要求，结合各应用领域的特点，人们广泛研究了适合于特定应用领域的数据库，如数据仓库和 OLAP、空间数据库、主动数据库、工程数据库等。面向领域进行数据库的研究和开发是数据库技术发展的又一重要特征，数据库技术与应用领域的结合拓展了数据库的应用范围，使其渗透到人类社会的各个方面，可以说凡是有数据需要管理的地方，就可能要用到数据库技术。同时，应用领域的拓展也为数据库技术的发展提供了源源不断的动力。

14.2 数据库新技术

数据库新技术有很多，下面介绍当前已较常见的面向对象数据库、数据仓库和空间数据库，它们是数据库技术面向应用领域或与其他计算机技术相结合产生的，具有较好的理论基础和较高的实用价值。

14.2.1 面向对象数据库

关系数据库作为第二代数据库，对格式化数据的存储、访问处理等问题给出了较好的解决方案，但关系数据库也有其不足之处，如数据模型的高度结构化、难以表示现实世界中结构复杂的对象、查询实现复杂等。

对象是现实世界中客观存在的事物，在面向对象技术中用状态和行为来描述。对象之间可以进行消息传递，而每个对象依它收到的消息执行自身的某种行为来改变自己的状态。整个系统的状态即其所有组成对象的状态的总和，它随组成对象的变化而变化。面向对象技术通过引入封装、继承、类、超类、子类等概念，描述对象及其内在的结构和联系。这种对系统的描述方式接近于系统本身，因此被广泛应用于软件开发与设计中。

面向对象技术的发展推动了数据库技术的发展，产生了 OODB。OODB 管理的数据称为对象。OODB 不仅可以管理对象，还可以管理对象的行为，对象的抽象信息能够被完整地保存。这一特点使 OODB 具有演绎和推理的功能，所以 OODB 可以提供决策信息。另外，OODB 语言的基础是面向对象程序设计语言（如 Smalltalk、C++等），所以 OODB 语言编程模式与编程指令语言一致。

近年来，随着面向对象技术和数据库技术的发展，OODB 也取得了长足的发展，已出现多个面向对象的数据库管理系统，以及一些以关系数据库和 SQL 为基础、具有面向对象特征的数据库产品。目前来看，OODB 的发展趋势不是取代关系数据库，而是与关系数据库相融合，形成对象关系数据库或关系对象数据库等既具有面向对象特性又与关系数据库兼容的成熟数据库。

现阶段 OODB 还面临一些问题，如性能问题、视图演绎和语义建模能力不足问题、标准化问题和形式化问题等。OODB 是一种新兴的数据库技术，虽然面临一些问题，但有一点可以肯定，支持面向对象的特性是数据库技术未来发展的大势所趋。

14.2.2 数据仓库

传统的数据库技术以单一的数据资源为中心，进行各种操作型处理。操作型处理也称事务处理，是对数据库联机的日常操作，通常是对一个或一组记录的查询或修改，主要为企业的特定应用服务，如火车售票系统、银行通存通兑系统等。人们主要关心其响应时间、数据的安全性和完整性等方面。而一般企业在具有一定数据积累之后，往往希望其能够对已有数据资源进行综合分析，把数据转换成知识或信息，使之成为决策依据。例如，某房地产企业在北京地区有3年以上租售业务数据，该企业领导希望从已有数据中获取如下信息：最近一年出租房产业务中，哪个地域最受欢迎，与过去两年相比有何不同；最近一年，哪种类型的房产销售价格高于平均房产销售价格，这与人口统计数据有何联系等。单纯的业务数据无法回答上述问题，因此，数据仓库应运而生。数据仓库的核心仍是数据库技术，但它将企业业务系统中多年的数据进行重新规划，并按时间抽取保存，专门用于回答上述类型的问题。

对应业务数据库中的事务型处理，数据仓库中的业务一般称为分析型处理，它主要用于管理人员的决策分析，如决策支持系统（Decision Support System，DSS）、经理信息系统（Executive Information System，EIS）和多维分析等。其数据组织不再是旧的操作型环境，而发展成为一种新的体系化环境，它由操作型环境和分析型环境（数据仓库级、部门级、个人级）构成。

恩门（Inmon）给数据仓库做出如下定义，数据仓库是面向主题的、集成的、稳定的、随时间变化的数据集合，用以支持经营管理中的决策制订过程。面向主题、集成、稳定和随时间变化是数据仓库的4个主要特征。

（1）数据仓库是面向主题的。它与传统数据库的面向应用特征相对应。主题是一个在较高层次将数据归类的标准，每一个主题对应一个宏观的分析领域。基于主题组织的数据被划分为各自独立的领域，每个领域有自己的逻辑内涵且互不交叉。基于应用的数据组织则完全不同，它的数据只是为了处理具体应用而组织在一起。应用是客观世界既定的，它对于数据内容的划分未必适用于分析所需。

（2）数据仓库是集成的。操作型数据与适合决策支持系统分析的数据之间差别甚大。因此，数据在进入数据仓库之前，必然要经过加工与集成。这一步实际上是数据仓库建设中最关键、最复杂的一步。首先要做的就是统一原始数据中所有矛盾之处，如字段的同名异义、异名同义、单位不统一，字长不一致等，并且对原始数据结构做从面向应用到面向主题的大转变。

（3）数据仓库是稳定的。它反映的是历史数据的内容，而不是处理联机数据的内容。因而，数据经集成进入数据库后是极少或根本不更新的。

（4）数据仓库是随时间变化的。首先，数据仓库内的数据时限要远远长于操作环境中的数据时限。前者一般在5～10年，而后者往往只有60～90天。数据仓库保存数据时限较长是为了适应决策支持系统进行趋势分析的要求。其次，操作环境包含当前数据，即在存取的一刹那是正确、有效的数据。而数据仓库中的数据都是历史数据。最后，数据仓库中数据的键都包含时间项，从而表明了该数据的历史时期。

数据仓库中存储了大量历史性数据，就如同有了矿藏，而要从大量数据中获得决策所需的数据，就如同开采矿藏一样，必须有好的工具。数据仓库中的数据分析与处理工具有OLAP工具和数据挖掘工具两大类。

OLAP技术近年来发展迅速，产品也越来越丰富。它们具有灵活的分析功能、直观的数据操作和可视化的分析结果表示等突出优点，从而使用户对基于大量数据的复杂分析变得轻松而高效。目前OLAP工具可分为两大类，一类是基于多维数据库的，另一类是基于关系数据库的。两者相同之处是基本数据源仍是数据库和数据仓库，是基于关系数据模型的，向用户呈现的也都是多维数据视图。不同之处是前者把分析所需的数据从数据仓库中抽取出来并物理地组织成多维数据库，后者则利用关系表来模拟多维数据，并不物理地生成多维数据库。

数据挖掘是从大型数据库或数据仓库中发现并提取隐藏信息的一种新技术。其目的是帮助决策者寻找数据间潜在的关联，发现被忽略的要素，它们对预测趋势、做决策来说也许是十分有用的信息。数据挖掘技术涉及数据库技术、人工智能技术、机器学习和统计分析等多种技术，它使决策支持系统跨入一个新阶段。传统的决策支持系统通常在某个假设的前提下通过数据查询和分析来验证或否定这个假设，而数据挖掘技术则能够自动分析数据，进行归纳性推理，从中发掘出潜在的模式；或产生联想，建立新的业务模型帮助决策者调整市场策略，找到正确的决策。

14.2.3　空间数据库

空间数据库是以描述空间位置，点、线、面、体特征的拓扑结构的位置数据，以及描述这些特征的性能的属性数据为对象的数据库。其中的位置数据为空间数据，属性数据为非空间数据。空间数据是用于表示空间物体的位置、形状、大小和分布特征等信息的数据，用于描述所有二维、三维和多维分布的关于区域的信息，它不仅可以表示物体本身的空间位置及状态信息，还可以表示物体的空间关系的信息。非空间信息主要包含专题属性和质量描述数据，用于表示物体的本质特征，以区别不同物体，对物体进行语义定义。

空间数据库是随着地理信息系统（Geographical Information System，GIS）的开发和应用发展起来的，这方面的研究工作开始于 20 世纪 70 年代的地理制图与遥感图像处理领域。目前已发展成为融合计算机科学、地理学、制图学、遥感和图像处理等多学科知识的研究领域。

空间数据库的研究主要集中在空间关系与数据结构的形式化定义、空间数据的表示与组织、空间数据查询语言和空间数据库管理系统等方面。其研究成果大多数以地理信息系统的形式出现，主要应用于环境和资源管理、土地利用、城市规划、森林保护、人口调查、交通、税收、商业网络等领域的管理与决策。

14.2.4　其他数据库

1．分布式数据库

分布式数据库是分布式技术与数据库技术相结合的产物，在数据库研究领域中已有多年的历史，且出现过一批支持分布数据管理的系统，如 POREL 系统等。从概念上讲，分布式数据库是物理上分散的、逻辑上属于同个系统的数据集合。它具有数据的分布性和数据库间的协调性两大特点。系统强调节点的自治性而不强调系统的集中控制，且系统应保持数据的分布透明性，让用户在编写应用程序时可以完全不考虑数据的分布情况。分布式无疑是计算机应用的发展方向，也是数据库技术应用的实际需求，其技术基础除计算机软硬件技术外，计算机通信与网络技术是其重要的技术基础。

2．多媒体数据库

多媒体数据库是多媒体技术与数据库技术的结合，它是当前非常有吸引力的技术，其主要特征如下。

（1）表示和处理多种媒体数据。多媒体数据在计算机内的表示方法取决于各种媒体数据所固有的特性和关联。对于常规的格式化数据，使用常规的数据项表示；对于非格式化数据，像图形、图像、声音等，就要根据其特点来决定其表示方法。可见在多媒体数据库中，数据在计算机内的表示比传统数据库。对于非格式化的多媒体数据，往往要用不同的表示方法，所以，多媒体数据库系统要提供管理这些异构表示形式的技术和处理方法。

（2）反映和管理各种多媒体数据的特性，或各种多媒体数据之间的空间或时间的关联。在客观世界里，各种多媒体信息有其本身的特性，信息之间可能存在一定的自然关联，如关于乐器的多媒体数据包括乐器特性的描述、乐器的照片、利用该乐器演奏某段音乐的声音等。这些不同的多媒体数据之间存在自然关联，包括时序关系（如多媒体信息在表达时必须保证时间上的同步特性）和空间结构（如必须把相关媒体的信息集成在合理布局的表达空间内）。

（3）提供比传统数据库管理系统更强的适合非格式化数据查询的搜索功能，允许对图像等非格式化数据做整体和部分搜索，允许通过范围、知识和其他描述符的确定值和模糊值搜索各种多媒体数据，允许同时搜索多个数据库中的数据，允许通过对非格式化数据的分析建立图示等索引来搜索数据，允许通过按例查询（Query By Example）和主题描述查询使复杂查询简单化。

3．并行数据库

并行数据库是并行技术与数据库技术相结合的产物。并行数据库可以发挥多处理机结构的优势，将数据库在多个磁盘上分布存储，利用多个处理机对磁盘数据进行并行处理，从而解决了磁盘"I/O"的瓶颈问题，提高了数据的存取效率。同时，其采用先进的并行查询技术，包括查询间并行、查询内并行以及操作内并行，大大提高了查询效率。其目标是提供一个高性能、高可用性、高扩展性的数据库管理系统，而性能价格比，比相应大型机上的数据库管理系统要高。

随着并行计算机技术的飞速发展，特别是如 IBM RoadRunner、曙光等商用并行计算机系统的发展，并行数据库系统已成为数据库领域的一个新兴的发展方向。国内外许多研究机构相继研究出各种并行数据库原型系统，如美国伯克利大学的 XPRS（eXtended Postgres on Raid and Sprite）系统、美国科罗拉多大学的 Volcan 系统等。各大数据库厂商与并行计算机系统厂商也纷纷研制并计划推出自己的并行数据库产品。可以预见，并行数据库系统必将成为并行计算机重要的支撑软件之一。

4．知识数据库

知识数据库是人工智能技术与数据库技术相结合的产物。知识数据库把由大量的事实、规则、概念组成的知识存储起来进行管理，并向用户提供方便快速的检索、查询手段。因此，知识数据库可定义为知识、经验、规则和事实的集合。知识数据库系统应具备知识表示方法、知识系统化组织管理、知识库操作、知识获取与学习和知识编辑等功能。

凡是有数据（广义的）产生的领域就可能需要数据库技术的支持，当前数据库技术的发展呈现出与多种学科知识相结合的趋势，它们结合后就会出现新的数据库成员来壮大数据库家族，如数据仓库是信息领域近些年迅速发展起来的数据库技术，其能充分利用已有的资源，把数据转换为信息，从中挖掘出知识，提炼出智慧，最终创造出效益；工程数据库用于存储、管理和使用面向工程设计所需要的工程数据；统计数据是重要的信息资源，由于对统计数据操作的特殊要求，从而产生了统计学和数据库技术相结合的统计数据库等。

14.3 数据库技术发展趋势

应用领域的不断拓展和硬件平台的不断创新为数据库技术的发展提供了源源不断的动力。数据库技术也正随应用需求的发展而蓬勃发展。对于数据库技术的发展趋势，国内外专家、学者与数据库技术的研究、开发、应用人员都十分重视。每年数据库方面的国际会议与讨论组、著名分析公司都会对其做出一些预测。综合近几年相关方面的资料，下面介绍数据库技术的几个发展方向与热点问题。

1. NoSQL 数据库技术

NoSQL 数据库泛指非关系型的数据库。随着互联网 Web 2.0 网站的兴起，传统的关系数据库在应付 Web 2.0 网站，特别是超大规模和高并发的社会性网络服务（Social Networking Services，SNS）类型的 Web 2.0 纯动态网站，已经显得力不从心。NoSQL 数据库的产生就是为了解决大规模数据集合多重数据种类带来的挑战，尤其是大数据应用难题。

NoSQL 数据库一般采用 Key-Value 存储模型、列存储模型、文档模型和图形模型 4 种存储结构。相对于关系数据库，这些都是非常松散的数据结构，在需要高并发处理和大数据存取上具有传统数据库无法比拟的性能优势。一般认为 NoSQL 数据库适用于具有以下特征的场合：数据模型比较简单，不需要高度的数据一致性，对数据库性能要求较高，需要灵活性更强的 IT 系统。因此，其非常适用于当前流行的云计算环境中海量非结构化数据的存储和处理，且其必然会随着云计算、物联网等技术的发展而得到更大的发展。

2. 物联网数据库技术

物联网是指通过射频识别（Radio Frequency Identification，RFID）、红外线传感器、全球定位系统、激光扫描器等信息传感设备，按约定的协议，把任何物品与互联网连接起来，进行信息交换和通信，以实现智能化识别、定位、跟踪、监控和管理的巨大网络。物联网打破了物理世界和数字世界的界限，将信息技术延伸到物理世界和人类社会，是促使未来信息技术产业变革的关键性技术。

物联网中的传感器采样数据具有海量性、异构性、时空敏感性及动态流式等特性，对于这样的数据的存储与查询处理，目前尚没有成熟的解决方案。而对这一技术的研究，会促进物联网数据库技术的发展，最终为人类构造一个更加智慧的生产和生活体系。

3. 大数据技术

随着计算机技术、网络技术的发展，人类在日常学习、生活、工作中产生的数据量正以指数形式增长，"大数据问题"就是在这样的背景下产生的，其已成为科研学术界和相关产业界的热门话题，并作为信息技术领域的重要前沿课题之一，吸引越来越多的科学家研究大数据带来的相关问题。

大数据指所涉及的资料量规模巨大到无法通过目前主流软件工具在合理时间内撷取、管理、处理，并整理成为帮助企业经营决策实现更积极目的的数据。按流行的说法，大数据具有 4V 特征，即容量大（Volume）、种类多（Variety）、增长速度快（Velocity）和价值密度低（Value）。

目前对于大数据的研究处于起步阶段，还有很多问题亟待解决。大数据技术发展目标就是利用云计算、智能化开源实现平台等从海量数据中提取信息、发现知识，寻找隐藏在大数据中的模式、趋势和相关性，揭示社会运行和发展规律，以及可能的科研、商业、工业等应用前景。

应用的推动是数据库技术发展的源动力，当前数据库系统已发展成为一个很庞大的家族。随着新应用领域的不断涌现、数据对象的多样化，数据库技术还会获得更大的发展。

本章小结

本章简单介绍了 OODB、空间数据库、数据仓库等新数据库及其拓展技术，并介绍了数据库技术发展趋势。通过本章的学习，读者可以了解数据库技术发展的现状及趋势，了解数据库自身及数据库应用的发展状况。

习　题

1. 传统数据库技术的发展主要经历了哪 3 个阶段？
2. 什么是 OODB，其主要应用于哪些领域、有什么特点？
3. 什么是数据仓库，其主要有哪些特征？
4. 什么是空间数据库，其主要应用于哪些领域？
5. 数据库技术的发展趋势有哪些？